"博学而笃志，切问而近思。"

(《论语》)

博晓古今，可立一家之说；
学贯中西，或成经国之才。

复旦博学·复旦博学·复旦博学·复旦博学·复旦博学·复旦博学

（第二版）

抽象代数学

姚慕生 编著

博学·数学系列

复旦大学出版社
www.fudanpress.com.cn

内容提要

　　本书系统地介绍了抽象代数这一重要数学分支的最基本的内容，其中包括群论、环论与域论.在城论这一章中还比较全面地介绍了有限Galois理论，书中还配备了一定数量，难易程度不一的习题，习题均有解答或提示，书后有附录.

　　木书可供综合性大学、师范大学数学系学生问读，可作为教材，亦可供理科各系以及信息、通讯工程专业的大学生，研究生及教师参考.

前　　言

　　抽象代数是数学的一门重要分支. 众所周知, 初等代数研究的是数集上的运算, 高等代数把数集扩展为向量空间、矩阵集和多项式集. 抽象代数则以一般集合上的运算作为研究对象.

　　历史上, 抽象代数起源于纯粹理性的思考. 19 世纪 30 年代法国天才的青年数学家 Galois 在研究困惑了人类几百年的用根式求解五次方程问题时, 发现了群. Galois 不仅彻底地解决了一元 n 次方程用根式求解是否可能的问题, 而且更重要的是他使人们认识到, 除了熟知的数外, 在其他集合(如置换集)上也可能存在着代数结构, 即满足一定规则的运算. Galois 虽然只活了 21 岁, 但是他的发现为数学开辟了一个崭新的研究领域. 随着 19 世纪末 Cantor 集合论的建立, 各种代数结构被定义在一般的集合上, 抽象代数的奠基工作完成了.

　　20 世纪是抽象代数学蓬勃发展的世纪. Lie 群、Lie 代数的出现使几何学和代数学再次结成了亲密的伙伴, 也给抽象代数带来了强大的发展动力. 拓扑学因为有了抽象代数而得到了突飞猛进的发展, 群、环、模成了研究拓扑空间性质的基本工具, 代数拓扑了 20 世纪最引人注目的数学分支之一, 而从代数拓扑学产生的同调代数为代数学宝库增添了强有力的工具. 数论、代数几何由于抽象代数概念的导入彻底地改变了面貌. 代数学从与其他数学分支的结合中获得了前所未有的生命力, 新概念不断出现, 新的代数学分支不断生长. 数学这棵古老的常青树从来没有像现在这样枝繁叶茂, 生机勃勃.

　　通常人们认为抽象代数很抽象, 似乎离现实很远, 没有多少用处. 其实这是一种误解. 一切科学的抽象不是对现实的背离, 而是对现实世界更深刻的反映. 科学研究的对象扩大了, 它的应用也就更广泛了, 代数学也是如此. 抽象代数不仅是现代数学不可缺少的组成部分, 也是现代物理学、化学、计算机科学、通讯科学不可缺少的工具. 举例来说, 有限域理论是抽象代数中相当"抽象"的理论, 但是数字通讯中的编码理论(特别是纠错码)却是以它为基础的. 因此当我们舒适地聆听 CD 唱片或是欣赏 VCD(DVD)数码音像节目时,请记住其中也凝聚着数学家们的辛劳. 今天,有志于在现代数学、现代物理学、计算机科学等领域作出贡献的年轻人,都应该懂得抽象代数的知识,在人类这一知识宝库中吸取营养,寻求自己的发展.

本书原是编者为复旦大学数学系学生编写的教材,它适用于已修完高等代数的本科生. 本书内容按所讨论的代数结构分为 4 个部分. 第一章为预备知识. 第二章讨论群,在详细介绍了群、子群、正规子群、商群、同态和同构等基本概念的基础上,着重介绍了循环群、置换群,介绍了有限群的几个基本定理,如 Sylow 定理等. 利用群的直积可以把复杂的群分解为比较简单的群,有限生成 Abel 群基本定理就是这一思想的体现,这个定理在代数拓扑学中有重要的应用,我们作了详细的介绍. 群列和可解群是为第四章 Galois 理论作准备的. 第三章介绍环论. 环论,主要是交换环理论,它是代数几何与代数数论的基础. 我们除了介绍环、理想、商环、同态与同构外,还着重介绍了整环及其分式域、唯一分解环和多项式环. 第四章讨论域和 Galois 理论. 我们首先介绍了各种域扩张及其性质,然后介绍了 Galois 对应和 Galois 理论基本定理,这是 Galois 理论的核心. 运用域的扩张理论和 Galois 基本定理,我们给出了一元 n 次方程可用根式求解的充分必要条件. 我们还讨论了初等几何中尺规作图的可能性问题,如证明了用圆规和直尺不可能将一个任意角三等分,给出了正 n 边形可用圆规和直尺作图的充分必要条件. 这些美妙的应用是 Galois 理论的辉煌篇章,读者从中可以充分领略到数学的美. 本教程的内容通常分两学期授完,第一学期(每周 3 节课)讲完群论和环论两章,第二学期(作为选修)讲完第四章. 目录中带 * 的内容可作为选修.

本书力求深入浅出,对抽象的概念尽量用较多的例子加以说明. 为了帮助读者理解抽象代数习题的解题思路,本书附有书内习题的简答或提示. 虽然本书是在编者多年从事教学的基础上编成的,但不当之处仍然难免,敬请读者和同行专家批评指正.

编　者

2005 年 6 月于复旦大学

目　录

第一章 预 备 知 识

我们从中学就开始学习代数学这门课程,初等代数以数(整数、有理数、实数、复数等)及其运算作为基本的研究对象. 数集上的运算有加、减、乘、除等. 在高等代数的课程中,我们研究了向量、矩阵及其运算. 现在我们要研究一般集合及其上的运算. 对一般集合上运算的研究可以大大拓广数学研究的领域,为数学的应用开辟广阔的道路.

为了更好地理解抽象代数的内容,有必要先介绍一下集合论的一些基本概念. 我们不打算"严格"地阐述这些数学中最基本的概念(读者可以在公理集合论的课程中学到它们的严格定义),我们只打算"朴素"地叙述其含义.

§1.1 集 合

读者已经学习过集合的概念. 所谓一个集合,我们把它理解为某一些事物的总体. 比如整数集就是指整数全体;有理数集是指有理数全体等等. 集合常常用英文大写字母来表示,如 A, B, C 等. 一个集合中的某个具体的事物,称为元素. 元素常用小写英文字母表示,如 a, b, c 等. 我们用 $\in$ 表示属于,$a \in A$ 表示 a 是集合 A 中的元素. 若 a 不是集合 A 中的元素,我们用 $a \notin A$ 来表示. 不含有任何元素的集合称为空集,用 $\varnothing$ 表示. 一个集合如果只含有有限个元素,则称之为有限集,反之则称为无限集. 集合 A 中一部分元素组成的集合称为 A 的子集. 若 B 是 A 的子集,我们用符号 $B \subseteq A$ 来表示. 两个集合如果含有相同的元素,则称为相等,换句话说,若 $A \subseteq B$,又 $B \subseteq A$,则 $A = B$. 若 A, B 不相等,则用 $A \neq B$ 表示. 为了清楚地表示一个集合,我们还经常采用下列表示方法:

$$A = \{a \in S \mid P(a)\},$$

这里表示 A 中的元素来自 S 且具有性质 P. 举例来说,集合 $A = \{a \in \mathbf{Z} \mid a > 1\}$ 表示大于 1 的自然数,其中 $\mathbf{Z}$ 表示整数集. 又若记 D 是平面上点的集合且 D 中元素用通常的实数偶 (x, y) 来表示(即 D 是 Descartes 平面上点的集合),集合 $S = \{(x, y) \in D \mid x^2 + y^2 = 1\}$ 就表示该平面上的单位圆.

为了方便起见,我们在本书中采用下列固定的记号来表示一些常用的数集:

Z, 表示整数集 $\{0, \pm 1, \pm 2, \cdots\}$;

N, 表示自然数集 $\{1, 2, 3, \cdots\}$;

Q, 表示有理数集;

R, 表示实数集;

C, 表示复数集.

定义 1-1 设 A, B 是两个集合, 记 $A \cup B$ 为 A, B 中所有元素组成的集合, 即

$$A \cup B = \{x \mid x \in A \text{ 或 } x \in B\},$$

称 $A \cup B$ 为集合 A 与 B 的并.

例 1 若 $A = \{a, b, c\}$, $B = \{b, c, d, e\}$, 则 $A \cup B = \{a, b, c, d, e\}$.

定义 1-2 设 A, B 是两个集合, 记 $A \cap B$ 为既属于集合 A 又属于集合 B 的元素组成的集合, 即

$$A \cap B = \{x \mid x \in A \text{ 又 } x \in B\},$$

称 $A \cap B$ 为集合 A 与 B 的交.

例 2 记 A, B 为例 1 中的两个集合, 则 $A \cap B = \{b, c\}$.

若两个集合 A, B 无公共元素, 即 $A \cap B = \varnothing$, 则称 A 与 B 不相交.

定义 1-3 设 B 是 A 的子集, 记 $A - B = \{a \in A \mid a \notin B\}$, 即 $A - B$ 是由 A 中不属于 B 的元素构成的集合, 称 $A - B$ 为 B 在 A 中的余集或补集. $A - B$ 有时也记为 $A \backslash B$.

并、交、补都是集合之间最常用的运算, 它们有下列性质.

命题 1-1 设 A, B, C 都是集合, 则有下列性质:

(1) 若 $A \subseteq B$, 则 $A \cup B = B$, $A \cap B = A$, 特别, $A \cup A = A$, $A \cap A = A$;

(2) $A \cup B = B \cup A$, $A \cap B = B \cap A$;

(3) $(A \cup B) \cup C = A \cup (B \cup C)$, $(A \cap B) \cap C = A \cap (B \cap C)$;

(4) $A \cup (B \cap C) = (A \cup B) \cap (A \cup C)$,

$A \cap (B \cup C) = (A \cap B) \cup (A \cap C)$;

(5) 若 A, B 是 C 的子集, 则

$C - (C - A) = A$,

$C - (A \cap B) = (C - A) \cup (C - B)$,

$C - (A \cup B) = (C - A) \cap (C - B)$.

证明 我们只证 (5) 中的第二个式子, 其余的式子请读者自己证明. 现设元

素 $x \in C-(A \cap B)$,这时若 $x \in C-A$,则 $x \in C-(C-A)=A$,但由假定 $x \in A \cap B$,故 $x \in B$,也就是说 $x \in C-B$,从而 $C-(A \cap B) \subseteq (C-A) \cup (C-B)$.

反之,若 $x \in (C-A) \cup (C-B)$,不妨设 $x \in C-A$,显然 $C-A \subseteq C-(A \cap B)$,故 $x \in C-(A \cap B)$,于是 $(C-A) \cup (C-B) \subseteq C-(A \cap B)$. 这就证明了

$$C-(A \cap B) = (C-A) \cup (C-B). \text{ 证毕.}$$

注 性质(2)称为交换律,性质(3)称为结合律,性质(4)称为分配律,性质(5)中的式子通常称为 Morgan 公式. 由于结合律成立,$(A \cup B) \cup C$ 及 $(A \cap B) \cap C$ 分别记为 $A \cup B \cup C$ 及 $A \cap B \cap C$,即括号可以被省略掉.

并与交的概念可以推广到任意个集合上. 为此,我们先引进所谓的"指标集"的概念. 设有集合 I 及一族集合 $F=\{A_\alpha, A_\beta, \cdots\}$. 对每个 $\alpha \in I$,均可在 F 中找到唯一的一个集合 A_α 与之对应,反之 F 中任一集合也可在 I 中找到唯一的一个元素与之对应. 粗略地说,F 中的集合可以用 I 来标记. 这样的集合 I 被称为是集族 F 的指标集. 举例来说,设数学系二年级有 4 个班,称为甲班、乙班、丙班、丁班,若设 $F=\{$甲班、乙班、丙班、丁班$\}$,则集合 $I=\{$甲、乙、丙、丁$\}$ 就是 F 的指标集. 指标集 I 可以是无穷集. 比如若 $I=\mathbf{N}$(自然数集),$F=\{A_i\}_{i \in I}$,则表示 $F=\{A_1, A_2, A_3, \cdots\}$.

现令 $\bigcup\limits_{\alpha \in I} A_\alpha$ 表示所有 $A_\alpha(\alpha \in I)$ 的元素组成的集合,即

$$\bigcup_{\alpha \in I} A_\alpha = \{x \mid x \text{ 属于某个 } A_\alpha\},$$

称 $\bigcup\limits_{\alpha \in I} A_\alpha$ 为 $\{A_\alpha, \alpha \in I\}$ 的并. 类似地令 $\bigcap\limits_{\alpha \in I} A_\alpha$ 表示所有 $A_\alpha(\alpha \in I)$ 中公共元素组成的集合,即

$$\bigcap_{\alpha \in I} A_\alpha = \{x \mid x \text{ 属于每个 } A_\alpha\},$$

称 $\bigcap\limits_{\alpha \in I} A_\alpha$ 为 $\{A_\alpha, \alpha \in I\}$ 的交.

§1.2 Cartesian 积

定义 2-1 设 A, B 是集合,有序偶 (a, b)(其中 $a \in A, b \in B$)全体组成的集合称为 A 与 B 的 Cartesian 积(简称为 A 与 B 的积),记为 $A \times B$,即:

$$A \times B = \{(a, b) \mid a \in A, b \in B\}.$$

注意 $A \times B$ 中两个元素 $(a, b) = (c, d)$ 的充要条件是 $a = c$ 且 $b = d$.

例 1 $A = \{a, b, c\}$, $S = \{u, v\}$, 则 $A \times S = \{(a, u), (a, v), (b, u),$ $(b, v), (c, u), (c, v)\}$.

例 2   若 $A = B = \mathbf{R}$, 即实数集, 则 $A \times B = \mathbf{R} \times \mathbf{R} = \{(x, y) \mid x, y \in \mathbf{R}\}$, 就是 Descartes 平面.

积集合的概念也可以推广到 n 个甚至无穷多个集合. 设 A_1, A_2, $\cdots$, A_n 是 n 个集, 令

$$A_1 \times A_2 \times \cdots \times A_n = \{(a_1, a_2, \cdots, a_n) \mid a_i \in A_i\},$$

即 n 元有序序列全体的集合(第 i 个元取自 A_i), 就称为 A_1, $\cdots$, A_n 的 Cartesian 积.

对一族集 $\{A_\alpha, \alpha \in I\}$, 也可以定义所有 A_α 的 Cartesian 积. 令 A 是这样一个集, 它是集合 I 上这样的函数 a 的全体: 对每个 $\alpha \in I$, $a(\alpha) \in A_\alpha$, 则 A 称为 $\{A_\alpha\}$ 的 Cartesian 积, 记为 $\underset{\alpha \in I}{X} A_\alpha$. 这个定义适合于一般的指标集 I, 无论 I 为有限或无限. 比如 A_1, $\cdots$, A_n 的 Cartesian 积, 这时 $I = \{1, 2, \cdots, n\}$, 对 $i \in I$, $a(i) = a_i \in A_i$. 这样得到的 A 与上面定义的 $A_1 \times \cdots \times A_n$ 完全一致.

利用积集合, 我们不仅可以从已知集合构造出新的集合来, 还可以定义在数学中起着极其重要作用的等价关系、映射等基本概念.

§1.3   等价关系与商集

定义 3-1   设 A, B 是集合, 积集合 $A \times B$ 的一个子集 R 就称为 A 到 B 的一个关系, 特别 $A \times A$ 的子集称为 A 上的一个关系.

若 $(a, b) \in R \subset A \times B$, 则称 a 与 b 为 R 相关, 记为 aRb.

定义 3-2   设 R 是 A 上的一个关系, 若 R 适合下列条件:

(1) 自反性, 若 $a \in A$, 则 $(a, a) \in R$;

(2) 对称性, 若 $(a, b) \in R$, 则 $(b, a) \in R$;

(3) 传递性, 若 $(a, b) \in R$, $(b, c) \in R$, 则 $(a, c) \in R$;

则关系 R 称为 A 上的等价关系.

等价关系常用 $\sim$ 表示, 即 $a \sim b$ 表示 $(a, b) \in R$.

例 1   设 S 是任意一个集合. $S \times S$ 中所有形为 (a, a) 的元素全体构成的集合 R 是一个等价关系, 称为 S 上的恒等关系, 这时 $a \sim b$ 当且仅当 $a = b$.

例 2   设 $\mathbf{Z}$ 是全体整数集, 定义 $a \sim b$ 当且仅当 $a - b$ 为偶数, 即 $R = \{(a, b) \in \mathbf{Z} \times \mathbf{Z} \mid a - b \text{ 为偶数}\}$, 不难验证这也是一个等价关系.

例 3 设 D 是 Descartes 平面,定义 D 中两点 $a \sim b$ 当且仅当 a 与 b 到原点的距离相等,则 $\sim$ 也是一个等价关系.

例 4 设 S 是平面上的一个圆,定义 S 上两点 $a \sim b$ 当且仅当这两点同在一根直径上,则 $\sim$ 也是一个等价关系.

例 5 设 $\mathbf{Z}$ 是整数集,n 是固定的自然数.定义整数 $a \sim b$ 当且仅当 $a - b$ 可以被 n 整除,则 $\sim$ 也是 $\mathbf{Z}$ 上的一个等价关系,当 $n = 2$ 时就是例 2.

现设 $\sim$ 是集合 A 中的一个等价关系,a 是 A 的一个元素,与 a 等价的元素全体组成 A 的一个子集,称为 a 的一个等价类,我们用 $[a]$ 表示 a 的等价类.例 1 中 a 的等价类只含有一个元素.例 2 中 a 的等价类为形如 $a + 2k (k \in \mathbf{Z})$ 的元素全体,这时 $\mathbf{Z}$ 只含有两个等价类:奇数与偶数.例 3 中 a 的等价类为以原点为圆心过 a 点的圆.例 4 中每个等价类都含有两个元素.例 5 中的 $\mathbf{Z}$ 一共有 n 个等价类:$[0]$,$[1]$,$\cdots$,$[n-1]$.

我们注意到,一个集合中由两个元素所在的等价类如不重合,则必不相交.即若 $[a] \neq [b]$,则 $[a] \bigcap [b] = \varnothing$.因为如存在 $c \in [a] \bigcap [b]$,则 $a \sim c$,$c \sim b$.但由传递性知 $a \sim b$,于是 $[a] = [b]$,引出矛盾.由此我们看出如果一个集合上定义了一个等价关系,则这个集合可以被划分成互不相交的等价类(子集)之并.一个集合如果能表示为两两互不相交的子集之并,则称这些子集族为该集合的一个分划.上面的分析表明集合上一个等价关系决定了该集合的一个分划.

反过来,如果 $\{A_i\}_{i \in I}$ 是集合 A 的一个分划,即

$$A_i \bigcap A_j = \varnothing (i \neq j), \quad A = \bigcup_{i \in I} A_i,$$

在 A 上定义关系 R 如下:

$$R = \{(a, b) \in A \times A \mid a, b \text{ 属于同一个 } A_i\},$$

则容易验证 R 是 A 上的一个等价关系.因此,给定 A 的一个分划,可以得到 A 上的一个等价关系.事实上我们有如下的命题.

命题 3-1 设 R 是集合 A 上的一个等价关系,则 R 决定了 A 的一个分划 P,且由 P 导出的等价关系就是 R.反之给定 A 的一个分划 P,则可得到 A 上的一个等价关系 R,且由这个等价关系 R 决定的 A 的分划就是 P.

证明 设 R 是 A 的等价关系,P 是由上述方法得到的分划,又记 R' 是由 P 决定的 A 的等价关系,若 $(a, b) \in R$,则 a, b 同属于 P 的某个元素(等价类),于是 $(a, b) \in R'$,故 $R \subseteq R'$.反过来若 $(a, b) \in R'$,则 a, b 同属于 P 中某个等价类,从而 $(a, b) \in R$,即 $R' \subseteq R$,由此即得 $R' = R$.

另一方面设 $P = \{A_i\}_I$ 是 A 的一个分划,它决定的 A 的等价关系记为 R.再

由 R 导出的分划记为 $P' = \{B_j\}_J$，设 $a \in A$，且 a 所在的等价类为 A_i，由于 $A = \bigcup_J B_j$，故 a 属于某个 B_j，现只需证明 $A_i = B_j$ 即可. 对 A_i 中任一元 c，有 $c \sim a$. 另一方面由于 B_j 是 a 的等价类，故 $c \in B_j$，于是 $A_i \subseteq B_j$. 反之，若 $b \in B_j$，则 $b \sim a$. 但凡与 a 等价的元素必须在 A_i 之中，故 $B_j \subseteq A_i$. 由此即推出 $A_i = B_j$，$P' = P$. 证毕.

定义 3-3　设 $\sim$ 是集 A 上的一个等价关系，A 上的所有等价类的集合称为 A 关于等价关系 $\sim$ 的商集，记之为 $A/\sim$ 或 $\bar{A}$.

注意 $\bar{A}$ 实际上是 A 的某些子集(全体等价类)的集合，$\bar{A}$ 中的元素是 A 中某个元素所在的等价类. 若 $a \in A$，则 a 的等价类作为 $\bar{A}$ 的元素通常记为 $\bar{a}$.

例 1 中的商集 $\bar{S}$ 为 S 中单点子集(即只含有一个元素的子集)组成的集. 例 2 中的商集只含有 2 个元素，即奇数集与偶数集. 例 3 中的商集为 Descartes 平面上以原点为中心的圆全体组成的集合. 例 4 中的商集是所谓的射影直线. 例 5 中的商集含有 n 个元素，分别记为 $\bar{0}, \bar{1}, \bar{2}, \cdots, \overline{n-1}$，其中 $\bar{i}$ 表示由所有被 n 除后余数等于 i 的整数全体，这个商集记为 Z_n，称为模 n 剩余类集，我们以后还要来研究它.

§1.4 映　射

定义 4-1　设 A, B 是两个非空集合，M 是 A 到 B 的一个关系(即 $M \subseteq A \times B$)，若 M 适合下列条件：对 A 中任一元素 a，有且只有一个 B 中的元素 b，使 $(a, b) \in M$，则称 M 是集合 A 到 B 的一个映射或映照. A 称为这个映射的定义域，B 称为映射的值域.

从映射的定义我们可以看出，对 A 中任一元 a，有且仅有一个元 b 与 a 对应. 这个对应关系有时记为 $a \to b$，映射习惯上用小写英文字母 f, g 等来表示. 如上述映射记为 f，则 $b = f(a)$. A 到 B 的映射 f 简记为

$$f: A \to B.$$

读者不难看出，映射是函数概念在集合上的推广. 与函数一样，A 到 B 的两个映射 f 与 g 相等当且仅当 $f(a) = g(a)$ 对一切 $a \in A$ 成立.

例 1　$S \to S$ 的映射 $a \to a$ 称为恒等映射，记为 Id_S 或 I_S.

例 2　A, B 是两个非空集，$b_0 \in B$，若令 $f: A \to B$ 为 $f(a) = b_0$ 对一切 $a \in A$，则 f 是一个映射，称为常值映射.

例 3　设 R 是实数集，$f(x) = x^2$ 定义了 $R \to R$ 的一个映射.

例 4　设 $\mathbf{Z}$ 是整数集，定义 $\mathbf{Z} \times \mathbf{Z} \to \mathbf{Z}$ 的映射为 $(m, n) \to m + n$. 这也是一

个映射,实际上它是一个运算.

例 5 设 A, B 是非空集,作 $A \times B \to A$ 的映射 $(a, b) \to a$. 这个映射称为 $A \times B$ 到 A 上的投影.同样也可以定义 $A \times B$ 到 B 上的投影.

例 6 设 A 是非空集, $\sim$ 是 A 上的一个等价关系, $\overline{A}$ 是 A 在这个等价关系下的商集.定义 $A \to \overline{A}$ 的映射为: $a \to \overline{a}$, 即将 A 中元素映到它所在的等价类上.这个映射称为 A 到其商集上的自然映射.

现设 $f : A \to B$, 若 $a \in A$, 则称 $f(a)$ 为 a 在 f 下的像.令 $\operatorname{Im} f = \{b \in B \mid b = f(a)\}$, 即 $\operatorname{Im} f$ 为 A 中元素在 f 下的像全体.称 $\operatorname{Im} f$ 为 A 在 f 下的像,有时记为 $f(A)$. 若 $b \in B$ 且存在 $a \in A$ 使 $b = f(a)$, 则称 a 是 b 关于 f 的一个原像.注意原像可能不唯一,即可能存在 $a' \neq a$, 但 $f(a) = f(a')$. 如例 2 中的 A 若包含不止一个元素,则常值映射的原像就不唯一. b 的所有原像的全体构成 A 的一个子集,记之为 $f^{-1}(b)$. 又若 $B' \subseteq B$, B' 中所有元素在 A 中的原像记为 $f^{-1}(B')$.

定义 4-2 设 $f : A \to B$, 若 $\operatorname{Im} f = B$, 则称 f 是映上映射或满映射.若对 A 中任意两个元素 $a \neq a'$, 均有 $f(a) \neq f(a')$, 则称 f 是单映射.若 f 既是满映射又是单映射,则称 f 是双射或一一对应.

从定义可以看出 f 是满映射的充要条件是 B 中任一元素均在 A 中有原像. f 是单映射的充要条件是 $\operatorname{Im} f$ 中的元素在 A 中只有唯一的一个原像. f 是双射的充要条件是 B 中任一元素有且只有一个原像.

若 $f : A \to B$ 是一个双射,则对 B 中任一元素 b 均有唯一的元素 a 与之对应.定义 $B \to A$ 的映射 $b \to a$, 即它将 B 中元素映到它(关于 f)的原像.显然这也是一个映射,称为 f 的逆映射,记为 f^{-1}.

现设 A, B, C 是 3 个非空集, $f : A \to B$, $g : B \to C$ 为映射,定义 g 与 f 的积 $g \cdot f$ 为 $A \to C$ 的映射:

$$g \cdot f(a) = g(f(a)).$$

映射 $g \cdot f$ 也称为 f 与 g 的合成, $g \cdot f$ 有时简记为 gf. 只要一个映射的值域属于另一个映射的定义域,它们便可以合成.映射合成满足结合律,即有下述命题.

命题 4-1 设 $f : A \to B$, $g : B \to C$; $h : C \to D$ 为映射,则

$$(h \cdot g) \cdot f = h \cdot (g \cdot f).$$

证明 对任意的 $x \in A$, $(h \cdot g) \cdot f(x) = (h \cdot g)(f(x)) = h(g) . h \cdot (g \cdot f)(x) = h(g \cdot f(x)) = h(g(f(x)))$. 由此即知结论成立.证毕.

命题 4-2 设 $f : A \to B$ 是映射,则

(1) f 是单映射的充要条件是存在 $g:B \to A$, 使 $g \cdot f = I_A$;

(2) f 是满映射的充要条件是存在 $g:B \to A$, 使 $f \cdot g = I_B$;

(3) f 是双射的充要条件是存在 $g:B \to A$, 使 $g \cdot f = I_A$ 且 $f \cdot g = I_B$.

证明 (1) 若 f 是单映射, $\mathrm{Im}\, f$ 是其像, 设 $B' = B - \mathrm{Im}\, f$. 定义 $B \to A$ 的映射如下: 若 $b \in \mathrm{Im}\, f$, 令 $g(b) = f^{-1}(b)$, 又因为 A 不空, 所以至少含一个元 a_0, 对一切 $b' \in B'$, 令 $g(b') = a_0$, 显然我们定义了 $B \to A$ 的映射且 $g \cdot f = I_A$. 反之若 $g \cdot f = I_A$, 且 $f(a_1) = f(a_2)$, 则 $gf(a_1) = gf(a_2)$, 即 $a_1 = a_2$. 这证明 f 是单映射.

(2) 设 f 是满映射, b_1, b_2 是 B 的两个元素, 现先证明若 $b_1 \neq b_2$, 则 $f^{-1}(b_1) \bigcap f^{-1}(b_2) = \varnothing$. 事实上, 若 $a \in f^{-1}(b_1) \bigcap f^{-1}(b_2)$, 则 $b_1 = f(a) = b_2$ 与假设矛盾. 这样 B 中元素的原像组成了 A 上的一个分划 $P = \{f^{-1}(b) \mid b \in B\}$. 在每一个 $f^{-1}(b)$ 中取且只取一个元素①, 定义 $B \to A$ 的映射 g 如下: $g(b)$ 等于 $f^{-1}(b)$ 中取定的那个元素. 不难看出 g 是 $B \to A$ 的映射且适合 $fg = I_B$. 反过来若存在 $g:B \to A$, 使 $fg = I_B$, 设 b 是 B 中任意一个元素, 则 $g(b) \in A$, 且 $fg(b) = b$, 即 $g(b) \in f^{-1}(b)$, 因此 f 是满映射.

(3) 由(1)和(2)即得. 证毕.

§1.5 二 元 运 算

定义 5-1 设 S 是一个集合, $S \times S \to S$ 的一个映射称为 S 上的一个二元运算.

例 1 $\mathbf{Z} \times \mathbf{Z} \to \mathbf{Z}$ 的映射 $(a, b) \to a + b$ 是一个二元运算, 称为加法运算.

例 2 设 V 是实 n 维向量空间, $V \times V \to V$ 的映射 $(u, v) \to u + v$ 也是一个二元运算.

例 3 设 $M_n(\mathbf{R})$ 是实 n 阶矩阵全体, $M_n(\mathbf{R}) \times M_n(\mathbf{R}) \to M_n(\mathbf{R})$ 的映射 $(A, B) \to A \cdot B$ 也是一个二元运算 ($A \cdot B$ 表示通常的矩阵乘法), 称为矩阵的乘法.

例 4 设 S 是一个集合, $P(S)$ 是由 S 的所有子集(包括空集)组成的集合. $P(S) \times P(S) \to P(S)$ 的映射 $(A, B) \to A \bigcup B$ 以及 $(A, B) \to A \bigcap B$ 都是 $P(S)$ 上的二元运算.

---

① 事实上我们在这里应用了选择公理, 在本教程中我们始终接受选择公理.

例 5　设 **R** 是实数集，$\mathbf{R} \times \mathbf{R} \to \mathbf{R}$ 的映射 $(x, y) \to \min(x, y)$ 也是一个二元运算.

在同一个集合上可以定义各种不同的运算. 比如在 **Z** 上可以定义加法、减法、乘法等等. 这些运算通常适合一定的规律. 常见的规律有：结合律、交换律、分配律等. 为了叙述这些规律，我们把二元运算的记法作一些简化. 用 $*$ 表示运算，(a, b) 在二元运算(作为映射)下的像记为 $a*b$. 不同的运算可用不同的记号(如 $*$，$\cdot$ 等)表示.

定义 5-2　设 $*$，$\cdot$ 是集 S 上的两种运算，则

(1) 若对任意的 $a, b, c \in S$，均有

$$a * (b * c) = (a * b) * c,$$

则称运算 $*$ 满足结合律；

(2) 若对任意的 $a, b \in S$，均有

$$a * b = b * a,$$

则称 $*$ 满足交换律；

(3) 若对任意的 $a, b, c \in S$，均有

$$a * (b \cdot c) = (a * b) \cdot (a * c),$$

则称 $*$ 关于 $\cdot$ 适合左分配律. 又若 $(b \cdot c) * a = (b * a) \cdot (c * a)$，则称 $*$ 关于 $\cdot$ 适合右分配律. 同时适合左、右分配律者称为适合分配律.

若 S 上的运算 $*$ 适合结合律，则 $a * (b * c) = (a * b) * c$，我们把这个相同的元素记为 $a * b * c$，而省去括号.

利用映射的概念，还可以将二元运算的概念作推广. 比如我们可以定义所谓的 n 元运算为：$S \times \cdots \times S \to S$ 的映射. 我们还将 $S \times T \to S$ 的映射也称为一种运算. 比如实向量空间 V 上的数乘可看成是 $V \times R \to V$ 的映射. 所有这些概念极大地拓广了数集上运算的概念.

*§1.6　偏序与 Zorn 引理

定义 6-1　设 A 是一个非空集，P 是 A 上的一个关系，若 P 适合下列条件：

(1) 对任意的 $a \in A$，$(a, a) \in P$；

(2) 若 $(a, b) \in P$ 且 $(b, a) \in P$，则 $a = b$；

(3) 若 $(a, b) \in P$，$(b, c) \in P$，则 $(a, c) \in P$，

则称 P 是 A 上的一个偏序关系. 带偏序关系的集合 A 称为偏序集或半序集.

若 P 是 A 上的偏序关系, 我们用 $a \leqslant b$ 来表示 $(a, b) \in P$.

例 1   实数集上的小于等于关系是一个偏序关系.

例 2   设 S 是集合, $P(S)$ 是 S 的所有子集构成的集合, 定义 $P(S)$ 中两个元素 $A \leqslant B$ 当且仅当 A 是 B 的子集, 即 $A \subseteq B$, 则 $P(S)$ 在这个关系下成为偏序集.

例 3   设 N 是正整数集, 定义 $m \leqslant n$ 当且仅当 m 能整除 n, 不难验证这是一个偏序关系. 注意它不同于 N 上的自然序关系.

在偏序集中, 并非任意两个元素之间都有序关系. 比如例 3 中数 2 与数 3 互相间没有整除关系. 但是有一类偏序集, 其中任意两个元素均有序关系. 即若 a, $b \in S$, 或者 $a \leqslant b$ 或者 $b \leqslant a$, 这样的偏序集称为全序集. 一个偏序集中的全序子集称为该偏序集的一根"链". 例 1 是全序集.

为方便起见, 我们记 $b < a$ 为 $b \leqslant a$ 且 $b \neq a$. 偏序集中的一个元素 c 称为是极大元, 若不存在该集中的元素 a, 使得 $c < a$. 有限偏序集总存在极大元, 无限集有可能没有极大元, 如例 1 中的实数集就没有极大元.

若 S 是一个偏序集, A 是 S 的子集, 若存在 $c \in S$, 且对 A 中任意元 a 均有 $a \leqslant c$, 则称 c 是子集 A 的一个上界. 注意, 上界一般不唯一.

集合论里有一条常用的著名定理, 称为 Zorn 引理. Zorn 引理与选择公理是等价的. Zorn 引理在应用上特别方便, 为此我们叙述如下.

引理 6-1(Zorn 引理)   设 S 是一个偏序集, 若 S 中的每根链都有上界, 则 S 有极大元.

Zorn 引理的证明要用到选择公理, 我们这里不再给出其证明. 从 Zorn 引理也可推出选择公理, 因此我们可以把它作为一条公理接受下来. 我们可以这样来"想象"它的正确性(注意, 这不是证明!). 取 S 的任一链, 其上界记为 a_1. 若 a_1已是极大元, 则引理正确, 若 a_1 不是极大元, 则必有 b_1, 使 $a_1 < b_1$; 若 b_1 不是极大元, 则又可找到 b_2, 使 $a_1 < b_1 < b_2$; 如此下去又可得到 S 的一根链, 其上界记为 a_2; 若 a_2 是极大元就不必再找了, 若不是又可重复下去. 这样不断地做下去, 总可找到极大元, 因为任一链均有上界.

习   题

1. 设 $\{A_\alpha\}_{\alpha \in I}$ 是集合 S 的一族子集, 证明下列公式:

$$S - \bigcup_{\alpha \in I} A_\alpha = \bigcap_{\alpha \in I} (S - A_\alpha),$$

$$S - \bigcap_{a \in I} A_a = \bigcup_{a \in I}(S - A_a).$$

2. 设 S 是一个有限集且有 n 个元素,证明:S 共有 2^n 个子集(包括空集).

3. 指出下列推理的错误:设 $\sim$ 是集 S 中的一个关系,若它适合对称性和传递性,则它也适合自反性.证明如下:由 $a \sim b$ 可得 $b \sim a$(对称性),再由传递性得 $a \sim a$.

4. 设 **N** 是自然数集,定义 $\mathbf{N} \times \mathbf{N}$ 上的一个关系:

$$(a, b) \sim (c, d), \text{当且仅当 } a + d = b + c,$$

证明这是个等价关系.

5. 设 $f: A \to C$, $g: B \to D$ 是映射,定义 $f \times g$:

$$(f \times g)(a, b) = (f(a), g(b)), (a, b) \in A \times B,$$

证明 $f \times g$ 是 $A \times B \to C \times D$ 的映射,且证明如 f, g 皆为满映射(单映射),则 $f \times g$ 也是满映射(单映射).

6. 设 A, B 是非空集,证明 $A \times B$ 与 $B \times A$ 之间存在一一对应.

7. 若 S 是一个有限集,$f: S \to S$ 是 S 到自身的映射.证明:

(1) 若 f 是单映射,则 f 是双射;

(2) 若 f 是满映射,则 f 也是双射.

8. 设 $f: A \to B$, $g: B \to C$ 是映射,证明:

(1) 若 f, g 皆为单映射,则 $g \cdot f$ 也是单映射;

(2) 若 f, g 皆为满映射,则 $g \cdot f$ 也是满映射;

(3) 若 $f \cdot g$ 皆为双射,则 $g \cdot f$ 也是双射,且 $(g \cdot f)^{-1} = f^{-1} \cdot g^{-1}$.

第二章 群 论

§2.1 群 的 概 念

定义 1-1 设 S 是一个非空集,在 S 上存在一个二元运算记为"·"(乘法). 即对任意的 x, $y \in S$,总存在唯一的元 $x \cdot y \in S$ 与之对应. 又该乘法适合结合律,则称 S 是一个半群.

半群的乘法有时被省略,如 $a \cdot b$ 记为 ab. 一个半群的乘法如适合交换律, 则称这个半群为交换半群.

如果在一个半群 S 中存在一个元素 e,使对一切 $a \in S$,均有

$$ea = ae = a,$$

则称 e 是 S 的么元(或恒等元、单位元). 这样的半群称为么半群.

定义 1-2 一个么半群 G(么元为 e)如果适合下列条件则称为群:对 G 中任一元 a,均存在 a',使

$$a'a = aa' = e.$$

元素 a' 称为 a 的逆元,记为 a^{-1}.

群 G 的运算若适合交换律,则称之为交换群或 Abel 群. 交换群的运算有时用加法"＋"来表示,这时么元记为 0, a 的逆元(也称负元)记为 $-a$,这种群也称为加法群.

一个群如果只含有有限个元素就称为有限群,否则就称为无限群. 通常用 $|G|$ 表示 G 的元素个数. 若 $|G| = n$, 则称 G 为 n 阶群.

群是一类相当普遍的代数体系,我们已经学过的许多代数结构实际上都是一种群结构.

例 1 全体整数 $\mathbf{Z} = \{0, \pm 1, \pm 2, \cdots\}$ 在通常数的加法下成为一个群. 这个群是加法群,么元为 0. 若 $n \in \mathbf{Z}$, n 的逆元就是 $-n$. 但是要注意的是 $\mathbf{Z}$ 在通常的数的乘法下不是群,比如 0 没有逆元素. $\mathbf{Z}$ 在乘法下只是一个半群,当然它是一个交换么半群,乘法么元为 1.

例 2 有理数全体 $\mathbf{Q}$ 在通常的数的加法下也是一个加法群. 同理实数全体

及复数全体在数的加法下都成为群. **Q** 在数的乘法下不成为群(仅是交换么半群),但是如果用 **Q*** 表示非零有理数全体,则 **Q*** 在数的乘法下成为一个交换群,么元为 1, $\dfrac{q}{p}$ 的逆元为 $\dfrac{p}{q}$. 同理 **R*** (非零实数全体),**C*** (非零复数全体)在数的乘法下都是群.

例 3 $G = \{1, -1\}$,在数的乘法下成为一个群,么元为 1,-1 的逆元是它自身. 这是一个只有两个元素的群.

例 4 设 S 是一个集合,S 上的一个一一对应称为 S 的一个变换. S 的全体变换记为 $A(S)$. 定义 $A(S)$ 中两个变换的乘法为其合成,则由于映射的合成适合结合律(命题 4-1),且 Id_S 显然是 $A(S)$ 的么元,$A(S)$ 是一个么半群. 对 $A(S)$ 中任一变换 f,它的逆变换 f^{-1} 适合 $f \cdot f^{-1} = f^{-1} \cdot f = Id_S$,故 $A(S)$ 是一个群. 这个群称为集合 S 上的变换群.

例 5 在例 4 中若 S 是一个有限集且有 n 个元素,则 $A(S)$ 称为 n 阶(或 n 次)对称群,通常用 S_n 来表示. 由于 S 的全体元素的任一排列决定了 S 的一个变换且 S 的任一变换决定了一个全排列,因此 S_n 的阶为 $n!$ (注意 n 阶对称群的阶不是 n).

例 6 设 $G = \{0, 1, 2, \cdots, n-1\}$,在 G 上定义一个加法"$\dot{+}$"(为了与数的加法区别开来,我们在"$+$"上加了一点)如下:

$$i \dot{+} j = i + j, \ \ 若 i + j < n;$$

$$i \dot{+} j = i + j - n, \ \ 若 i + j \geqslant n.$$

上面的定义等价于下列定义:

$$i \dot{+} j = k, \quad 若 i + j \equiv k (\bmod n),$$

即若 $i + j$ 除以 n 以后的余数为 k,则定义 $i \dot{+} j = k$. 利用这个定义可以方便地验证结合律:

$$(i \dot{+} j) \dot{+} m = i \dot{+} (j \dot{+} m) = k, 其中 i + j + m \equiv k (\bmod n),$$

G 的么元为 0, i 的逆元为 $n - i$. 这个群称为模 n 的剩余类加法群,通常记之为 $\mathbf{Z}_n$. 我们今后还要仔细地研究它.

例 7 设 V 是实 n 维向量空间,V 上的向量全体在加法下也构成一个群,这个群的么元是零向量. 这也是一个加法群.

例 8 设 K 是一个数域(有理数域、实数域或复数域等),K 上 $n \times n$ 非异矩阵全体在矩阵的乘法下构成一个群，么元为 I_n，即 n 阶单位阵. 当 $n \geqslant 2$ 时这个群是非交换的. 通常称这个群为域 K 上的 n 阶一般线性群，记为 $GL_n(K)$.

例 9　设 $SL_n(K) = \{A \in GL_n(K) \mid |A| = 1\}$，即行列式为 1 的 $n \times n$ 矩阵全体. 不难看出 $SL_n(K)$ 在矩阵的乘法下也构成一个群，称为 n 阶特殊线性群.

例 10　设 $H = \{\pm 1, \pm i, \pm j, \pm k\}$ 共有 8 个元素，在 H 上定义运算：$i^2 = j^2 = k^2 = -1$，$ij = -ji = k$，$jk = -kj = i$，$ki = -ik = j$，不难验证 H 成为一个群，称为 Hamilton 四元数群.

下面我们来讨论群的简单性质.

性质 1-1　群的么元唯一.

证明　设 e 与 e' 都是群 G 的么元，则 $ee' = e$，$ee' = e'$，故 $e = e'$. 证毕.

性质 1-2　对群 G 中任一元 a，其逆元也唯一.

证明　设 a_1，a_2 都是 a 的逆元，则 $a_1 = a_1 e = a_1(a a_2) = (a_1 a)a_2 = ea_2 = a_2$. 证毕.

性质 1-3　对群 G 中任一元 a 有 $(a^{-1})^{-1} = a$.

证明　$a \cdot a^{-1} = a^{-1} \cdot a = e$，此即表明 $(a^{-1})^{-1} = a$. 证毕.

性质 1-4　设 a，b 是群 G 中元素，则 $(ab)^{-1} = b^{-1}a^{-1}$.

证明　$(ab)(b^{-1}a^{-1}) = a(bb^{-1}a^{-1}) = a(ea^{-1}) = aa^{-1} = e$，
$(b^{-1}a^{-1})(ab) = b^{-1}(a^{-1}ab) = b^{-1}(eb) = b^{-1}b = e$.
证毕.

性质 1-5　对群 G 中任意两个元素 a，b，方程 $ax = b$ 及 $ya = b$ 在 G 中有唯一解.

证明　$ax = b$ 的解为 $x = a^{-1}b$，$ya = b$ 的解为 $y = ba^{-1}$. 证毕.

性质 1-6　左、右消去律在群中成立. 即若 $au = bu$，则 $a = b$. 又若 $va = vb$，则 $a = b$.

证明　在等式 $au = bu$ 两边右乘 u^{-1}，得 $(au)u^{-1} = (bu)u^{-1}$，由此即可推得 $a = b$. 同理可证左消去律也成立. 证毕.

在做群的乘法运算时为了方便，记 $a \cdot a = a^2$，$a \cdot a \cdot a = a^3$，…，a^n 为 n 个 a 之积. 又记 $a^{-n} = (a^{-1})^n$，则有下列性质.

性质 1-7　$a^m \cdot a^n = a^{m+n}$.

证明　两边都等于 $m + n$ 个 a 相乘. 证毕.

性质 1-8　$(a^m)^n = a^{mn}$.

证明　两边等于 mn 个 a 之积. 证毕.

性质 1-9　$(a^{-m})^n = a^{-mn}$.

证明 两边等于 mn 个 a^{-1} 之积. 证毕.

性质 1-10 $(a^m)^{-n} = a^{-mn}$, $(a^{-m})^{-n} = a^{nm}$.

证明 $a^m \cdot a^{-m} = a^m \cdot (a^{-1})^m = e$, 因此 $(a^m)^{-1} = a^{-m}$, 于是 $(a^m)^{-n} = ((a^m)^{-1})^n = (a^{-m})^n = a^{-mn}$.

又, $(a^{-m})^{-n} = ((a^{-1})^m)^{-n} = (a^{-1})^{-mn} = ((a^{-1})^{-1})^{mn} = a^{mn}$.

证毕.

为方便起见, 约定 $a^0 = e$.

若 G 是加法群, 则记 $\underbrace{a + \cdots + a}_{n \text{个}} = na$, 于是有相应的性质如下.

性质 1-7′ $ma + na = (m+n)a$.

性质 1-8′ $n(ma) = nma$.

性质 1-9′ $n(-ma) = (-mn)a$.

性质 1-10′ $(-n)(ma) = (-mn)a$, $(-n)(-ma) = mna$.

约定 $0a = 0$.

习 题

1. 判断下列集合在指定运算下是否成群?

(1) $G = \{$全体整数$\}$, 运算为数的减法;

(2) $G = \{$全体正整数$\}$, 运算为数的乘法;

(3) $G = \{$全体正有理数$\}$, 运算为数的乘法;

(4) $G = \{$全体正实数$\}$, 运算为数的乘法;

(5) $G = \{$数域 K 上 $n \times n$ 矩阵全体$\}$, 运算为矩阵的乘法;

(6) G 同 (5), 运算为矩阵的加法.

2. 设在 G 中有两个元素 a, b, 适合 $ab = ba$, 求证: 对任意的自然数 n, $(ab)^n = a^n b^n$. 试举例说明存在某个群中的两个元素 a, b, 使 $(ab)^2 \neq a^2 b^2$.

3. 证明下面 4 个矩阵在矩阵乘法下构成一个群:

$$\begin{bmatrix} 1 & 0 \\ 0 & 1 \end{bmatrix}, \quad \begin{bmatrix} 1 & 0 \\ 0 & -1 \end{bmatrix}, \quad \begin{bmatrix} -1 & 0 \\ 0 & 1 \end{bmatrix}, \quad \begin{bmatrix} -1 & 0 \\ 0 & -1 \end{bmatrix}.$$

4. 设 V 是数域 K 上的线性空间, V^* 为 $V \rightarrow K$ 的所有线性函数全体, 定义 V^* 中两个函数 f, g 的加法为

$$(f+g)(v) = f(v) + g(v),$$

证明: V^* 在此加法定义下构成一个群.

5. 证明: 若群 G 中任一元素的逆元是它自身, 则 G 是一个 Abel 群.

6. 设 G 是一个群, 且对任意的 $a, b \in G$ 均有 $(ab)^2 = a^2 b^2$, 证明 G 是一个 Abel 群.

7. 设 G 是一个群且对某 3 个连续的自然数 $i = n, n+1, n+2$, 有 $(ab)^i = a^i b^i$ 对一切 $a, b \in G$ 成立, 则 G 是一个 Abel 群.

8. 设 G 是偶数阶群, 证明必存在 G 的某个元素 $a \neq e$, 且 $a^{-1} = a$.

9. 设 G 是一个半群且适合下列两个条件:

(1) 存在 $e \in G$, 使对一切 $a \in G$, 有 $ae = a$;

(2) 对 G 中任一元 a, 必存在元素 a', 使 $aa' = e$.

证明 G 必是一个群(注:这是群的又一等价定义,它的条件要比我们定义中的条件弱一些).

10. 设 G 是一个有限半群, 且适合条件:

(1) 存在 $e \in G$, 使对一切 $a \in G$, $ae = a$;

(2) 对 G 中任一元 a, 若 $ab = ac$, 则 $b = c$(即左消去律成立),

证明 G 是一个群.

§2.2　子群及傍集

定义 2-1　设 G 是一个群, H 是 G 的子集, 如果 H 在群 G 的运算下也成为一群, 则称 H 是群 G 的子群.

显然子群的概念具有"传递性". 即若 H 是 G 的子群而 K 是 H 的子群, 则 K 也必是 G 的子群.

如何判别群的子集是子群, 我们有下列命题.

命题 2-1　设 H 是群 G 的非空子集, 如果 H 适合下列两条件之一, 则 H 是 G 的子群:

(1) 对任意的 $a, b \in H$, $ab \in H$ 且 $a^{-1} \in H$;

(2) 对任意的 $a, b \in H$, $ab^{-1} \in H$.

证明　(1) 因为 H 是 G 的子集, 所以 H 中元素的乘积显然适合结合律. 又若 $a \in H$, 则 $a^{-1} \in H$, 故 $a \cdot a^{-1} \in H$, 即 $e \in H$. 因此 H 是 G 的子群.

(2) 由 $a \in H$ 得 $aa^{-1} \in H$, 即 $e \in H$. 又 $a^{-1} = e \cdot a^{-1} \in H$, 若 $b \in H$, $b^{-1} \in H$, 则 $a(b^{-1})^{-1} \in H$, 即 $ab \in H$. 由(1)即知 H 是 G 的子群. 证毕.

推论 2-1　设 H 是群 G 的有限子集, 若对任意的 $a, b \in H$, 均有 $ab \in H$, 则 H 是 G 的子群.

证明　由上述命题中的(1)只需证明对任意的 $a \in H$, a^{-1} 必属于 H 即可. 由已知条件知 $a, a^2, a^3, \cdots$ 皆属于 H. 但是 H 是有限集, 因此必存在 $r > s$, 使 $a^r = a^s$. 由消去律得 $a^{r-s} = e$, 但 $r - s > 0$, 故 $a^{r-s-1} \in H$. 显然 $a^{-1} = a^{r-s-1}$, 这就证明了结论. 证毕.

对任意一个群 G, G 自身也可以看成是它的子群. 另外, G 的么元组成 G 的子群(只含一个元素). 这两个子群称为 G 的平凡子群. 不是平凡的子群称为非平凡子群.

下面我们来看一些子群的例子.

例 1 设 $\mathbf{Z}$ 是整数加法群(见 §1.5, 例 1), 又设 n 是固定的某个自然数, 令 $H = \{0, \pm n, \pm 2n, \cdots\}$, 即 H 由 n 的倍数组成, 则 H 是 $\mathbf{Z}$ 的子群. 这个子群通常记为 $n\mathbf{Z}$.

例 2 设 V 是数域 K 上的向量空间, V 在向量的加法下成为一群. V_1 是 V 的子空间, 则 V_1 是 V 的子群.

例 3 设 $GL_n(K)$ 是数域 K 上的 n 阶一般线性群, $SL_n(K)$ 是 n 阶特殊线性群(见 §2.1 例 8、例 9). $SL_n(K)$ 是 $GL_n(K)$ 的子群.

例 4 设 $\mathbf{R}$ 是实数全体在加法下组成的群, $\mathbf{Q}$ 为有理数全体, 则 $\mathbf{Q}$ 是 $(\mathbf{R}, +)$ 的子群. 另外, 记 $\mathbf{R}^*$ 是非零实数全体组成的乘法群, 虽然 $\mathbf{R}^*$ 是 $\mathbf{R}$ 的子集, 但是由于 $\mathbf{R}^*$ 上的运算与 $(\mathbf{R}, +)$ 上的运算不同, 因此 $\mathbf{R}^*$ 不是 $\mathbf{R}$ 的子群.

例 5 设 S_n 是 n 次对称群, 它是 n 个元素集 $\{a_1, \cdots, a_n\}$ 上的置换全体构成的群. 设 $a_1, \cdots, a_k$ 是其中的 k 个元素, 则所有保持 $a_1, \cdots, a_k$ 不动的 S_n 的元素全体构成 S_n 的一个子群.

定义 2-2 设 G 是一个群, $C = \{c \in G \mid gc = cg$ 对一切 $g \in G\}$, 即 C 中元素与 G 中任意一个元素的乘法可交换, 称 C 是 G 的中心.

命题 2-2 群的中心必是子群.

证明 设 C 是群 G 的中心, 若 $a, b \in C$, 对任意的 $g \in G$, 则

$$(ab)g = a(bg) = a(gb) = (ag)b = (ga)b = g(ab).$$

又由 $ag = ga$ 可推出 $ga^{-1} = a^{-1}g$, 故 $ab \in C$, $a^{-1} \in C$, 由命题 2-1 即知 C 是 G 的子群. 证毕.

例 6 设 G 是一群, $\{H_\alpha\}_{\alpha \in I}$ 是 G 的一族子群, 则 $\bigcap_{\alpha \in I} H_\alpha$ 仍然是 G 的子群. 事实上若 $a, b \in \bigcap H_\alpha$, 则 a, b 属于每个 H_α, 而 H_α 是子群, 故 $ab^{-1} \in H_\alpha$. 这对任一 α 均成立, 因此 $ab^{-1} \in \bigcap H_\alpha$, 即 $\bigcap H_\alpha$ 是子群.

定义 2-3 设 S 是群 G 的子集, G 中包含集合 S 的所有子群的交称为由 S 生成的子群, 记为 $<S>$.

注意 包含 S 的子群集非空, 因为 G 本身包含 S. 又 $<S>$ 是 G 中包含 S 的 "最小" 的子群. 若 S 本身是 G 的子群, 则容易看出 $<S> = S$.

命题 2-3 设 S 是 G 的子集, 则

$$<S> = \{a_1^{\epsilon_1} \cdot a_2^{\epsilon_2} \cdots \cdot a_n^{\epsilon_n} \mid n \in \mathbf{N}, a_i \in S, \epsilon_i = \pm 1\}.$$

　　在证明这个命题之前,我们先作一些说明.上式表示$<S>$可以由所有有限乘积 $a_1^{\varepsilon_1} \cdot a_2^{\varepsilon_2} \cdot \cdots \cdot a_n^{\varepsilon_n}$ 组成,其中 n 可取任何自然数,a_i 可取 S 中任何一个元素,且允许重复取.

　　证明　先证集合 $\{a_1^{\varepsilon_1} \cdot a_2^{\varepsilon_2} \cdot \cdots \cdot a_n^{\varepsilon_n}\}$ 构成一子群.事实上若设 $a = a_1^{\varepsilon_1} \cdots \cdot a_n^{\varepsilon_n}$, $b = b_1^{\varepsilon'_1} \cdots \cdot b_n^{\varepsilon'_n}$,则

$$ab^{-1} = a_1^{\varepsilon_1} \cdot \cdots \cdot a_n^{\varepsilon_n} b_m^{-\varepsilon'_m} \cdot \cdots \cdot b_1^{-\varepsilon'_1},$$

显然仍属于原集合,故它是一个子群.又这个子群包含 S(取 $n = 1$, $\varepsilon_1 = 1$),对任一包含 S 的 G 的子群 H, $a_i \in S \subset H$,故 $a_1^{\varepsilon_1} \cdot \cdots \cdot a_n^{\varepsilon_n} \in H$.这就证明了子群 $\{a_1^{\varepsilon_1} \cdot \cdots \cdot a_n^{\varepsilon_n}\} \subseteq H$,故它就是$<S>$.证毕.

　　若 $H = <S>$,则 S 中元素称为 H 的生成元.又若 S 是一个有限集,则 H 称为有限生成的子群.特别若 G 可由一个有限集生成,则称 G 是有限生成的群.如果 G 可由一个元素生成,那么称 G 是一个循环群.显然有限群总是有限生成的.注意,无限群也可以是有限生成的,比如整数加法群 **Z** 可由一个元 1 生成,因此 **Z** 是一个无限循环群.

　　定义 2-4　设 a 是群 G 的元素,若存在最小的自然数 n,使 $a^n = e$,则称 n 是元素 a 的周期.

　　e 的周期为 1.若不存在自然数 n,使 $a^n = e$,则称 a 的周期为 0(或称 a 的周期为∞).一个元素 a 的周期用 $o(a)$ 表示(有时也用 $|a|$ 表示).

　　命题 2-4　设 a 是群 G 的元素,$o(a) = n$,则由 a 生成的 G 的循环子群 $<a>$ 的阶恰为 n.

　　证明　作 $\{a, a^2, \cdots, a^{n-1}, a^n = e\}$,不难验证这个集合是 G 的子群,且 $<a> = \{a, a^2, \cdots, a^{n-1}, e\}$,于是 $|<a>| = n$.证毕.

　　命题 2-4 给出了周期的另一个等价定义:a 的周期等于$<a>$的阶.

　　周期有如下的性质.

　　命题 2-5　设 a 是群 G 的元素,且 $o(a) = n$,若 m 是一个整数,且 $a^m = e$,则 $n|m$.

　　证明　若 n 不能整除 m,则 $m = nq + r$, $0 < r < n$, r, q 为整数,$e = a^m = a^{nq+r} = a^r$,与 n 是 a 的周期矛盾.证毕.

　　现设 H 是 G 的子群,我们要利用 H 来构造 G 的分划.

　　定义 2-5　设 H 是群 G 的子群,$a \in G$,则称集合 $Ha = \{ha \mid h \in H\}$ 是 G 的一个右傍集(或称右伴集).称集合 $aH = \{ah \mid h \in H\}$ 是 G 的一个左傍集(或称左伴集).

　　现在我们先来求两个右傍集 $Ha = Hb$ 的充要条件.如果 $Ha = Hb$,则

$a = ea \in Ha$，故 $a = hb$，即 $ab^{-1} \in H$. 反过来，若 $ab^{-1} \in H$，则 $ha = ha(b^{-1}b)$ $= (hab^{-1})b \in Hb$，于是 $Ha \subseteq Hb$，同理可证 $Hb \subseteq Ha$，于是 $Ha = Hb$.

又若 Ha，Hb 是任两个右傍集，作 $Ha \rightarrow Hb$ 的映射 $ha \rightarrow hb$，这是个一一对应，因此 $|Ha| = |Hb|$，即 Ha，Hb 的元素个数相等.

最后，若 $Ha \neq Hb$，则 $Ha \bigcap Hb = \varnothing$. 事实上，若 $h_1a = h_2b \in Ha \bigcap Hb$，则 $ab^{-1} = h_1^{-1}h_2 \in H$，由前面的分析知 $Ha = Hb$，引出矛盾.

由以上分析我们知道右傍集(类似地左傍集)有如下性质.

性质 2-1　(1) $Ha = Hb(aH = bH)$ 的充要条件是 $ab^{-1} \in H(a^{-1}b \in H)$；

(2) $|Ha| = |Hb| \, (|aH| = |bH|)$；

(3) 若 $Ha \neq Hb \, (aH \neq bH)$，则 $Ha \bigcap Hb = \varnothing \, (aH \bigcap bH = \varnothing)$.

从这些性质我们可以看出 G 上的右傍集全体(或左傍集全体)构成了 G 的一个分划，且每一块含的元素相同，即等于 $H = He$ 的阶. 由此我们就得到了著名的 Lagrange 定理.

定理 2-1(Lagrange 定理)　设 H 是有限群 G 的子群，则 $|H|$ 是 $|G|$ 的因子.

既然 G 的右傍集全体构成了 G 的一个分划，由 §1.3 中的命题 3-1 知它决定了 G 中的一个等价关系：$a \sim b$ 当且仅当 $Ha = Hb$，当且仅当 $ab^{-1} \in H$. 在这个等价关系下的商集 $\overline{G}$ 为 G 的右傍集全体. $|\overline{G}|$ 即右傍集的个数称为子群 H 在 G 中的指数，记为 $[G : H]$. 于是 Lagrange 定理也可以改写如下.

定理 2-1′　若 H 是有限群 G 的子群，则

$$|G| = |H| \cdot [G : H].$$

注意　如果我们改用左傍集来定义指数，则也可以得到相同的结论，而且我们还可以看出用左傍集定义的指数与用右傍集定义的指数是相等的. 事实上我们还可以直接证明这一点：作 H 的左傍集集合到 H 的右傍集集合的映射：$aH \rightarrow Ha^{-1}$，读者不难自己证明这是个一一对应，因此 H 左傍集的个数等于 H 右傍集的个数. 但是读者需注意，一般来说 $Ha \neq aH$，我们将在下一节讨论这个问题.

Lagrange 定理有许多推论，我们简述如下.

推论 2-2　若 G 是有限群，则 G 中任一元素的周期必是 $|G|$ 的因子.

证明　$o(a) = |<a>|$，故 $o(a) | |G|$. 证毕.

推论 2-3　若 G 是有限群，则对任意的 $a \in G$，$a^{|G|} = e$.

证明　由推论 2-2 即得. 证毕.

推论 2-4　若 $|G| = p$，p 是一个素数，则 G 是循环群.

证明　若 $a \neq e$，则 $|<a>|$ 整除 p. 只可能 $|<a>| = p$，故 $G = <a>$，G 是循环群. 证毕.

作为应用，我们用 Lagrange 定理的推论来证明数论中的 Euler 定理与 Fermat 小定理.

首先我们定义数论上常用的 Euler φ 函数如下：φ 是自然数集 $\mathbf{N}$ 上的函数，$\varphi(1) = 1$，$\varphi(n)$ 等于"小于 n 而与 n 互素的正整数的个数"，比如 $\varphi(2) = 1$，$\varphi(3) = 2$，$\varphi(4) = 2$，$\varphi(5) = 4$，$\varphi(6) = 2$，$\varphi(7) = 6$，$\varphi(8) = 4$，等等. 若 p 是素数，则 $\varphi(p) = p - 1$.

例 7　Euler 定理：若 a，n 都是正整数且 a 与 n 互素，则

$$a^{\varphi(n)} \equiv 1(\mathrm{mod}\ n).$$

证明　令 $G = \{$小于 n 且与 n 互素的正整数$\}$，则 G 的阶恰为 $\varphi(n)$. 定义 G 中元素的乘法"·"如下：

$$m \cdot k = s, \text{其中 } s \text{ 适合 } mk \equiv s(\mathrm{mod}\ n).$$

若 m，k 与 n 互素，则不难验证 s 也与 n 互素. 因此 G 在上述乘法运算下封闭. 结合律也不难验证. 事实上若 m，k，$l \in G$，则 $(m \cdot k) \cdot l = m \cdot (k \cdot l) = s$，其中 s 适合 $mkl \equiv s(\mathrm{mod}\ n)$. 显然 1 是 G 的么元. 对任意的 $m \in G$，因为 m 与 n 互素，必有 $0 < k < n$ 及整数 t 使 $mk + nt = 1$. 显然 k 与 n 互素，故 $k \in G$ 且 k 是 m 在 G 中的逆元，这样 G 就成为一个群. 由推论 2-3，对 G 中任一元素 a，均有 $a^{\varphi(n)} \equiv 1(\mathrm{mod}\ n)$. 当 $a > n$ 时，令 $a = nq + r$，$0 < r < n$，则 $r \in G$. 由于 $a \equiv r(\mathrm{mod}\ n)$，因此仍有等式 $a^{\varphi(n)} \equiv 1(\mathrm{mod}\ n)$. 证毕.

例 8　Fermat 小定理：设 p 是素数，a 是自然数，则 $a^p \equiv a(\mathrm{mod}\ p)$.

证明　若 a 与 p 互素，由 Euler 定理有 $a^{\varphi(p)} \equiv 1(\mathrm{mod}\ p)$，但 $\varphi(p) = p - 1$，故 $a^{p-1} \equiv 1(\mathrm{mod}\ p)$，两边乘以 a 即得结论. 当 a 是 p 的倍数时结论显然成立. 证毕.

习　　题

1. 设 H_1，H_2，$\cdots$ 是群 G 的一族子群，且 $H_1 \subset H_2 \subset H_3 \subset \cdots$，证明 $\bigcup\limits_{i=1}^{\infty} H_i$ 是群 G 的子群. 若 H，K 是群 G 的子群且两者互不包含，求证 $H \cup K$ 必不是 G 的子群.

2. 设 G 是一个 10 阶循环群，即 $G = \{e, a, a^2, \cdots, a^9\}$，$a^{10} = e$，求由 a^2 生成的子群 H 的右傍集全体.

3. 设 H，K 是群 G 的子群且 K 是 H 的子群，若 $[G : H]$ 及 $[H : K]$ 皆有限，求证

$[G:K]$ 也有限,且

$$[G:K] = [G:H][H:K].$$

4. 设 H,K 是群 G 的子群,且 $HK = \{hk \mid h \in H, k \in K\}$,求证:$HK$ 是 G 的子群的充要条件为 $HK = KH$.

5. 设 H,K 是群 G 的两个有限子群,证明:

$$\mid HK \mid = \frac{\mid H \mid \cdot \mid K \mid}{\mid H \cap K \mid}.$$

6. 设 H,K 是 G 的子群,且 $[G:H]$,$[G:K]$ 都有限,求证:$[G:H \cap K]$ 也有限.

7. 设 H,K 是 G 的有限子群,且它们的阶互素,求证:

$$H \cap K = \{e\}.$$

8. 求证:对 G 中任意元 a,b,均有

(1) $o(a) = o(a^{-1})$;

(2) $o(a) = o(b^{-1}ab)$;

(3) $o(ab) = o(ba)$.

9. 设 G 是 n 阶循环群,求证 G 的生成元个数恰为 $\varphi(n)$.

*10. 设 a,b 是群 G 中的两个元素且 $ab = ba$,若 $o(a) = m$,$o(b) = n$,求证:G 中必有一个元素的周期等于 m,n 的最小公倍数.

11. 设 G 是一个有限群,S,T 是 G 的非空子集且 $G \neq ST$,求证:$\mid G \mid \geqslant \mid S \mid + \mid T \mid$.

12. 设 S 是 G 的非空子集,令

$$C(S) = \{x \in G \mid xs = sx \quad \text{对一切 } s \in S\},$$

证明:$C(S)$ 是 G 的子群. $C(S)$ 称为 S 在 G 中的中心化子. 问 $C(G)$ 等于什么?

13. 设 G 是一个群,H 是其子群且 H 在 G 中的指数 n 有限,证明:若 $a \in G$,则存在某个 $k \leqslant n$ 使 $a^k \in H$.

14. 设 G 是一个群,H,K 是 G 的子群且 H 在 G 中的指数有限,求证:$K \cap H$ 在 K 中的指数也有限.

§2.3   正规子群与商群

我们在上一节介绍了子群傍集的概念. 一般来说,群 G 的子群 H 的右傍集与左傍集不一定相等. 以 S_3 为例,将 S_3 看成是 $\{x_1, x_2, x_3\}$ 上的置换构成的群,e 表示恒等置换:

$$\begin{bmatrix} x_1 & x_2 & x_3 \\ x_1 & x_2 & x_3 \end{bmatrix},$$

令 Φ 表示置换:

$$\begin{pmatrix} x_1 & x_2 & x_3 \\ x_2 & x_1 & x_3 \end{pmatrix},$$

Ψ 表示置换：

$$\begin{pmatrix} x_1 & x_2 & x_3 \\ x_2 & x_3 & x_1 \end{pmatrix},$$

不难看出 $\Phi^2 = e$，$\Psi^3 = e$. 我们约定置换的乘法这样定义：$\Phi\Psi$ 为先作用 Φ 后作用 Ψ，即 $x_i(\Phi\Psi) = (x_i\Phi)\Psi$，于是

$$\Phi\Psi = \begin{pmatrix} x_1 & x_2 & x_3 \\ x_3 & x_2 & x_1 \end{pmatrix},$$

$$\Psi\Phi = \begin{pmatrix} x_1 & x_2 & x_3 \\ x_1 & x_3 & x_2 \end{pmatrix},$$

$$\Psi^2 = \begin{pmatrix} x_1 & x_2 & x_3 \\ x_3 & x_1 & x_2 \end{pmatrix},$$

$S_3 = \{e, \Phi, \Psi, \Psi^2, \Phi\Psi, \Psi\Phi\}$. 令 $H = \{e, \Phi\}$，则 H 的左、右傍集如下：

左傍集(3 个)：$H = \{e, \Phi\}$，$\Psi H = \{\Psi, \Psi\Phi\}$，$\Psi^2 H = \{\Psi^2, \Psi^2\Phi = \Phi\Psi\}$；

右傍集(3 个)：$H = \{e, \Phi\}$，$H\Psi = \{\Psi, \Phi\Psi\}$，$H\Psi^2 = \{\Psi^2, \Phi\Psi^2 = \Psi\Phi\}$.

显然，$\Psi H \neq H\Psi$，$\Psi^2 H \neq H\Psi^2$. 但是对于某些子群来说，$Ha = aH$ 总成立，这样的子群 H 特别重要，现在来研究这种子群.

定义 3-1 设 G 是群，H 是 G 的子群，若对任意的 G 中的元素 a，总成立 $Ha = aH$，则称 H 是群 G 的正规子群(或不变子群)，记为 $H \triangleleft G$.

如何来判断一个子群是正规子群？我们有下列判定定理.

命题 3-1 设 H 是群 G 的子群，若对任意的 $g \in G$，及任意的 $h \in H$，均有 $ghg^{-1} \in H$(或 $g^{-1}hg \in H$)，则 H 是 G 的正规子群.

证明 只需证明 $gH = Hg$ 即可. 事实上，$ghg^{-1} \in H$，$ghg^{-1} = h_1 \in H$，因此 $gh \in Hg$，于是 $gH \subseteq Hg$. 类似地 $Hg \subseteq gH$，即得结论. 证毕.

一个群 G 至少有两个正规子群：$\{e\}$ 及 G 自身. 这是两个平凡正规子群. 若 G 除了 $\{e\}$，G 外再无其他正规子群，则 G 称为单群. 由 §2.2 可知，素数阶群必是单群.

例 1 交换群的任一子群都是正规子群.

例 2 在 S_3 中令 $N = \{e, \Psi, \Psi^2\}$，则 N 的左傍集有两个：N，$\Phi N =$

$\{\Phi, \Phi\Psi, \Phi\Psi^2 = \Psi\Phi\}$. N 的右傍集也有两个: $N, N\Phi = \{\Phi, \Psi\Phi, \Psi^2\Phi = \Phi\Psi\}$. 显然 $N\Phi = \Phi N$, N 是正规子群.

例 3 若 H 是 G 的子群且 $[G:H]=2$, 则 H 是正规子群.

证明 设 $a \overline{\in} H$, 则 $G = H \bigcup Ha$. 另一方面 $G = H \bigcup aH$, 因此 $aH = Ha$, H 是正规子群. 证毕.

例 4 设 G 是一个群, $a, b \in G$, 记 $[a, b] = a^{-1}b^{-1}ab$, 称 $[a, b]$ 是 a 与 b 的换位子元, G 中所有换位子元生成的子群称为 G 的换位子子群(或称 G 的导群), 记为 $[G, G]$ (或 G'), 则 $[G, G]$ 是 G 的正规子群.

证明 由 §2.2 可知:

$$[G, G] = \{[a_1, b_1]^{\varepsilon_1} \cdots [a_n, b_n]^{\varepsilon_n} \mid a_i, b_i \in G, n \in \mathbf{N}, \varepsilon_i = \pm 1\},$$

注意到 $[a, b]^{-1} = [b, a]$, 故

$$[G, G] = \{[a_1, b_1] \cdots [a_n, b_n] \mid a_i, b_i \in G, n \in \mathbf{N}\}.$$

另一方面, $g[a, b]g^{-1} = [gag^{-1}, gbg^{-1}]$, 于是对任意的 $g \in G$,

$$g[a_1, b_1] \cdots [a_n, b_n]g^{-1}$$

$$= g[a_1, b_1]g^{-1} \cdot g[a_2, b_2]g^{-1} \cdot \cdots \cdot g[a_n, b_n]g^{-1}$$

$$= [ga_1g^{-1}, gb_1g^{-1}][ga_2g^{-1}, gb_2g^{-1}] \cdots [ga_ng^{-1}, gb_ng^{-1}] \in [G, G],$$

因此 $[G, G]$ 是 G 的正规子群. 证毕.

例 5 设 C 是 G 的中心, 则 C 必是正规子群.

例 6 群 G 的任意个正规子群的交仍然是正规子群.

证明 设 $\{H_\alpha\}_{\alpha \in I}$ 是一族 G 的正规子群, $H = \bigcap\limits_{\alpha \in I} H_\alpha$, 对任意的 $g \in G$, $h \in H$, $ghg^{-1} \in H_\alpha$ 对一切 $\alpha \in I$ 成立, 因此 $ghg^{-1} \in H$, 即 H 为正规子群. 证毕.

若 S 是群 G 的子集, 定义由 S 生成的正规子群为所有包含 S 的 G 的正规子群之交.

例 7 设 H 是群 G 的子群, 令 $N(H) = \{g \in G \mid gH = Hg\}$, 则 H 是 $N(H)$ 的正规子群.

证明 只需证明 $N(H)$ 是 G 的子群即可. 事实上, 若 $a, b \in N(H)$, 则 $(ab)H = a(bH) = a(Hb) = (aH)b = (Ha)b = H(ab)$, 故 $ab \in N(H)$. 又显然 $a^{-1}H = Ha^{-1}$, 故 $a^{-1} \in N(H)$. 这就证明了结论. 证毕.

$N(H)$ 称为 H 在 G 中的正规化子, 它是 G 中包含 H 作为正规子群的 "最大" 的一个子群. 事实上, 若 K 是 G 的子群, 且含 H 作为正规子群, 则对任意的

$c \in K$, $cH = Hc$, 故 $c \in N(H)$, 即 $K \subseteq N(H)$.

由子群的定义我们知道,子群的子群仍是子群,但是正规子群的正规子群不一定是正规子群,我们将在以后看到确实有这样的例子:若 $H \triangleleft K$, $K \triangleleft G$,但 H 不是 G 的正规子群.

正规子群的重要性在于利用它可以定义商群. 设 H 是 G 的正规子群,由 §2.2 知道 H 决定了 G 上的一个等价关系"$\sim$",其商集 $\overline{G} = G/\sim$. 现在要在集合 $\overline{G}$ 上定义一个运算使 $\overline{G}$ 成为一个群. 注意 $\overline{G}$ 中的元素就是 G 的右傍集,我们希望定义 $\overline{G}$ 的运算(记为乘法"$\cdot$")为

$$(Ha) \cdot (Hb) = H(ab). \tag{1}$$

引理 3-1　设 H 是 G 的子群,$\overline{G}$ 为 H 的全体右傍集所成的商集,则(1)式是 $\overline{G}$ 上运算的充要条件是 $H \triangleleft G$.

证明　设 H 是 G 的正规子群,若 $Ha = Ha_1$, $Hb = Hb_1$,则我们必须证明 $Hab = Ha_1b_1$. 因为 $Ha = Ha_1$, $Hb = Hb_1$,故 $aa_1^{-1} \in H$, $bb_1^{-1} \in H$,于是 $(ab)(a_1b_1)^{-1} = ab\,b_1^{-1}a_1^{-1} = ah_1a_1^{-1}$,其中 $h_1 \in H$. 但是 H 正规,$ah_1 \in aH = Ha$,即 $ah_1 = h_2a$, $h_2 \in H$,因此 $ah_1a_1^{-1} = h_2aa_1^{-1} \in H$. 这就证明了 $Hab = Ha_1b_1$.

反之若(1)式定义了 $\overline{G}$ 上的运算,即 $\overline{G} \times \overline{G} \to \overline{G}$ 的映射:$(Ha, Hb) \to Hab$,设 a 任意,$b = a^{-1}$,则 $(Ha, Ha^{-1}) \to Haa^{-1} = H$. 但对任意的 $h \in H$, $H = Hh$,故 $(Ha, Ha^{-1}) = (Ha, Hha^{-1}) \to Haha^{-1}$. 由于 $(Ha, Hb) \to Hab$ 是映射,故必须 $Haha^{-1} = H$,即 $aha^{-1} \in H$. 由命题 3-1 知 H 是 G 的正规子群. 证毕.

由上述引理可知只有当 H 是正规子群时,才能在 $\overline{G}$ 上按(1)式定义运算,我们现在来证明 $\overline{G}$ 这时成为群. 首先 $\overline{G}$ 上的乘法满足结合律:

$$(Ha \cdot Hb) \cdot Hc = Hab \cdot Hc = H(ab)c = Ha(bc),$$
$$Ha \cdot (Hb \cdot Hc) = Ha \cdot Hbc = Ha(bc),$$

于是

$$(Ha \cdot Hb) \cdot Hc = Ha \cdot (Hb \cdot Hc).$$

又 $H = He$ 显然是 $\overline{G}$ 的么元,Ha^{-1} 是 Ha 的逆元,因此 $\overline{G}$ 是一个群.

定义 3-2　设 G 是一个群,H 是 G 的正规子群,$\overline{G}$ 为 H 的右傍集的集合,$\overline{G}$ 在 $Ha \cdot Hb = Hab$ 定义下构成的群称为 G 关于 H 的商群,记为 $\overline{G} = G/H$.

为简单起见,商群 $\overline{G}$ 中的元素常用元素的等价类 $\overline{a}$, $\overline{b}$ 等来表示(即 $\overline{a} = Ha$, $\overline{b} = Hb$ 等),于是(1)式变为

$$\overline{a} \cdot \overline{b} = \overline{ab},$$

$\overline{G}$ 中的么元为 $\overline{e}$,而求逆为

$$(\overline{a})^{-1} = \overline{a^{-1}}.$$

我们今后经常采用这种写法,读者必须熟记:$\overline{a}$ 表示 a 所在的傍集 Ha.

显然若 G 是交换群,则 $\overline{G}$ 也是交换群;若 G 是有限群,则 G 的任一商群也是有限群且 $|G/H| = [G : H]$.

例 8 设 $\mathbf{Z}$ 是整数加法群,$n\mathbf{Z} = \{0, \pm n, \pm 2n, \cdots\}$ 是 $\mathbf{Z}$ 的子群. 由于 $\mathbf{Z}$ 是交换群,$n\mathbf{Z}$ 是正规子群,$\mathbf{Z}$ 关于 $n\mathbf{Z}$ 的商群记为

$$\mathbf{Z}_n = \{\overline{0}, \overline{1}, \overline{2}, \cdots, \overline{n-1}\},$$

$\mathbf{Z}_n$ 中的加法适合:$\overline{i} + \overline{j} = \overline{s}$,其中 s 适合 $i + j \equiv s \pmod{n}$,因此 $\mathbf{Z}_n$ 与 §2.1 例 6 中定义的群是一回事,称 $\mathbf{Z}_n$ 为模 n 的剩余类群.

例 9 设 G 是一群,$[G, G]$ 是 G 的换位子子群,则商群 $G/[G, G]$ 是交换群. 不仅如此,若 K 是 G 的正规子群且 G/K 是交换群,则 $[G, G] \subseteq K$,即 $[G, G]$ 是使 G 关于其正规子群之商为交换群的"最小"正规子群.

证明 记 $N = [G, G]$,设 $a, b \in G$,则 $\overline{a} \cdot \overline{b} = Na \cdot Nb = Nab = Naba^{-1}b^{-1}ba$,但是 $aba^{-1}b^{-1} \in N$,故 $Naba^{-1}b^{-1} = N$,因此上式等于 $Nba = \overline{b} \cdot \overline{a}$,即 G/N 是交换群. 又若 $K \triangleleft G$ 且 G/K 交换,则对任意的 $a, b \in G$,

$$Kaba^{-1}b^{-1} = Ka \cdot Kb \cdot Ka^{-1} \cdot Kb^{-1}.$$

由于 G/K 交换,故 $Ka \cdot Kb \cdot Ka^{-1} \cdot Kb^{-1} = Ka \cdot Ka^{-1} \cdot Kb \cdot Kb^{-1} = K$,于是 $Kaba^{-1}b^{-1} = K$,$aba^{-1}b^{-1} \in K$. 这表明任两个元 a, b 的换位子属于子群 K. 而 $[G, G]$ 由换位子生成,故 $[G, G] \subseteq K$. 证毕.

习 题

1. 若 N 是 G 的子群,H 是 G 的正规子群,求证:NH 是 G 的子群.

2. 交换群的任一子群都是正规的,问其逆是否成立? 如不成立,试举反例.

3. 设 H 是有限群 G 的子群且 $|H| = m$,又在 G 中阶为 m 的子群只有一个,证明:H 是 G 的正规子群.

4. 设 N, H 是 G 的两个正规子群且 $N \cap H = \{e\}$,求证:对任意的 $x \in N, y \in H$,$xy = yx$.

5. 设 N 是 G 的循环子群,证明:若 N 是正规子群,则 N 的任一子群都是 G 的正规子群.

6. 设 C 是群 G 的中心且 G/C 是循环群,证明 G 是交换群.

7. 若 G 是有限群,N 是其正规子群且 $[G \colon N]$ 与 $|N|$ 互素,则对任意适合 $x^{|N|} = e$ 的元 x,必有 $x \in N$.

8. 设 N 是 G 的正规子群且 $N \bigcap [G, G] = \{e\}$,证明:$N \subseteq C$,C 为 G 的中心.

9. 设 G 由下列形式符号组成:$G = \{x^i y^j \mid i = 0, 1; j = 0, 1, \cdots, n-1\}$. 这里 $n > 2$. 假设 $x^i y^j = x^{i_1} y^{j_1}$,当且仅当 $i_1 = i$,$j_1 = j$,又设 $x^2 = y^n = e$,$xy = y^{-1} x$,求证:G 是 $2n$ 阶非交换群且当 n 是奇数时 G 的中心为 $\{e\}$,n 为偶数时 G 的中心含有不止一个元素(上述 G 称为二面体群,记为 D_n).

10. 设 G 是一个群,且对所有的 $a, b \in G$ 均满足 $(ab)^p = a^p b^p$,这里 p 是一个固定的素数,令
$$S = \{x \in G \mid x^{p^m} = e, \quad m \text{ 是一个自然数(可与 } x \text{ 有关)}\},$$
求证:(1)S 是 G 的正规子群;(2)若 $\overline{G} = G/S$,则若 $\overline{x}$ 适合 $\overline{x}^p = \overline{e}$,则必有 $\overline{x} = \overline{e}$.

11. 设 G 是 120 阶群,H 是 G 的子群且阶为 24. 若有 G 中不属于 H 的元素 g 使 $gH = Hg$,求证:H 是 G 的正规子群.

12. 设 G 是非零复数乘法群,求证:G 没有指数有限的真子群.

§2.4　同态与同构

读者已经在高等代数中学过两个线性空间之间线性映射的概念. 简单地说线性映射是保持线性空间上运算(向量加法与数乘)的映射. 对于群来说,保持运算的映射称为同态.

定义 4-1　设 G_1,G_2 都是群,f 是 $G_1 \to G_2$ 的映射且对任意的 $a, b \in G_1$,都有
$$f(ab) = f(a)f(b),$$
则称 f 是群 G_1 到 G_2 的同态. 若 f 是单映射,则称群同态 f 为单同态;若 f 是满映射,则称 f 为满同态或映上同态;若同态 f 是双射,则称 f 是同构. 群 G 到自身内的同态称为自同态,到自身上的同构称为自同构.

若 $f \colon G_1 \to G_2$ 是同构,则记之为 $G_1 \cong G_2$,称群 G_1 与 G_2 同构. 凡同构的群,从运算结构上来看是一样的.

例 1　设 G_1,G_2 是任意两个群,令 $f \colon G_1 \to G_2$ 为映射 $f(a) = e_2$,这里 a 是 G_1 的任一元素,e_2 是 G_2 的幺元,则 f 是同态,这个同态称为平凡同态.

例 2　设 $G_1 = G_2 = G$,令 $f \colon G \to G$ 使 $f(a) = a$,即 f 是恒等映射,则 f 是 G 的自同构,称为恒等自同构,记为 Id_G 或 I_G.

例 3　设 G_1 是实数加法群,G_2 是非零实数乘法群,作 $f \colon G_1 \to G_2$ 使 $f(x) = 2^x$,不难验证 f 是群同态. 这是个单同态而不是满同态(G_2 中负数没有原像).

例 4　设 $GL_n(\mathbf{R})$ 为实 n 阶一般线性群, G_2 为非零实数乘法群, 定义 $f:A \rightarrow |A|$, 即将一个矩阵映到它的行列式, 则 f 是群同态. f 为满同态但当 $n > 1$ 时 f 不是单同态.

例 5　设 G 是任一群, a 是 G 中的一个元素, 作 $G \rightarrow G$ 的映射 $\varphi_a : \varphi_a(x) = axa^{-1}$, 则不难验证 φ_a 是群自同构, 称为由元素 a 决定的 G 的内自同构.

同态有下列性质.

性质 4-1　若 $f: G_1 \rightarrow G_2$ 是群同态, 则 $f(e)$ 是 G_2 的么元.

证明　对任意的 $x \in G_1$, $f(x) = f(x \cdot e) = f(x)f(e)$, 两边消去 $f(x)$ 得 $f(e) = e'$, e' 是 G_2 的么元. 证毕.

性质 4-2　群同态 $f: G_1 \rightarrow G_2$ 将逆元变为逆元, 即 $f(x^{-1}) = f(x)^{-1}$.

证明　$e' = f(e) = f(x \cdot x^{-1}) = f(x)f(x^{-1})$, 故 $f(x^{-1}) = f(x)^{-1}$. 证毕.

性质 4-3　$f: G_1 \rightarrow G_2$ 是群同态, 则 $\mathrm{Im}\, f$ 是 G_2 的子群.

证明　若 $a, b \in \mathrm{Im}\, f$, 不妨设 $a = f(x)$, $b = f(y)$, 则 $ab^{-1} = f(xy^{-1}) \in \mathrm{Im}\, f$, 因此 $\mathrm{Im}\, f$ 是 G_2 的子群. 证毕.

(子群 $\mathrm{Im}\, f$ 称为 G_1 在 f 下的同态像).

性质 4-4　$f: G_1 \rightarrow G_2$ 是群同态, e' 是 G_2 的么元, 则 $\mathrm{Ker}\, f = \{x \in G_1 \mid f(x) = e'\}$ 是 G_1 的正规子群, 称为同态 f 的核.

证明　设 $x, y \in \mathrm{Ker}\, f$, 则 $f(x) = f(y) = e'$, $f(xy^{-1}) = f(x)f(y)^{-1} = e'$, 因此 $xy^{-1} \in \mathrm{Ker}\, f$, 即 $\mathrm{Ker}\, f$ 是 G_1 的子群. 又对任意的 $g \in G_1$, $f(gxg^{-1}) = f(g)f(x)f(g)^{-1} = f(g)e'f(g)^{-1} = e'$. 这就证明了 $\mathrm{Ker}\, f$ 是 G_1 的正规子群. 证毕.

性质 4-5　同构关系是一个等价关系.

证明　(1) $G \cong G$, 显然, 只需取 $f = I_G$ 即可.

(2) 若 $f: G_1 \rightarrow G_2$ 是同构, 令 f^{-1} 是 f 的逆映射, 则 $f(f^{-1}(ab)) = ab = ff^{-1}(a) \cdot ff^{-1}(b) = f(f^{-1}(a)f^{-1}(b))$. 而 f 是单映射, 因此 $f^{-1}(ab) = f^{-1}(a)f^{-1}(b)$, 即 $f^{-1}: G_2 \rightarrow G_1$ 是同构.

(3) 若 $f_1: G_1 \rightarrow G_2$, $f_2: G_2 \rightarrow G_3$ 是同构, 则对任意的 $a, b \in G_1$,

$$f_2 f_1(ab) = f_2(f_1(a)f_1(b)) = f_2 f_1(a)f_2 f_1(b),$$

即 $f_2 f_1$ 是 $G_1 \rightarrow G_3$ 的群同构. 证毕.

性质 4-6　设 H 是群 G 的正规子群, G 到商集 $G = G/H$ 上的自然映射是群同态,称之为自然同态.

证明　由 $ab \to \overline{ab} = \overline{a}\,\overline{b}$ 即知自然映射 $a \to \overline{a}$ 是群同态. 证毕.

定理 4-1(同态基本定理)　设 f 是群 G_1 到 G_2 的映上同态,则 f 诱导出 $G_1/\text{Ker}\,f \to G_2$ 的同构 $\overline{f}$,其中 $\overline{f}(\overline{a}) = f(a)$ 对一切 $a \in G_1$ 成立.

证明　令 $K = \text{Ker}\,f$,由性质 4 知 K 是 G_1 的正规子群.定义 $G_1/\text{Ker}\,f$ 到 G_2 的映射 $\overline{f}: \overline{f}(\overline{a}) = f(a)$. 我们首先必须验证其合理性.若 $\overline{a} = \overline{b}$,即 $Ka = Kb$ 或 $ab^{-1} \in K$,则 $f(ab^{-1}) = e'$, e' 是 G_2 的么元,于是 $f(a)f(b)^{-1} = e'$,即 $f(a) = f(b)$,因此 $\overline{f}$ 的定义符合映射的要求.由 $\overline{f}$ 之定义,$\overline{f}(\overline{a}\overline{b}) = \overline{f}(\overline{ab}) = f(ab) = f(a)f(b) = \overline{f}(\overline{a})\overline{f}(\overline{b})$,因此 $\overline{f}$ 是群同态. 若 $\overline{f}(\overline{a}) = \overline{f}(\overline{b})$,则 $f(a) = f(b)$,或 $f(ab^{-1}) = e'$,即 $ab^{-1} \in K$,因此 $\overline{a} = \overline{b}$. 这说明 $\overline{f}$ 是单同态. 由假设 f 是映上的,故 $\overline{f}$ 也是映上的,从而 $\overline{f}$ 是同构. 证毕.

下面的推论 4-1 是同态基本定理的另一种形式.

推论 4-1　设 f 是 $G_1 \to G_2$ 的群同态,则

$$G_1/\text{Ker}\,f \cong \text{Im}\,f.$$

证明　显然.

推论 4-2　任一群同态 $f: G_1 \to G_2$ 可分解为

$$f = j \cdot \overline{f} \cdot \eta,$$

其中 η 为 $G_1 \to G_1/\text{Ker}\,f$ 的自然同态,$\overline{f}$ 为 f 诱导出的 $G_1/\text{Ker}\,f \to \text{Im}\,f$ 的同构,j 为 $\text{Im}\,f \to G_2$ 的包含映射(显然也是同态),也就是说我们有图 1 所示的交换图.

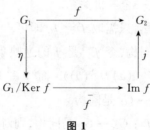

图 1

证明　显然.

定理 4-2(对应定理)　设 $f: G_1 \to G_2$ 是映上的群同态,则下列命题为真:

(1) 若 H 是 G_1 的子群,则 $f(H)$ 是 G_2 的子群;

(2) 若 K 是 G_2 的子群,则 $f^{-1}(K) = \{x \in G_1 \mid f(x) \in K\}$ 是 G_1 的子群

且 $f^{-1}(K) \supseteq \operatorname{Ker} f$；

(3) 映射 $H \to f(H)$ 定义了 G_1 的包含 $\operatorname{Ker} f$ 的子群集与 G_2 的子群集之间的一一对应,在这个对应下,H 是 G_1 的正规子群当且仅当 $f(H)$ 是 G_2 的正规子群,这时还有

$$G_1/H \cong G_2/f(H).$$

证明 (1) 用子群的判别定理直接验证即可.

(2) 因为 G_2 的幺元 $e' \in K$, 故 $f^{-1}(K) \supseteq \operatorname{Ker} f$. $f^{-1}(K)$ 是子群可直接验证.

(3) 显然 $f(f^{-1}(K)) = K$,我们只需证明 $f^{-1}(f(H)) = H$ 对一切 G 的包含 $\operatorname{Ker} f$ 的子群 H 成立即可得到需要的一一对应.

$H \subseteq f^{-1}(f(H))$ 是显然的. 若 $a \in f^{-1}(f(H))$, 即 $f(a) \in f(H)$, 则存在 $h \in H$ 使 $f(a) = f(h)$, 也就是 $f(ah^{-1}) = e'$, 故 $ah^{-1} \in \operatorname{Ker} f \subseteq H$, 即有 $a \in H$. 这证明了 $f^{-1}(f(H)) \subseteq H$, 从而有 $H = f^{-1}(f(H))$. 若 H 是正规子群,则不难验证 $f(H)$ 也是正规子群. 反过来,若 K 是 G_2 的正规子群,同样易证 $f^{-1}(K)$ 是 G_1 的正规子群,具体的验证留给读者. 最后作 $\varphi : G_1 \to G_2/f(H)$ 的映射,$\varphi(g) = \overline{f(g)}$,则不难验证 φ 是一个映上同态且 $\operatorname{Ker} \varphi = f^{-1}(f(H))$,由同态基本定理即得所要求的同构. 证毕.

命题 4-1 设 $f : G_1 \to G_2$ 的群同态,则

(1) f 是单同态的充要条件是 $\operatorname{Ker} f = \{e\}$；

(2) 若 H_1, H_2 分别是 G_1, G_2 的正规子群且 $f(H_1) \subseteq H_2$, 则存在 $G_1/H_1 \to G_2/H_2$ 的同态 $\bar{f}$ 使图 2 所示的图可交换,即 $\eta_2 f = \bar{f}\eta_1$,其中 η_1, η_2 是自然同态.

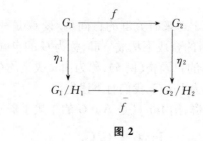

图 2

证明 (1) 若 f 是单同态,则 $f(e) = e'$, e' 的原像只含一个元素,即 $\operatorname{Ker} f = \{e\}$. 反之若 $f(a) = f(b)$,则 $f(ab^{-1}) = e'$, $ab^{-1} \in \operatorname{Ker} f = \{e\}$. 因此 $ab^{-1} = e$,即 $a = b$, f 为单同态.

（2）作 $\bar{f}: G_1/H_1 \to G_2/H_2$，$\bar{f}(\overline{g}) = \overline{f(g)}$，我们首先需要验证 $\bar{f}$ 是一个映射. 若 $\overline{g_1} = \overline{g}$，则 $g_1 g^{-1} \in H_1$，由假设 $f(g_1 g^{-1}) \in H_2$，故 $\overline{f(g_1 g^{-1})} = \overline{e'}$，即 $\overline{f(g_1)f(g)^{-1}} = \overline{e'}$，于是 $\overline{f(g)} = \overline{f(g_1)}$. 又 f 保持运算，事实上，

$$\bar{f}(\overline{g_1}\,\overline{g}) = \bar{f}(\overline{g_1 g}) = \overline{f(g_1 g)} = \overline{f(g_1)f(g)} = \overline{f(g_1)}\,\overline{f(g)}$$
$$= \bar{f}(\overline{g_1})\bar{f}(\overline{g}),$$

因此 $\bar{f}$ 是群同态. 从定义显然有 $\eta_2 f = \bar{f}\eta_1$. 证毕.

同态基本定理是群论最基本的定理之一，它有许多重要应用. 下面两个同构定理可以看成是同态基本定理应用的例子.

定理 4-3（第一同构定理） 设 H，N 是群 G 的正规子群且 $H \subseteq N$，则

$$G/H\Big/N/H \cong G/N.$$

证明 记 f 为 $G \to G/H$ 的自然同态，则不难验证 $f(N) = N/H$，由对应定理之（3）即得 $G/N \cong G/H\Big/N/H$. 证毕.

定理 4-4（第二同构定理） 设 H 是群 G 的正规子群，K 是 G 的子群，则 $K \cap H$ 是 K 的正规子群且

$$KH/H \cong K/H \cap K.$$

证明 因为 H 是正规子群，不难验证 KH 是 G 的子群（也可利用 §2.2 中的习题 4），显然 H 是 KH 的正规子群. 作 $K \to KH/H$ 的映射 $f: f(x) = \overline{x} = xH$，显然 f 映上. 又 $f(xy) = xyH = xHyH$，f 是群同态，$\mathrm{Ker}\, f = \{x \in K \mid xH = H\} = \{x \in K \mid x \in H\} = K \cap H$，由同态基本定理即得 $K/H \cap K \cong KH/H$. 证毕.

现在我们用同态基本定理来研究群的自同构. 设 G 是一个群，记 $\mathrm{Aut}\, G$ 为 G 的自同构全体，它在映射的合成下构成一群，称为 G 的自同构群. 又若 $a \in G$，则映射 $x \to axa^{-1}$ 是群 G 的自同构（例 5），称为由 a 决定的 G 的内自同构. G 的内自同构全体所成的集为 $\mathrm{Inn}\, G$. 我们有下述定理.

定理 4-5 设 G 是一群，则 $\mathrm{Inn}\, G$ 是 $\mathrm{Aut}\, G$ 的正规子群，且

$$\mathrm{Inn}\, G \cong G/C,$$

其中 C 是 G 的中心.

证明 设 $\varphi_a: x \to axa^{-1}$，$\varphi_b: x \to bxb^{-1}$ 分别是由 a，b 决定的内自同构. 则 $\varphi_a \varphi_b = \varphi_{ab}$，$\varphi_a^{-1} = \varphi_{a^{-1}}$. 因此 $\mathrm{Inn}\, G$ 是 $\mathrm{Aut}\, G$ 的子群. 又若 f 是 G 的任一自同

构,则 $f\varphi_a f^{-1}(x) = f(af^{-1}(x)a^{-1}) = f(a)xf(a)^{-1}$,即 $f\varphi_a f^{-1} = \varphi_{f(a)} \in \operatorname{Inn}G$. 这就证明了 $\operatorname{Inn}G \lhd \operatorname{Aut}G$. 最后,作 $G \to \operatorname{Inn}G$ 的映射 β: $\beta(a) = \varphi_a$. 显然,β 是映上的,而 $\operatorname{Ker}\beta = \{a \in G \mid \varphi_a(x) = x$ 对一切 $x \in G\} = \{a \in G \mid axa^{-1} = x$ 对一切 $x \in G\} = C$,由同态基本定理即得

$$G/C \cong \operatorname{Inn}G.$$

证毕.

例 6 若 G 是单群,H, K 是群,ψ 是 G 到 H 的同态,则 $\operatorname{Im}\psi$ 是单群或是只含 H 的单位元的平凡群. 又若 φ 是 K 到 G 上的同态,则 $\operatorname{Ker}\varphi$ 是 K 的极大正规子群,即真含有 $\operatorname{Ker}\varphi$ 的 K 的正规子群只有 K 自己.

证明 由性质 4 可知 $\operatorname{Ker}\psi$ 是 G 的正规子群. 但 G 是单群,只有 G 的单位元 e 组成的子群和 G 自身是 G 的正规子群. 若 $\operatorname{Ker}\psi = \{e\}$,则 $G \cong \operatorname{Im}\psi$,因此 $\operatorname{Im}\psi$ 是单群. 若 $\operatorname{Ker}\psi = G$,则 $\operatorname{Im}\psi = \{e'\}$,其中 e' 是 H 的单位元.

现设 L 是真包含 $\operatorname{Ker}\varphi$ 的 K 的正规子群,由对应定理,$\varphi(L)$ 是 G 的正规子群且不等于 $\{e\}$,于是只能是 $\varphi(L) = G$. 再由对应定理得 $L = K$,于是 $\operatorname{Ker}\varphi$ 是 K 的极大正规子群. 证毕.

习 题

1. 验证下列映射是否群同态,如是,请求出同态核:

(1) G 是非零实数乘法群,f 是 $G \to G$ 的映射 $f(x) = x^2$;

(2) G 同上,φ 是 $G \to G$ 的映射 $\varphi(x) = 2^x$;

(3) G 是实数加法群,φ 是 $G \to G$ 的映射,$\varphi(x) = 2x$.

2. 设 O_n 是 $n \times n$ 实正交阵全体,$G = \{1, -1\}$ 是两个元素构成的乘法群,求证:

(1) O_n 在矩阵乘法下构成一群;

(2) 映射 φ: $A \to |A|$($|A|$ 表示矩阵 A 的行列式)是 O_n 到 G 的群同态,试求 $\operatorname{Ker}\varphi$.

3. 设 G 是非零复数乘法群,N 是 G 中绝对值等于 1 的复数全体,则 $N \lhd G$ 且 G/N 同构于正实数乘法群.

4. 设 G 是实数加法群,N 是所有整数组成的 G 的子群,证明:G/N 同构于绝对值等于 1 的复数乘法群.

5. 设 G 是非零复数乘法群,H 为形如

$$\begin{bmatrix} a & b \\ -b & a \end{bmatrix}$$

的矩阵全体,其中 a, b 是不同时为零的实数. 求证:H 在矩阵乘法下构成一群,且与 G 同构.

6. 设 $G = D_n$ 是 n 次二面体群，$G = \{x^i y^j \mid i = 0, 1; j = 0, 1, \cdots, n-1\}$，证明：

(1) $N = \{e, y, y^2, \cdots, y^{n-1}\}$ 是 G 的正规子群；

(2) $G/N \cong \mathbf{Z}_2$.

7. 证明：群 G 的映射 $a \rightarrow a^{-1}$ 是自同构的充分必要条件是 G 为 Abel 群.

8. 证明：N 是 G 的极大正规子群的充要条件是 G/N 为单群.

9. 设 N，H 是 G 的两个不同的极大正规子群，则 $H \cap N$ 是 H 的极大正规子群（也是 N 的极大正规子群）.

10. 设 φ 是 G 的自同构且 $\varphi(a) = a$ 的充要条件是 $a = e$，证明：映射 $a \rightarrow \varphi(a)a^{-1}$ 是单映射. 若 G 是有限群，则 G 中任一元素都具有形状 $\varphi(a)a^{-1}$.

11. G 与 φ 同上题，若 G 有限且 $\varphi^2 = 1$，证明：G 是奇数阶 Abel 群.

12. 设 G 是有限 Abel 群且 $|G| = n$，若 m 是与 n 互素的自然数，证明映射 $\varphi: x \rightarrow x^m$ 是 G 的自同构.

13. 设 G 是有限群且 $|G| > 2$，又 G 中有元素 a，$a^2 \neq e$，求证：$|\operatorname{Aut} G| > 1$.

14. 若 G 是有限群且 $|\operatorname{Aut} G| = 1$，证明：$|G| \leqslant 2$.

*15. 若 G 是有限 Abel 群但不是循环群，证明：$\operatorname{Aut} G$ 不可能是交换群.

*16. 设 G 是有限群，φ 是 G 的自同构，令

$$I = \{g \in G \mid \varphi(g) = g^{-1}\},$$

假定 $|I| > \dfrac{3}{4}|G|$，证明：G 是一个交换群. 若 $|I| = \dfrac{3}{4}|G|$，证明：G 含有一个子群 H，H 是交换群且 $[G:H] = 2$.

§2.5　循　环　群

循环群是最简单的一类群，它们可以由一个元素生成，显然循环群都是交换群. 按照循环群的阶可以将循环群分成两类：无限循环群及有限循环群. 我们已经碰到过这两类群：无限循环群 $(\mathbf{Z}, +)$，即整数加法群；有限循环群 $(\mathbf{Z}_n, +)$，即模 n 的剩余类加法群. 我们将在这一节中证明循环群本质上就只有这两种，即若 G 是无限循环群，G 必同构于整数加法群 $\mathbf{Z}$；若 G 是 n 阶循环群，则 G 必同构于模 n 的剩余类加法群. 我们还将研究循环群的结构以及循环群的自同构群.

定理 5-1　设 G 是循环群，若 G 的阶为无限，则 G 同构于整数加法群 $\mathbf{Z}$；若 G 是 n 阶群，则 G 同构于模 n 的剩余类加法群 $\mathbf{Z}_n$.

证明　(1) 设 $G = <a>$ 且 G 是无限群，作 $\mathbf{Z} \rightarrow G$ 的映射 $f: m \rightarrow a^m$，则 $f(m+n) = a^{m+n} = a^m \cdot a^n = f(m)f(n)$，故 f 是群同态. 显然 f 是映上的. 另一

方面若 $a^m = e$, 由于 a 的阶无限, 故 $m = 0$, 即 f 是单同态, 因此 f 是同构.

(2) 设 $G = <a>$ 的阶为 n, 作 $\mathbf{Z} \to G$ 的映射 $f: m \to a^m$, 类似于 (1) 知 f 是群同态且是映上的. 现来求 f 的核 $\mathrm{Ker}\, f$: 若 $m = nk$, 则 $a^m = a^{nk} = e$, $m \in \mathrm{Ker}\, f$; 反之, 若 $a^m = e$, 则由命题 2-5 可知, n 能整除 m, 即 $m = nk$, k 为某个整数, 因此

$$\mathrm{Ker}\, f = \{nk \mid k \text{ 为整数}\} = n\mathbf{Z},$$

由同态基本定理得知 $G \cong \mathbf{Z}/n\mathbf{Z} = \mathbf{Z}_n$. 证毕.

推论 5-1 对任意两个循环群, 如果它们的阶相同则必同构.

有了定理 5-1, 我们可以将循环群的研究归结为对整数加法群 $\mathbf{Z}$ 及剩余类加法群 $\mathbf{Z}_n$ 的研究.

定理 5-2 任一无限循环群的非平凡子群仍是无限循环群. 又若 G 是 n 阶循环群, 则 G 的任一子群仍是循环群, 且若 r 是 n 的因子, 则 G 有且只有一个 r 阶子群.

证明 (1) 设 G 无限, 我们只需对 $\mathbf{Z}$ 证明相应的结论即可. 设 H 是 $\mathbf{Z}$ 的子群, H 中值最小的正整数记为 n, 若 $m \in H$, 则 n 必为 m 的因子. 事实上, 若 $m = nq + k \ (0 \leqslant k < n)$, 则由 $m, n \in H$ 知, $rk \in H$. 但 n 是 H 中最小的正整数, 只有 $k = 0$. 另一方面, n 的倍数显然属于 H, 故

$$H = \{0, \pm n, \pm 2n, \cdots\},$$

显然 H 也是无限循环群.

(2) 再设 $|G| = n$, 不失一般性可令 $G = \mathbf{Z}_n$. 若 r 是 n 的因子, $n = qr$, 有 $\mathbf{Z}$ 到 $\mathbf{Z}_n$ 映上的自然同态 η:

$$m \to \bar{m},$$

且 $\mathrm{Ker}\, \eta = n\mathbf{Z}$, 由定理 4-2 知道在 $\mathbf{Z}_n$ 的子群集与 $\mathbf{Z}$ 的包含 $\mathrm{Ker}\, \eta = n\mathbf{Z}$ 的子群集之间存在着一一对应, 因此只要求出 $\mathbf{Z}$ 的所有包含 $n\mathbf{Z}$ 的子群就可由此求出 $\mathbf{Z}_n$ 的所有子群. 设 K 是 $\mathbf{Z}$ 中含 $n\mathbf{Z}$ 的子群, 由 (1) 的证明知道 K 可以写成为 $q\mathbf{Z}$ 的形状, q 是自然数. 由于

$$n\mathbf{Z} \subseteq K, \ n \in q\mathbf{Z},$$

故存在 $r \in \mathbf{Z}$ 使 $n = qr$, 即 q 是 n 的因子. 又

$$\eta(q\mathbf{Z}) = \{\bar{0}, \bar{q}, \overline{2q}, \cdots, \overline{(r-1)\,q}\}, \tag{1}$$

是 $\mathbf{Z}_n$ 的一个 r 阶子群, 因此 $\mathbf{Z}_n$ 的子群都具有 (1) 式的形状. 这表明对 n 的任一

因子 r,总存在一个 r 阶子群其形状如(1)式所示.不仅如此,$\mathbf{Z}_n$ 的 r 阶子群只有一个.事实上,若 $\eta(q'\mathbf{Z})$ 是 $\mathbf{Z}_n$ 的另一个 r 阶子群,其中 $q'\mathbf{Z} \supseteq n\mathbf{Z}$,则有 r' 使 $n = q'r'$,由(1)式知道 $\eta(q'\mathbf{Z})$ 的阶等于 r',故 $r' = r$,于是 $q' = q$,即 $\eta(q'\mathbf{Z}) = \eta(q\mathbf{Z})$. 证毕.

比循环群更复杂一些的群是有限生成的交换群.我们将在后面讨论它们的结构.一个有趣的问题是:一个有限交换群什么时候是一个循环群?下面我们给出一个充分必要条件.

定理 5-3　设 G 是一个有限阶交换群,则 G 是循环群的充要条件是 $|G|$ 是使 $a^n = e$ 对一切 $a \in G$ 成立的自然数 n 中的最小者.

证明　若 $G = <a>$,显然 a 的周期为 $|G|$ 且 $g^{|G|} = e$ 对一切 $g \in G$ 成立,故 $|G|$ 确是使 $g^n = e$ 对一切 $g \in G$ 成立的最小自然数.反过来若 $|G|$ 是使 $g^n = e$ 对一切 $g \in G$ 成立的最小自然数,我们来证明 G 是循环群.若 G 中存在某个元 a,$o(a) = |G|$,则 $G = <a>$ 是循环群;若 G 中不存在这样的元,不妨设 G 中元 a 的周期最大,$o(a) = m < |G|$,这时若 b 是 G 中任一元,且 $o(b) = k$,则 k 必须是 m 的因子.事实上若 k 不是 m 的因子,则 m 与 k 的最小公倍数大于 m.而由 §2.2 中的习题 10 知道,G 中存在一个元素,其周期等于 m 与 k 的最小公倍数,这将与 m 的最大性矛盾.一旦 G 中任一元的周期是 m 的因子,那么对 G 中任一元 g,$g^m = e$ 又将与 $|G|$ 是使 $g^n = e$ 对一切 $g \in G$ 成立的最小自然数这一假定矛盾.证毕.

接下去我们来研究循环群的自同构群,先证明如下有用的引理.

引理 5-1　设 G 是任一群,σ 是 G 的自同构,则

(1) $o(\sigma(a)) = o(a)$ 对一切 $a \in G$ 成立;

(2) 若 G 可由子集 S 生成,则 G 也可由 $\sigma(S)$ 生成.

证明　(1) 设 $o(a) = m$,则 $(\sigma(a))^m = \sigma(a^m) = \sigma(e) = e$. 又若 $\sigma(a)^k = e$,则 $\sigma(a^k) = e$. 而 σ 是单同态,故 $a^k = e$,即有 $m|k$,因此 $o(\sigma(a)) = m$.

(2) G 由 S 生成,所以 G 中任一元 g 可写为

$$g = s_1^{\varepsilon_1} s_2^{\varepsilon_2} \cdots s_n^{\varepsilon_n} \quad (\varepsilon_i = \pm 1, \, s_i \in S)$$

的形状,故

$$\sigma(g) = \sigma(s_1)^{\varepsilon_1} \sigma(s_2)^{\varepsilon_2} \cdots \sigma(s_n)^{\varepsilon_n}. \tag{2}$$

但 σ 是同构,故 σ 是映上的,即 G 中任一元都具有 $\sigma(g)$ 的形状.因此 G 中任一元均可由(2)式来表示,即 $G = <\sigma(S)>$. 证毕.

命题 5-1　若 G 是无限循环群,则 $\mathrm{Aut}\, G$ 为 2 阶循环群.

证明　不妨设 $G = \mathbf{Z}$. $\mathbf{Z}$ 只有两个生成元:1 与 -1. 由引理 5-1 知 $\mathbf{Z}$ 的自同

构将生成元变成生成元而 $\mathbf{Z} = <1>$, 因此若 $\sigma \in \mathrm{Aut}\,\mathbf{Z}$, 则只可能 $\sigma(1) = 1$ 或 $\sigma(1) = -1$, 若 $\sigma(1) = 1$, 则 σ 是 $\mathbf{Z}$ 的恒等自同构; 若 $\sigma(1) = -1$, 则 $\sigma(m) = -m$, σ 也是 $\mathbf{Z}$ 的一个自同构, 故 $|\mathrm{Aut}\,\mathbf{Z}| = 2$, 而 2 是素数, 2 阶群必是循环群, 因此, 命题得证. 证毕.

注 由于 2 阶循环群同构于 $\mathbf{Z}_2$, 故 $\mathrm{Aut}\,\mathbf{Z} \cong \mathbf{Z}_2$.

有限循环群的自同构群比无限循环群的自同构群要复杂些. 在 §2.2 的例 7 即 Euler 定理的证明中我们定义了这样一个群 G: G 由小于 n 且与 n 互素的正整数组成, G 中元素的乘法 $m \cdot k = s$ 由同余关系 $mk \equiv s(\mathrm{mod}\,n)$ 给出, 这个群通常记为 U_n. 我们要证明 $\mathrm{Aut}\,\mathbf{Z}_n \cong U_n$, 先证明一个引理.

引理 5-2 $\mathbf{Z}_n$ 中元素 $\overline{m}$ 是 $\mathbf{Z}_n$ 生成元的充要条件为 m 与 n 互素.

证明 若 $(m, n) = 1$, 则存在整数 s, t, 使

$$ms + nt = 1,$$

于是 $\overline{1} = \overline{ms + nt} = \overline{sm} \in <\overline{m}>$, 因此 $\mathbf{Z}_n = <\overline{m}>$, $\overline{m}$ 是生成元. 反过来若 $\overline{m}$ 是生成元, 则 $\overline{1} \in <\overline{m}>$, 也就是说 $\overline{1} = s\overline{m}$, 即 m 与 n 互素. 证毕.

命题 5-2 设 G 是 n 阶循环群, 则

$$\mathrm{Aut}\,G \cong U_n.$$

证明 不妨设 $G = \mathbf{Z}_n$. 由引理 5-1 知道, 若 $\sigma \in \mathrm{Aut}\,G$, 则 $\sigma(\overline{1})$ 必是 G 的生成元, 因此若 $\sigma(\overline{1}) = \overline{m}$, 则 m 与 n 互素. 又任一群的自同构 σ 必为 σ 在该群的生成元集上的作用唯一确定, 特别对循环群 $\mathbf{Z}_n$ 而言, σ 被 $\sigma(\overline{1})$ 所完全确定. 事实上若 $\sigma(\overline{1}) = \overline{m}$, 则 $\sigma(\overline{k}) = \overline{mk}$. 这一事实表明映射 φ:

$$\varphi(\sigma) = m \quad (\overline{m} = \sigma(\overline{1})) \tag{3}$$

是 $\mathrm{Aut}\,\mathbf{Z}_n \to U_n$ 的单映射. 事实上 φ 也是满映射. 因为对任一 $m \in U_n$, 令 $\sigma(\overline{k}) = \overline{mk}$, 则 σ 是 $\mathbf{Z}_n$ 的自同态. 而因为 $(m, n) = 1$, 存在 s, t 使 $ms + nt = 1$, 于是 $\sigma(\overline{s}) = \overline{1}$, 但是 $\overline{1}$ 生成 $\mathbf{Z}_n$, 故 σ 是满同态. 再因为 $\mathbf{Z}_n$ 是有限群, 满同态必是单同态, 故是自同构. 这样对任意的 $m \in U_n$, 存在 $\sigma \in \mathrm{Aut}\,\mathbf{Z}_n$, 使 $\varphi(\sigma) = m$, 这就证明了 φ 是满映射. 我们得到了 $\mathrm{Aut}\,\mathbf{Z}_n \to U_n$ 的一一对应 φ, 现在来证明 φ 是群同构. 设 σ, $\tau \in \mathrm{Aut}\,\mathbf{Z}_n$, $\varphi(\sigma) = m$, $\varphi(\tau) = k$, 即 $\sigma(\overline{1}) = \overline{m}$, $\tau(\overline{1}) = \overline{k}$. 设 $\varphi(\tau\sigma) = r$, 则 $\tau\sigma(\overline{1}) = \overline{r}$. 但另一方面,

$$\tau\sigma(\overline{1}) = \tau(\overline{m}) = \overline{mk} = \overline{s},$$

其中 $0 < s < n$ 且 $mk \equiv s \pmod{n}$. 于是 $r = s$, 即

$$\varphi(\tau\sigma) = m \cdot k, \qquad\qquad (4)$$

这里 $\cdot$ 是 U_n 中的乘法. (4)式表明 φ 是群同态, 而上面已证 φ 是双射, 从而 φ 是群同构. 证毕.

例 1 试决定 Aut $\mathbf{Z}_6$.

解 由引理 5-2 知 $U_6 = \{\bar{1}, \bar{5}\}$, 乘法规则为 $\bar{1} \cdot \bar{5} = \bar{5}$, $\bar{5} \cdot \bar{5} = \bar{1}$. 因此 Aut $\mathbf{Z}_6$ 有两个元素, 不妨设为 τ 和 φ, 其中 τ 为恒等映射: $\bar{i} \to \bar{i}$; φ 为映射: $\bar{i} \to \overline{5i}$. 具体来说 φ 是

$$\bar{0} \to \bar{0}, \bar{1} \to \bar{5}, \bar{2} \to \bar{4}, \bar{3} \to \bar{3}, \bar{4} \to \bar{2}, \bar{5} \to \bar{1}.$$

例 2 设 p 是素数, 求 Aut Z_{p^2} 的阶数.

解 从 0 到 $p^2 - 1$ 中能被 p 整除的数为 $0, p, 2p, \cdots$ 共有 p 个, 因此 0 到 $p^2 - 1$ 中共有 $p^2 - p$ 个数和 p^2 互素, 从而 Aut Z_{p^2} 有 $p^2 - p$ 个元素.

注 一般来说, Aut Z_{p^n} 共有 $p^n - p^{n-1}$ 个元素.

习　题

1. 证明: 群 G 没有非平凡子群的充要条件是 G 是素数阶循环群.

2. 证明: 有理数加法群 $(Q, +)$ 的任一有限生成子群必是循环群.

3. 设 G 是交换群且 $|G| = p^n$, 其中 p 是素数, 求证: G 是循环群的充分必要条件是对 G 的任意两个子群 H 与 K, 总有 $H \subseteq K$ 或 $K \subseteq H$, 也即 G 的子群集在包含关系下成为一全序集.

4. 证明: 两个群之间的同构保持元素的周期不变. 举例说明同态不一定具有这个性质.

5. 设 G, H 是两个循环群且 $|G| = m$, $|H| = n$, 则 G 到 H 之间存在映上同态的充要条件是 n 整除 m.

6. 证明: 两个无限循环群之间的映上同态总是同构.

7. 设 G 是一个加法群, End G 表示 G 上所有自同态全体组成的集合, 现在 End G 上定义一个加法如下:

$$(\sigma + \tau)(g) = \sigma(g) + \tau(g) \quad (\sigma, \tau \in \text{End } G, g \in G),$$

证明: End G 成为一个加法群.

8. 利用习题 7, 求证:

(1) End$(\mathbf{Z}, +) \cong (\mathbf{Z}, +)$;

(2) End$(\mathbf{Z}_n, +) \cong (\mathbf{Z}_n, +)$.

9. 求证: 任何有限循环群到无限循环群的同态只能是平凡同态, 即将所有元映为么元的同态.

10. 令 $G = Q/Z$, 即有理数加法群和整数加法群之商群, 求证: 对每个正整数 n, G 有唯一的一个阶为 n 的循环子群.

§2.6　置　换　群

设 S 是一个集合, 我们已经知道 S 上所有一一对应全体组成一群. 这个群称为集 S 上的变换群, 它的任意一个子群也称为 S 上的变换群. 任意一个抽象群都可以同构地表示为某个集合上的变换群, 这就是所谓的 Cayley 定理.

定理 6-1(Cayley 定理)　任一群 G 必同构于某个集合上的变换群.

证明　令 $S = G$ (作为集合), 若 $g \in G$, 定义 $S \to S$ 的映射 τ_g:

$$\tau_g(x) = gx, \quad x \in G,$$

若 $\tau_g(x) = \tau_g(y)$, 则 $gx = gy$, 由群的消去律得 $x = y$, 因此 τ_g 是单映射. τ_g 还是满映射, 事实上对任意的 $x \in G$, $\tau_g(g^{-1}x) = x$, 这样我们得到了 S 上的一个一一对应 τ_g, 称为由 g 决定的 G 的左平移. 设 $T = \{\tau_g \mid g \in G\}$, 则 T 是 S 上所有一一对应构成的变换群 $A(S)$ 的子集. 不难验证 T 是一个子群. 作 G 到 T 的映射 φ:

$$\varphi(g) = \tau_g,$$

则 $\varphi(gg') = \tau_{gg'} = \tau_g \cdot \tau'_g = \varphi(g)\varphi(g')$, φ 是群同态. 映射 φ 显然是映上的. 又若 $\varphi(g) = \varphi(g')$, 则对任意的 $x \in G$, $gx = g'x$, 因此 $g = g'$. 这表明 φ 是单映射, 从而 φ 是群同构. 证毕.

当集合 S 是有限集时, 称 $A(S)$ 的任一子群为 S 上的置换群. 于是有下述推论.

推论 6-1　任一有限群都同构于某个置换群.

Cayley 定理使我们可以将群的研究, 特别是有限群的研究归结为对变换群和置换群的研究. 这一节我们将主要研究置换群.

设 S 是由 n 个元素 $x_1, \cdots, x_n$ 组成的有限集, S 上的一一对应称为 S 的置换. 每个置换均可用下列符号表示:

$$\begin{pmatrix} x_1, & x_2, & \cdots, & x_n \\ x_{i_1}, & x_{i_2}, & \cdots, & x_{i_n} \end{pmatrix},$$

为了简单起见, 我们把这个置换写成为

$$\begin{pmatrix} 1 & 2 & \cdots & n \\ i_1 & i_2 & \cdots & i_n \end{pmatrix},$$

比如 $|S| = 4$ 时的置换

$$\begin{pmatrix} 1 & 2 & 3 & 4 \\ 2 & 3 & 4 & 1 \end{pmatrix}$$

表示 $x_1 \to x_2$, $x_2 \to x_3$, $x_3 \to x_4$, $x_4 \to x_1$.

两个置换的合成即乘积通常采用与我们以前映射合成的次序相反的次序. 比如 σ, τ 是 S 上的置换, 对 S 中的任一元 x, 定义 $\sigma \cdot \tau$ 为

$$x(\sigma \cdot \tau) = (x\sigma)\tau,$$

注意这时映射对元素的作用写成 $x\sigma$ 而不是 $\sigma(x)$. 这种写法不影响所讨论问题的实质, 但有它的方便之处. 我们在这一节里将都采用这种表示法. 现在来看一个具体的例子.

例 1 设

$$\theta = \begin{pmatrix} 1 & 2 & 3 & 4 \\ 3 & 1 & 2 & 4 \end{pmatrix},$$

$$\tau = \begin{pmatrix} 1 & 2 & 3 & 4 \\ 1 & 3 & 2 & 4 \end{pmatrix},$$

则

$$\theta\tau = \begin{pmatrix} 1 & 2 & 3 & 4 \\ 3 & 1 & 2 & 4 \end{pmatrix} \begin{pmatrix} 1 & 2 & 3 & 4 \\ 1 & 3 & 2 & 4 \end{pmatrix}$$

$$= \begin{pmatrix} 1 & 2 & 3 & 4 \\ 2 & 1 & 3 & 4 \end{pmatrix}.$$

上述表示置换的记号虽然比原始的记法有了改进, 但仍嫌累赘, 我们可采用更简单的记号. 将 S 简记为 $S = \{1, 2, \cdots, n\}$, 设 θ 是 S 的一个置换, 并设 $i_1 \in S$, 由于 S 是有限集, 因此总存在某个自然数 k, 使 $i_1\theta^k = i_1$. 令 $(i_1, i_2, \cdots, i_k)$ 表示 $i_2 = i_1\theta$, $i_3 = i_2\theta$, $\cdots$, $i_k = i_{k-1}\theta = i_1\theta^{k-1}$, $i_1 = i_k\theta = i_1\theta^k$, 称记号 $(i_1, i_2, \cdots, i_k)$ 是一个循环. 若 $k = 2$, 则称 (i_1, i_2) 为一个对换.

命题 6-1 任一置换均可表示为若干个互不相交的循环之积且不同的循环因子可交换. 这种表示方式在不计次序时是唯一确定的.

证明 设 $S = \{1, 2, \cdots, n\}$, θ 是 S 上的置换. 定义 S 中两元素 a, b 之间的关系 $\sim$ 如下:

$a \sim b$ 当且仅当存在 i 使 $a\theta^i = b$.

不难验证 $\sim$ 是一个等价关系且每个等价类的元素与某个循环的元素一致,于是 S 中元素可由 θ 分成若干个不相交子集的并. 显然每个子集的元素均可表示为这些循环的积且不同的循环因子是可以交换的. 唯一性也容易证明. 事实上 S 中任一元素 k 总落在某个循环之中,作 $(k, k\theta, k\theta^2, \cdots)$,这就是 k 所在的那个循环. 再对 S 中其余元素作类似的步骤. 证毕.

例 2

$$\begin{bmatrix} 1 & 2 & 3 & 4 & 5 & 6 & 7 & 8 & 9 \\ 3 & 6 & 4 & 2 & 5 & 1 & 7 & 8 & 9 \end{bmatrix} = (1, 3, 4, 2, 6)(5)(7)(8)(9).$$

具体写法是这样的:抓住某个元素,比如 1,看它变为什么,在上述置换中 $1 \to 3$,就将 3 紧跟着写在 1 之后. 再抓住 3,看 3 变成什么,上面置换将 $3 \to 4$,又将 4 写在 3 之后,再由 $4 \to 2$,$2 \to 6$ 依次写上 2 与 6. 接着 $6 \to 1$,说明一个循环已完成,这时不写 1 而是在 6 后括上括弧. 再抓一个不属于已写循环的元,如 5,但 $5 \to 5$,只需写 (5) 即可. 这样一直做下去,就可把一个置换表示成若干个不相交循环之积. 为简单起见,通常省去只含一个元的循环,如上面的置换可简写为 $(1, 3, 4, 2, 6)$. 但这时要记住 S 共有 9 个元素.

反过来若给定若干个循环之积,我们也可将置换写出来. 例如若 $|S| = 8$,$\theta = (1, 2, 3)(5, 6, 4, 1, 8)$,则 θ 表示 $1 \to 2$,$2 \to 3$,$3 \to 8$,$8 \to 5$,$5 \to 6$,$6 \to 4$,$4 \to 1$,$7 \to 7$,即

$$\theta = \begin{bmatrix} 1 & 2 & 3 & 4 & 5 & 6 & 7 & 8 \\ 2 & 3 & 8 & 1 & 6 & 4 & 7 & 5 \end{bmatrix}.$$

循环有一些重要性质,归纳如下.

性质 6-1 若 $(i_1, i_2, \cdots, i_m)$ 与 $(j_1, j_2, \cdots, j_k)$ 无相同元素,则 $(i_1, i_2, \cdots, i_m)(j_1, j_2, \cdots, j_k) = (j_1, j_2, \cdots, j_k)(i_1, i_2, \cdots, i_m)$.

证明 显然.

性质 6-2 $(i_1, i_2, \cdots, i_k) = (i_2, i_3, \cdots, i_k, i_1) = (i_3, \cdots, i_k, i_1, i_2) = \cdots = (i_k, i_1, \cdots, i_{k-1})$.

证明 由循环的定义即得.

性质 6-3 k-循环(即含有 k 个元的循环)的周期为 k.

证明 $(i_i, i_2, \cdots, i_k)^k$ 将 $i_1 \to i_1$,$i_2 \to i_2$,$\cdots$,$i_k \to i_k$.

性质 6-4 $(i_1, i_2, \cdots, i_k)^{-1} = (i_k, i_{k-1}, \cdots, i_1)$.

证明 由定义即得.

性质 6-5　设 σ 是一个置换,则

$$\sigma^{-1}(i_1, i_2, \cdots, i_k)\sigma = (i_1\sigma, i_2\sigma, \cdots, i_k\sigma).$$

证明　$i_1\sigma$ 在 $\sigma^{-1}(i_1, i_2, \cdots i_k)\sigma$ 作用下为 $i_2\sigma$, $i_2\sigma$ 在 $\sigma^{-1}(i_1, i_2, \cdots, i_k)\sigma$ 作用下为 $i_3\sigma$,⋯如此等等即得结论.证毕.

性质 6-6　任一循环均可表示为若干个对换之积(不一定是不相交的对换),虽然这种表示方式不唯一,但是在诸表示中所含对换个数的奇偶性不变.

证明　由 $(i_1, i_2, \cdots, i_k) = (i_1, i_2)(i_1, i_3)\cdots(i_1, i_k)$ 即知表示是可能的.

为证明奇偶性不变,考虑 k 循环在 k 阶 Vander Monde 行列式上的作用:

$$\Delta = \prod_{1 \leqslant t < s \leqslant k}(x_{i_s} - x_{i_t}) = \begin{vmatrix} 1 & 1 & \cdots & 1 \\ x_{i_1} & x_{i_2} & \cdots & x_{i_k} \\ \cdots & \cdots & \cdots & \cdots \\ x_{i_1}^{k-1} & x_{i_2}^{k-2} & \cdots & x_{i_k}^{k-1} \end{vmatrix},$$

显然 Δ 在 k 循环作用下绝对值不变,符号的改变由循环确定.而任一对换作用在 Δ 上必使它改变符号,因此上述循环的对换分解中所含对换个数的奇偶性不变.证毕.

推论 6-2　任一置换也可以表示成若干个对换的乘积且对换个数的奇偶性保持不变.

定义 6-1　如果一个置换能表示为奇数个对换的乘积则称之为奇置换,否则称之为偶置换.

显然奇置换与偶置换之积是奇置换,奇置换与奇置换之积是偶置换,偶置换与偶置换之积是偶置换.又若 σ 是一个 k 循环,则 σ 是奇置换当且仅当 k 是偶数,σ 是偶置换当且仅当 k 是奇数.

命题 6-2　记 A_n 为 n 次对称群 S_n 中所有偶置换全体,则 A_n 是 S_n 的指数为 2 的正规子群.

证明　偶置换之积仍是偶置换,故 A_n 是子群.又 S_n 中奇置换数正好等于偶置换数,故 $[S_n : A_n] = 2$,而指数为 2 的子群都是正规子群.证毕.

推论 6-3　A_n 的阶为 $\frac{1}{2}n!$.

称 A_n 是 n 次交错群.

A_2 只含一个元 $\{e\}$. A_3 含 3 个元,因此 A_3 是 3 阶循环群. $A_4 = \{(1),$
$(1, 2, 3), (1, 2, 4), (1, 3, 4), (1, 2)(3, 4), (1, 3)(2, 4), (1, 4)(2, 3),$
$(2, 1, 3), (2, 1, 4), (3, 2, 4), (3, 1, 4), (2, 3, 4)\}$,共 12 个元.

例 3　A_4 有一个正规子群 $K = \{(1), (1, 2)(3, 4), (1, 3)(2, 4),$ $(1, 4)(2, 3)\}$，这点由性质 6-5 即可看出. 又 K 是交换群，通常称之为 Klein 四元群. K 中每个不等于 (1) 的元素都是 2 阶元. $H = \{(1), (1, 2)(3, 4)\}$ 是 K 的正规子群，但 H 不是 A_4 的正规子群. 事实上

$$(1, 2, 3)^{-1}(1, 2)(3, 4)(1, 2, 3) = (2, 3)(1, 4) \text{ 不属于 } H.$$

命题 6-3　(1) $S_n = <(1, 2), (1, 3), \cdots, (1, n)>$　$(n \geqslant 2)$;

(2) $A_n = <(1, 2, 3), (1, 2, 4), \cdots, (1, 2, n)>$　$(n \geqslant 3)$;

(3) $S_n = <(1, 2), (1, 2, 3, \cdots, n)>$.

证明　(1) $(i_1, i_2, \cdots, i_k) = (1, i_1)(1, i_2)\cdots(1, i_k)(1, i_1)$.

(2) $(1, i)(1, j) = (1, 2, i)^2(1, 2, j)$.

(3) 令 $\sigma = (1, 2, 3, \cdots, n)$，则

$$(2, 3) = \sigma^{-1}(1, 2)\sigma, (1, 3) = (2, 3)(1, 2)(2, 3).$$

类似地，$(2, 4) = \sigma^{-1}(1, 3)\sigma, (1, 4) = (2, 4)(1, 2)(2, 4), \cdots,$ 由 (1) 知 $S_n = <(1, 2), \sigma>$. 证毕.

交错群 A_n 当 $n \geqslant 5$ 时是单群，这是人类最早认识的一类非交换有限单群. 这一事实也是 Galois 证明五次及五次以上一元代数方程不能用根式求解的基础.

定理 6-2　若 $n \geqslant 5$，则 A_n 是单群.

证明　设 K 是 A_n 的正规子群且 $K \neq \{e\}$，我们要证明 $K = A_n$. 如果我们能证明 K 包含某个 3 循环，比如 $(1, 2, 3)$，则就可证明 $K = A_n$. 事实上，由上述命题 (2) 知道 A_n 可由 3 循环生成，这时只要证明任何一个 3 循环 $(i, j, k) \in K$ 即可.

令

$$\gamma = \begin{bmatrix} 1 & 2 & 3 & 4 & 5 & \cdots \\ i & j & k & l & m & \cdots \end{bmatrix},$$

因为 $n \geqslant 5$，γ 总可选择为偶置换 (否则只要对换一下 l 与 m 即可). 而 $(i, j, k) = \gamma^{-1}(1, 2, 3)\gamma$，由 K 的正规性可知 $(i, j, k) \in K$. 因此现在的关键是要证明 K 含有一个 3 循环.

设 α 是 K 的一个元，$\alpha \neq e$ 且 α 在 K 中除了 e 外有最多的不动点. 所谓不动点是指元素 i，它在 α 下保持不动，即 $i\alpha = i$. 现在要证明 α 一定是一个 3 循环. 若不是，将 α 写成不相交的循环之积，则可能有以下两种形式：

$$\alpha = (1, 2, 3, \cdots)\cdots,$$

或

$$\alpha = (1, 2)(3, 4)\cdots.$$

在第一种形式中,由于 α 不是奇置换,α 不具有 $(1, 2, 3, h)$ 的形式,即至少 α 还要动两个点,不妨设为 4、5. 令 $\beta = (3, 4, 5)$,$\tau = \beta^{-1}\alpha\beta$,则 $\tau = (1, 2, 4, \cdots)\cdots$,$\tau \neq \alpha$,因此 $\sigma = \alpha^{-1}\tau \neq e$. 对第二种形式,可求得 $\tau = (1, 2)(4, 5)\cdots$,也有 $\tau \neq \alpha$,$\sigma = \alpha^{-1}\tau \neq e$. 对任一大于 5 的元素,显然它是 β 的不动点,因此如果它也是 α 的不动点,则必是 $\sigma = \alpha^{-1}\tau = \alpha^{-1}\beta^{-1}\alpha\beta$ 的不动点. 对第一种形式,α 至少动 5 个点,而 2 在 σ 下不动,σ 的不动点比 α 多,引出矛盾. 对第二种形式,1、2 在 σ 下均不动,故 σ 的不动点也比 α 多,又是个矛盾. 因此 α 必是 3 循环,定理得证. 证毕.

习　　题

1. 把下列置换写成不相交循环之积:

(1) $\begin{bmatrix} 1 & 2 & 3 & 4 & 5 & 6 & 7 & 8 & 9 \\ 2 & 3 & 4 & 5 & 1 & 6 & 7 & 9 & 8 \end{bmatrix}$;

(2) $\begin{bmatrix} 1 & 2 & 3 & 4 & 5 & 6 \\ 6 & 5 & 4 & 3 & 1 & 2 \end{bmatrix}$.

2. 将下列置换写成不相交循环之积:

(1) $(1, 2, 3)(4, 5)(1, 6, 7, 8, 9)(1, 5)$;

(2) $(1, 2)(1, 2, 3)(1, 2)$.

3. 设 $\alpha = (1, 2, 3, 4, 5)$,求 α^2, α^3, α^4.

4. 设 $x = (1, 2)(3, 4)$,$y = (5, 6)(1, 3)$,求 α 使 $\alpha^{-1}x\alpha = y$.

5. 设 $(i_1, i_2, \cdots, i_k)$ 是一个 k 循环,$(j_1, j_2, \cdots, j_k)$ 也是一个 k 循环,求证:必存在置换 α,使

$$\alpha^{-1}(i_1, i_2, \cdots, i_k)\alpha = (j_1, j_2, \cdots, j_k).$$

6. 设 $\alpha_i(i = 1, 2, \cdots, m)$ 是不相交的循环且 α_i 的长为 r_i(即含 r_i 个元素),求 $\alpha_1\alpha_2\cdots\alpha_m$ 的周期.

7. 决定下列置换的奇偶性:

(1) $(1, 2, 3)(1, 2)$;

(2) $(1, 2, 3, 4, 5)(1, 2, 3)(4, 5)$;

(3) $(1, 2)(1, 3)(1, 4)(2, 5)$.

8. 设 p 为素数,证明:S_p 中恰含有 $(p-1)!$ 个 p 阶元.

9. 求证:若 $n \geqslant 3$,则 S_n 的中心为 $\{e\}$.

10. 证明:S_n 的换位子子群为 A_n.

11. 证明:A_4 没有 6 阶子群.

(注: $|A_4| = 12$,虽然 6 是 12 的因子,但 A_4 没有 6 阶子群.这一事实表明 Lagrange 定理的逆定理一般不成立.)

12. 设 H 是 S_n 的子群且 $H \nsubseteq A_n$,证明:H 中的偶置换与奇置换数相等.

13. 证明:当 $n \geqslant 5$ 时,S_n 只有一个非平凡的正规子群 A_n.

14. 证明:二面体群 $D_n(n > 2)$ 同构于 S_n 的下列子群 $<\sigma, \tau>$,其中:

$$\sigma = (1, 2, \cdots, n), \quad \tau = \begin{bmatrix} 1 & 2 & 3 & \cdots & n \\ 1 & n & n-1 & \cdots & 2 \end{bmatrix}.$$

*15. 设 k 是奇数,证明任一 $2k$ 阶群 G 中必含有 k 阶的正规子群.

§2.7　群对集合的作用

群的概念最早来源于考虑集合上的置换,置换群是人类最早加以系统研究的群.置换群的每一个置换都是某个集合上的双射,我们也可以说置换群作用在该集合上.

定义 7-1　设 G 是一个群,S 是一个集合,若存在 $G \times S \to S$ 的映射 $(g, s) \to g * s$ 适合下列条件:

(1) $e * x = x$;

(2) $(g_1 g_2) * x = g_1 * (g_2 * x)$.

对一切 $x \in S$, $g_1, g_2 \in G$ 成立,则称 G 在 S 上定义了一个左作用.集合 S 称为是一个 G-集合.

类似地,我们可以定义右作用,得到的结论与左作用是平行的.

若 G 是有限集 S 上的置换群,定义 $g * x = g(x)$,则显然 S 是一个 G-集合.因此上述定义可看成是置换群对集合作用的自然推广.

例 1　设 G 是一个群,令 $S = G$,定义

$$a * x = ax, \quad a \in G, \quad x \in G,$$

则不难验证我们定义了一个作用,称为群 G 到自身上的左平移.

例 2　设 G 是一群,$S = G$,定义

$$a * x = axa^{-1}, \quad a \in G, x \in G,$$

不难证明这是个左作用.事实上,$e * x = exe^{-1} = x$.又若 $a, b \in G$,则

$$(ab) * x = (ab)x(ab)^{-1} = a(bxb^{-1})a^{-1}$$
$$= a(b * x)a^{-1} = a * (b * x),$$

我们称这个作用为 G 对自身的共轭作用,元素 axa^{-1} 称为 x 的共轭元.

例 3   设 H 是群 G 的子群,G/H 表示 H 的左傍集全体所成之集,现定义:

$$a * (xH) = axH,$$

不难验证,这是一个 G 对 G/H 的左作用.

例 4   同例 3,且 H 是 G 的正规子群,G/H 表示 H 的左傍集全体所成之集,定义

$$a * (xH) = axa^{-1}H,$$

则对任意的 a,$b \in G$ 及任意的 $xH \in G/H$,

$$(ab) * xH = abx(ab)^{-1}H = abxb^{-1}a^{-1}H$$
$$= a * (bxb^{-1})H = a * (b * xH),$$

因此我们得到了 G 对 G/H 的一个左作用.

在不引起混乱的情况下,我们常常把 $a * x$ 简写为 ax.

定义 7-2   设 S 是一个 G-集合,$x \in S$,则 S 的子集

$$Gx = \{gx \mid g \in G\}$$

称为 x 在 G 作用下的轨道(或轨迹).

定义 7-3   设 S 是一个 G-集合,$x \in S$,则 G 的子集:

$$\text{Stab } x = \{g \in G \mid gx = x\}$$

是 G 的子群,称为 x 在 G 中的稳定化子(或 x 的迷向子群).

Stab x 是 G 的子群非常容易验证,请读者自己完成. 现在我们来研究轨道及稳定化子的基本性质.

若 Gx,Gy 分别是 S 中元素 x,y 所在的轨道,如果这两个轨道相交,即存在 $u \in S$ 使 $u \in Gx \bigcap Gy$,则存在 g_1,$g_2 \in G$ 使 $u = g_1 x = g_2 y$,于是 $x = g_1^{-1} g_2 y \in Gy$,故 $Gx \subseteq Gy$. 同理 $Gy \subseteq Gx$,因而 $Gx = Gy$. 这一事实表明,两个轨道要么不相交,要么重合,而 S 中任一元都在一个轨道内,因此 S 可以表示成为不相交的诸轨道之并,也就是说 G-集合 S 上的轨道定义了 S 的一个分划. 如果 S 是一个有限集,那么每个轨道都只含有有限个元素. 究竟每个轨道含多少个元素? 我们有下列引理.

引理 7-1   设 S 是 G-集合,$x \in S$,则

$$| Gx | = [G : \text{Stab } x]. \tag{1}$$

证明 设 $H = \text{Stab } x$, G/H 为 H 的左傍集集合, 作 $Gx \rightarrow G/H$ 的映射 φ:

$$\varphi(gx) = gH,$$

首先注意到若 $gx = g_1 x$, 则 $g^{-1} g_1 x = x$, 也就是说 $g^{-1} g_1 \in H$, 因此 $gH = g_1 H$. 这表明 φ 是合理的. 又显然 φ 是映上的. 如若 $gH = g_1 H$, 则 $g^{-1} g_1 \in H = \text{Stab } x$, 因此 $g^{-1} g_1 x = x$, 即 $g_1 x = gx$, 因而 φ 是单映射. 这样我们就证明了 φ 是一一对应, 故有结论. 证毕.

定理 7-1 设 S 是 G-集合且 S 是有限集, 则

$$| S | = \sum_{x \in C} [G : \text{Stab } x], \tag{2}$$

其中 C 是 S 的子集且 C 是 S 诸轨道中的代表元集, 即 S 的每一轨道有且仅有一个元素属于 C.

证明 由上面的分析可知 S 由它的轨道给定了一个分划, 再由引理 7-1 即得结论. 证毕.

例 5 在例 2 中我们定义了 G 对自身的共轭作用. G 中元素 x 的轨道 $G * x = \{gxg^{-1} \mid g \in G\}$ 称为 x 的共轭类, 即所有与 x 共轭的元素全体. 当 x 属于 G 的中心时, x 的共轭类只含一个元素, 即 x 自己. 再看 $\text{Stab } x$:

$$\text{Stab } x = \{g \in G \mid gxg^{-1} = x\}$$

$$= \{g \in G \mid gx = xg\},$$

因此 $\text{Stab } x$ 就是 x 在 G 中的中心化子.

定理 7-2 设 G 是一个有限群, C 是 G 的中心, 则

$$| G | = | C | + \sum [G : C(y_i)], \tag{3}$$

这里 $C(y_i)$ 表示 y_i 在 G 中的中心化子, y_i 跑遍 G 中含不止一个元素的共轭类全体.

证明 取 $S = G$, G 对 S 的作用为共轭作用, 利用 (2) 式并注意到例 5 中的说明即得结论. 证毕.

注 (3) 式通常称为有限群的类方程, 定理 7-2 是有限群的基本定理之一.

定义 7-4 若有限群 G 的阶等于 p^m, 其中 p 为素数, 则称 G 是一个 p 群.

关于 p 群有如下结论, 它可以看成是定理 7-2 的推论.

定理 7-3 任一 p 群的中心含有不止一个元素.

证明 考虑群的类方程 (3). 在 (3) 式的左边为 p 群的阶, 故可设为 p^m. 右边

每个$[G:C(y_i)]$都是p^m的因子,因此能被p整除.若该群中心只含有一个元素,则$|C|=1$,(3)式右边将不可能被p整除,引出矛盾.证毕.

群对集合的作用有许多应用,我们再举几个例子来说明.

例6　设G是群,S是G的所有子群的集合,定义G对S的作用:

$$a * H = aHa^{-1}, a \in G, H \in S,$$

则S是一个G-集合.H所在的轨道称为H的共轭类,即H的共轭子群(就是具有gHg^{-1}形状的子群)全体所成的S的子集.H的稳定化子:

$$\text{Stab } H = \{g \in G \mid gHg^{-1} = H\}$$
$$= \{g \in G \mid gH = Hg\}$$
$$= N(H),$$

即$\text{Stab } H$就是H的正规化子.由(1)式可知G中与H共轭的子群共有$[G:N(H)]$个.若H是正规子群,则$N(H)=G$,H所在的轨道只含一个元素即H自己.

例7　若S是一个G-集合且S在G作用下的轨道只有一个,即$S=Gx$对任一$x \in S$成立,则称G在S上的作用是传递的或可迁的.这时候对S中任意两个元素x,y总存在$g \in G$,使

$$y = gx.$$

若G是有限集S上的置换群,如果这时G对S的作用是可迁的,则称G是一个可迁群.显然S_n是可迁群.

例8　设G是一个有限群,S是一个有限G-集合,记n为S上由G作用得到的轨道数目,则

$$n = \frac{1}{|G|} \sum_{g \in G} |S_g|,$$

其中$S_g = \{x \in S \mid gx = x\}$.

证明　作积集合$G \times S$,令

$$T = \{(g, x) \in G \times S \mid gx = x\},$$

则若固定x,$T_x = \{(g, x) \mid gx = x\}$与$\text{Stab } x$之间有一个一一对应,故$|T| = \sum |T_x| = \sum_{x \in S} |\text{Stab } x|$.又由(1)式得$|Gx| = [G:\text{Stab } x] = |G| / |\text{Stab } x|$,从而

$$\sum_{x \in S} \mid \operatorname{Stab} x \mid = \mid G \mid \sum_{x \in S} \frac{1}{\mid Gx \mid}. \tag{4}$$

设 C 是 S 的子集,S 的每个轨道有且只有一个元素属于 C,则 $\mid C \mid = n$ 且

$$\sum_{x \in S} \frac{1}{\mid Gx \mid} = \sum_{c \in C} \sum_{x \in Gc} \frac{1}{\mid Gx \mid}, \tag{5}$$

由于对 $x \in Gc$,$Gx = Gc$,故 $\mid Gx \mid = \mid Gc \mid$. 于是

$$\sum_{x \in Gc} \frac{1}{\mid Gx \mid} = 1. \tag{6}$$

综合(4)式、(5)式、(6)式得

$$\mid T \mid = \sum_{x \in S} \mid \operatorname{Stab} x \mid = \mid G \mid \cdot \mid C \mid = n \mid G \mid. \tag{7}$$

另一方面若在 T 中固定 g,则 $g^T = \{(g, x) \mid gx = x\}$ 与 S_g 一一对应,因此 $\mid g^T \mid = \mid S_g \mid$,$\mid T \mid = \sum_{g \in G} \mid g^T \mid = \sum_{g \in G} \mid S_g \mid$. 由(7)式即得

$$\sum_{g \in G} \mid S_g \mid = n \mid G \mid.$$

这就证明了结论. 证毕.

例 8 通常称为 Burnside 定理,在组合数学中有重要应用.

例 9　p^2 阶群是 Abel 群,这里 p 是素数.

证明　假定 $\mid G \mid = p^2$ 且 G 是非交换群,则由定理 7-3,G 的中心 C 为 p 阶群. 令 $a \in G$ 但 a 不属于 C,则 a 的中心化子 $C(a) \supseteq C$ 且 $a \in C(a)$,故 $C(a)$ 真包含 C,于是 $C(a) = G$. 这表明 $a \in C$ 与假定矛盾. 证毕.

习　　题

1. 设 $\gamma = (1, 2, \cdots, n) \in S_n$,证明:$\gamma$ 在 S_n 中的共轭类有 $(n-1)!$ 个元,并证明 γ 的中心化子 $C(\gamma) = <\gamma>$.

2. 设 G 是一个有限群且有一个指数为 n 的子群 H,即 $[G : H] = n$,则 H 必含有 G 的一个正规子群 K 且 $[G : K] \mid n!$. 特别若 $\mid G \mid$ 不能整除 $n!$,则 G 含有一个非平凡的正规子群.

3. 设 G 是一有限群,令 $O_1, O_2, \cdots, O_k$ 表示 G 中共轭类全体,x_i 是 O_i 的代表元 $(1 < i < k)$,C_i 是 x_i 在 G 中的中心化子,又设 $n_i = \mid C_i \mid$,求证:

$$\frac{1}{n_1} + \frac{1}{n_2} + \cdots + \frac{1}{n_k} = 1.$$

4. 设 G 是 p 群且 $|G| = p^n$ (p 为素数),求证:

(1) 若 N 是 G 的正规子群且 $N \neq \{e\}$,则 $C \cap N \neq \{e\}$,这里 C 是 G 的中心;

(2) 若 H 是 G 的真子群,则 H 必真含于 $N(H)$ 之中,$N(H)$ 是 H 的正规化子;

(3) 若 $|H| = p^{n-1}$,则 H 是 G 的正规子群.

5. 设 G 是一个有限群,p 是能整除 $|G|$ 的最小素数,证明:若 H 是 G 的子群且 $[G:H] = p$,则 H 是 G 的正规子群.

6. 设 H 是有限群 G 的真子群,证明:G 中至少有一个元 a,它不属于 H 的任一共轭子群.

7. 设 H 是群 G 的子群且 $[G:H] < \infty$,证明:H 含有一个 G 的正规子群 N 且 $[H:N] < \infty$.

8. 证明:群 G 中只有有限多个共轭元的元素全体构成 G 的一个子群.

9. 若 G 的换位子子群 $[G, G]$ 的阶为 m,证明:G 中任一元至多有 m 个共轭元.

10. 证明:$A_n (n \geqslant 3)$ 是可迁群.

11. 设 G 是 n 个文字的置换群,则 G 是可迁群的充分必要条件是 $[G:G_1] = n$,其中 G_1 是 G 中保持元素 1 不动的所有置换构成的子群.

12. n 次可迁群(即 n 个文字的置换群且可迁)的阶可以被 n 整除.

13. 设 H 是有限群 G 的真子群,求证:G 中必有元素落在 H 的所有共轭子群外.

14. 若一个群 G 的共轭类只有两个,则 G 是 2 阶群.

15. 假定群 G 不含有指数为 2 的子群,求证:指数等于 3 的子群必是 G 的正规子群.

§2.8　Sylow 定理

我们已经知道,一个有限群 G 的子群之阶必是 $|G|$ 的因子. 对于循环群,我们已经证明对 $|G|$ 的任一因子 r 均有 r 阶子群. 但是对一般的有限群来说,群 G 未必含有一个 r 阶子群,其中 r 是 $|G|$ 的一个因子. 一个容易想到的例子是 A_n ($n \geqslant 5$),A_n 的阶为 $\frac{1}{2} n!$. A_n 不含任何阶为 $\frac{1}{4} n!$ 的子群,否则 A_n 将有一个指数为 2 的子群从而含有一个正规子群,这与 A_n 是单群矛盾. 尽管如此,如对 $|G|$ 的因子 r 作一些适当的限制,我们仍可证明 r 阶子群的存在性. 这方面最重要的结果是挪威数学家 Sylow 于 1872 年发现的所谓 Sylow 定理. Sylow 定理不仅指出了一类子群的存在性,还讨论了这类子群的一些性质. 在这一节里我们将证明 3 个 Sylow 定理并且给出它们的应用.

定义 8-1　设 G 是一个有限群,p 是一个素数,若 $p^m \mid |G|$ ($m > 0$) 而 p^{m+1} 不能整除 $|G|$,则 G 的 p^m 阶子群称为 G 的 p-Sylow 子群.

下面将要证明的 Sylow 第一定理肯定了 p-Sylow 子群的存在性. 在证明这一定理前,我们先证明一个引理,这个引理通常被称为 Cauchy 引理.

引理 8-1(Cauchy 引理)　设 G 是一个有限 Abel 群, p 是素数, 若 p 是 $|G|$ 的一个因子, 则 G 有一个周期为 p 的元素.

证明　令 $a \in G$ 且 $a \neq e$, 若 a 的周期可被 p 整除, 即 $o(a) = pr$, 则 $b = a^r$ 的周期等于 p, 引理已证. 若 a 的周期与 p 互素, 则 $G/<a>$ 的阶比 $|G|$ 小且仍可被 p 整除. 对 G 的阶用归纳法可设 $G/<a>$ 有一个 p 阶元 $b<a>$, 若 b 的周期为 s, 则

$$(b<a>)^s = b^s<a> = \bar{e}.$$

而 $b<a>$ 的周期等于 p, 故 $p|s$. 设 $s = pt$, 则 b^t 的周期就是 p. 证毕.

定理 8-1(Sylow 第一定理)　设 G 是一个有限群, p 是一个素数, 若 $p^k || G|$, 则 G 必包含一个阶为 p^k 的子群.

证明　对 G 的阶用归纳法. 若 $|G| = 1$, 则不用再证. 设结论对于一切阶小于 $|G|$ 的群成立, 考虑 G 的类方程(定理 7-2):

$$|G| = |C| + \sum [G : C(y_i)],$$

若 p 不能整除 $|C|$, 则必存在某个 i 使 p 不能整除 $[G : C(y_i)]$. 但 $|G| = |C(y_i)| [G : C(y_i)]$, $p^k || G|$, 故 $p^k || C(y_i)|$. 作为 G 的子群 $C(y_i)$ 的阶小于 $|G|$, 由归纳假设可知 $C(y_i)$ 含有一个 p^k 子群, 当然也是 G 的 p^k 阶子群.

又设 $p || C|$, 则由引理 8-1, C 含有一个子群 $<c>$, 其阶等于 p. 但 $<c>$ 属于中心 C, 因此 $<c>$ 是 G 的正规子群, $G/<c>$ 的阶为 $\frac{1}{p}|G|$, 它可被 p^{k-1} 整除. 又 $G/<c>$ 的阶小于 $|G|$, 由归纳假定知道 $G/<c>$ 含有一个子群, 其阶等于 p^{k-1}, 记之为 $H/<c>$, 其中 $H \supseteq <c>$ (由定理 4-2 可知, H 总存在), 于是

$$|H| = [H :<c>] \cdot |<c>| = p^{k-1} \cdot p = p^k.$$

证毕.

推论 8-1　若素数 p 是群 G 阶的一个因子, 则 G 含有一个周期为 p 的元素.

定理 8-2(Sylow 第二、第三定理)　G 是一个有限群且素数 $p || G|$, 则

(1) G 的任意两个 p-Sylow 子群都共轭, 即若 P_1, P_2 均是 G 的 p-Sylow 子群, 则存在 $g \in G$ 使 $P_2 = gP_1g^{-1}$;

(2) G 的 p-Sylow 子群的个数 r 是 $[G : P]$ 的一个因子, 其中 P 是 G 的一个 p-Sylow 子群, 且 r 适合同余式:

$$r \equiv 1(\bmod p);$$

(3) G 的任一 p^k 阶子群都含在某个 p-Sylow 子群内.

证明   设 S 是 G 的所有 p-Sylow 子群全体组成的集,定义 G 对 S 的作用为

$$g * P = gPg^{-1}, \quad P \in S, g \in G. \tag{1}$$

由 §2.7 知 S 是一个 G-集合.现设 T 是 S 的一个 G-轨道,我们要证明 $T = S$,由此即可得(1)式.

设 T 中有 r 个元素,即有 r 个 p-Sylow 子群,设为 K_1, K_2, $\cdots$, K_r,又设 H 是其中的某个 K_i,将 G 对 T 的作用限制在 H 上,即定义 H 对 T 的作用为

$$h * K_j = hK_jh^{-1}, \quad K_j \in T, h \in H, \tag{2}$$

则 T 是一个 H-集合,T 可划分为若干个 H-轨道的无交并,于是由定理 7-1 得

$$r = |T| = \sum |H * K_j| = \sum [H : \text{Stab } K_j], \tag{3}$$

其中 K_j 跑遍各 H-轨道的代表元.注意到 $H \in T$,H 所在的 H-轨道只有一个元素,即 H 自己($hHh^{-1} = H$ 对一切 $h \in H$ 成立).若 $K \in T$ 且 K 所在的 H-轨道也只有 K 自己,则

$$1 = |H * K| = [H : \text{Stab } K],$$

即 $H = \text{Stab } K = \{h \in H \mid hK = Kh\}$,于是 $HK = KH$,由 §2.2 中的习题 4 知 HK 是 G 的子群且显然 $K \lhd HK$.由 §2.4 中的第二同构定理可知

$$HK/K \cong H/H \cap K,$$

因此 $|HK| = |K||H/H \cap K|$.注意这里 H, K 均是 p-Sylow 子群,$|H/H \cap K|$ 为 p 的某个幂次或1,若 $|H/H \cap K| \neq 1$,则 $|HK| > |K|$ 且 $|HK|$ 也等于 p 的幂,这与 K 是 G 的 p-Sylow 子群矛盾,因此 $|H/H \cap K| = 1$,即 $H = H \cap K$, $H \subseteq K$.又 $|H| = |K|$,故 $H = K$.这一事实表明在 T 的诸 H-轨道中,只有 H 所在的轨道只含一个元素,其余的轨道所含元素的数目为 $[H : \text{Stab } K_j]$,显然是 p 的某个非零幂,这就证明了

$$r = |T| \equiv 1 (\text{mod } p). \tag{4}$$

现假定某个 p-Sylow 子群 H 不在 T 中,仍可定义 H 对 T 的作用如(2)式所示,这时仍有(3)式成立,而且经过同样的论证可知每个 H-轨道 $H * K_j$ 的元素的个数都是 p 的某个非零幂次.但显然这与(4)式矛盾,因此 H 必须在 T 中,这就证明了 $S = T$.又由于 G-轨道只有一个,对任一 p-Sylow 子群 P, $S = G * P$,再由定理 7-1 及 §2.7 例 6 可知:

$$r = |S| = [G : \mathrm{Stab}\, P] = [G : N(P)],$$

而 $N(P) \supseteq P$, $[G : P] = [G : N(P)][N(P) : P]$, 即 r 是 $[G : P]$ 的因子. 这样我们证明了(1)式与(2)式.

最后设 L 是 G 的 p^k 阶子群, 将 G 对 S 的作用限制在 L 上使 S 成为一个 L-集, 同理可证每个 L-轨道所含元素的个数为 p 的某个幂次(包括零次幂). 但是 r 被 p 除余 1, 故至少有一个 L-轨道只含一个 p-Sylow 子群 K, 这时

$$L \subseteq N(K) = \{g \in G \mid gKg^{-1} = K\},$$

LK 是 G 的子群且 $K \lhd LK$. 同上面一样, $LK/K \cong L/L \bigcap K$, 可得 $L \bigcap K = L$, 即 $L \subseteq K$. 证毕.

推论 8-2 有限群 G 若只有一个 p-Sylow 子群, 则该子群必是正规子群.

Sylow 定理是研究有限群的有力工具, 我们将在下面举例说明它的应用.

例 1 求证阶为 $20\,449 = 11^2 \cdot 13^2$ 的群 G 必是 Abel 群.

证明 先求 11-Sylow 子群的个数. 由 Sylow 定理知道这个数应具有形状 $1 + 11k$. 又它必须整除 13^2, 显然只能 $k = 0$, 即 G 只有 1 个 11^2 阶子群 A, A 是 G 的正规子群. 又由 §2.7 中的例 9 知 A 是 Abel 群. 再看 13-Sylow 子群, 同理可证明它只有 1 个, 故 G 有一个交换的正规子群 B 且 $|B| = 13^2$. 又显然 $A \bigcap B = \{e\}$, 因此 $G = AB$, 再由 §2.3 中的习题 4 知道, A 中元素与 B 中元素的乘法可交换, 因此 G 是 Abel 群. 证毕.

例 2 求证: 56 阶群必不是单群.

证明 7-Sylow 子群为 $1 + 7k$ 个且 $1 + 7k \mid 8$, $k = 0$ 或 $k = 1$. 若 $k = 0$, 则 7-Sylow 子群必正规, G 不是单群; 若 $k = 1$, 则有 8 个 7-Sylow 子群, 7 阶元共 $6 \times 8 = 48$ 个, $56 - 48 = 8$. 但 G 含有 2-Sylow 子群, 其阶为 $2^3 = 8$, 因此剩下的 8 个元构成 G 的唯一的一个 2-Sylow 子群, 因此 G 有一个正规的 2-Sylow 子群, G 不是单群. 证毕.

例 3 G 是一个 108 阶群, 求证: G 有一个 27 阶或 9 阶的正规子群, 从而 G 也不是单群.

证明 $|G| = 108 = 2^2 \cdot 3^3$. 考虑 3-Sylow 子群, 应为 $1 + 3k$ 个. 又 $1 + 3k \mid 2^2$. 故 $k = 0$ 或 $k = 1$. 若 $k = 0$, 则 G 只有一个 3-Sylow 子群且必正规, 这个子群的阶为 27; 若 $k = 1$, 则 G 有 4 个 3-Sylow 子群. 现设 H, K 是两个不同的 3-Sylow 子群, 则由 §2.2 中的习题可知 $|HK| = |H||K| / |H \bigcap K|$, 即 $27 \times 27 / |H \bigcap K| \leqslant 108$, 于是 $|H \bigcap K| > 27/4$, 因此 $|H \bigcap K| = 9$.

另一方面 H 的阶为 3^3, $H \bigcap K$ 阶为 3^2, 由 §2.7 中的习题 4 知 $H \bigcap$

$K \triangleleft H$. 同理 $H \cap K \triangleleft K$. 现在来考虑 $H \cap K$ 的正规化子群 $N(H \cap K)$. 显然 $H \subseteq N(H \cap K)$, $K \subseteq N(H \cap K)$, 故 $HK \subseteq N(H \cap K)$. 又 $|HK| = \dfrac{27 \times 27}{9} = 81$, 故 $|N(H \cap K)| \geqslant 81$. 但 $N(H \cap K)$ 是 G 的子群其阶必须是 108 的因子, 只可能 $N(H \cap K) = G$, 这就是说 $H \cap K$ 是 G 的正规子群, 而 $H \cap K$ 的阶为 9. 证毕.

*例 4 设 p, q 是素数且 $q > p$, 则 pq 阶群最多只有两种.

证明 先考虑 q-Sylow 子群, 应为 $1 + kq$ 个且 $1 + kq \mid p$, 因此 $k = 0$. q-Sylow 子群只有一个必为正规子群. 再考虑 p-Sylow 子群, 应为 $1 + kp$ 个, 且 $1 + kp \mid q$. 若 $k = 0$, 则 G 有一个正规的 p 阶群. 这时 G 有一个正规的 p 阶群 A, 一个正规的 q 阶群 B. 显然 $A \cap B = \{e\}$, $G = AB$. 记 G 的一个 P 阶元为 a, 一个 q 阶元为 b, 则 $ab = ba$, 因此 G 有一个 pq 阶元, G 是一个循环群.

再设 $k \neq 0$, 这时有 q 个 p-Sylow 子群且 $p \mid q - 1$. 若 a 是一个 p 阶元, b 是一个 q 阶元, 则 a, b 生成 G, 即 $G = <a, b>$. 由于 $<b> \triangleleft G$, 故 $a^{-1}ba = b^r$, r 是某个自然数. r 必须适合 $r \not\equiv 1 \pmod{q}$, 因为否则 $a^{-1}ba = b$, $ab = ba$, G 将是交换群, 而交换群的任一子群均正规, 故 $<a>$ 是 G 的唯一的 p-Sylow 子群与 G 有 q 个 p-Sylow 子群矛盾. 另一方面,

$$a^{-1}ba = b^r \Rightarrow (a^{-1}ba)(a^{-1}ba) = b^{2r} \Rightarrow a^{-1}b^2a = b^{2r}$$

$$\Rightarrow a^{-1}b^r a = b^{r^2} \quad (\text{用归纳法})$$

$$\Rightarrow a^{-1}(a^{-1}ba)a = b^{r^2} \Rightarrow a^{-2}ba^2 = b^{r^2}$$

$$\Rightarrow a^{-p}ba^p = b^{r^p} \quad (\text{用归纳法})$$

$$\Rightarrow b = b^{r^p} \Rightarrow r^p \equiv 1 \bmod q,$$

因此

$$G = \{a^i b^j \mid i = 0, 1, \cdots, p-1; j = 0, 1, \cdots,$$

$$q-1, a^p = b^q = e, ba = ab^r\}, \tag{5}$$

其中 r 适合条件:

$$r \not\equiv 1 (\bmod q), \quad r^p \equiv 1 (\bmod q). \tag{6}$$

令 U_q 是 §2.2 例 7 中的群, 因为 q 是素数, 故

$$U_q = \{1, 2, \cdots, q-1\}.$$

由 (5) 式可知 $r \neq 1$ 且 $r^p = 1$. 因为 p 是素数, 故 r 在 U_q 中生成一个 p 阶循环子群 (注意 $(r, q) = 1$, $(r^m, q) = 1$ 对一切 m). 但可以证明 U_q 是循环群 (参见

§3.7),因此其 p 阶子群唯一,于是若 r_1 也适合同余方程(6),则必存在 t,使

$$r_1 \equiv r^t (\bmod q),$$

这时 $a^{-t}ba^t = b^{r^t} = b^{r_1}$,用 a^t 代替 a 并注意到 $(t, p) = 1$,我们得到

$$G = <a^t, b>,$$

$$G = \{(a^t)^i b^j \mid i = 0, 1, \cdots, p-1, j = 0, 1, \cdots,$$

$$q-1; a^{-t}ba^t = b^{r_1}, (a^t)^r = b^q = e\}. \tag{7}$$

将(7)式与(5)式比较,不难看出它们代表了同一个群. 这表明 pq 阶非交换群当 $p \mid q-1$ 时有且只有一种,它可由(5)式给予定义. 证毕.

推论 8-3 $2p(p$ 是素数)阶非交换群同构于 $D_p(p$ 阶二面体群).

习 题

1. 试决定 S_4 的所有 Sylow 子群.

2. 证明:63 阶群不是单群.

3. 证明:148 阶群不是单群.

4. 证明:6 阶非交换群都与 S_3 同构.

5. 若群 G 阶的素因子分解式 $p_1 p_2 \cdots p_t$ 中,当 $i \neq j$ 时 $p_i \neq p_j$,又若 G 是 Abel 群,证明: G 必是循环群.

6. 求证:$p^2 q$ 阶群必含有一个正规的 Sylow 子群,这里 p, q 是不相同的奇素数.

7. 证明:200 阶群含有一个正规的 Sylow 子群.

8. 证明:阶为 231 的群 G 的 11-Sylow 子群含于 G 的中心内.

9. 证明:36 阶群不是单群.

10. 设 G 是一个 30 阶群,证明:它的 3-Sylow 子群与 5-Sylow 子群都是正规子群,又 G 必含有一个 15 阶的循环群作为正规子群.

11. 证明:72 阶群不是单群.

12. 设 G 是有限群,证明:G/C 的阶不可能等于 77,其中 C 是 G 的中心.

13. 设 G 是有限群且有一个 p-Sylow 子群 P,令 $N = N(P)$ 是 P 的正规化子群,证明:G 的任一包含 N 的子群等于它的正规化子群.

14. 设 P 是有限群 G 的一个 p-Sylow 子群,H 是 G 的子群且 $|H| = p^m(m > 0)$,求证: $H \cap N(P) = H \cap P$. 这里 $N(P)$ 是 P 在 G 中的正规化子群.

§2.9 群 的 直 积

我们在线性代数中已经学到过线性空间直和的概念,现在我们将这个概念

推广到群上. 群的直积(当群为加法群时又称直积为直和)可以使我们从已知的比较简单的群来构造比较复杂的群. 另一方面又可以把一个比较复杂的群分解成比较简单的群加以研究.

我们先从两个群的直积做起, 其方法可以推广到任意个群上. 设 G_1, G_2 是两个群, 作 $G = G_1 \times G_2$, 即作为集合, G 是 G_1, G_2 的积. G 中元素可写为 (g_1, g_2) 的形状, 其中 $g_1 \in G_1$, $g_2 \in G_2$. 现在 G 上定义乘法:

$$(g_1, g_2)(h_1, h_2) = (g_1 h_1, g_2 h_2), \quad g_1, h_1 \in G_1,$$
$$g_2, h_2 \in G_2, \tag{1}$$

则

$$((g_1, g_2)(h_1, h_2))(k_1, k_2) = (g_1 h_1, g_2 h_2)(k_1, k_2)$$
$$= ((g_1 h_1)k_1, (g_2 h_2)k_2)$$
$$= (g_1(h_1 k_1), g_2(h_2 k_2))$$
$$= (g_1, g_2)((h_1, h_2)(k_1, k_2)).$$

又对 G 中任意的元 (g_1, g_2),

$$(g_1, g_2)(e_1, e_2) = (g_1, g_2) = (e_1, e_2)(g_1, g_2),$$
$$(g_1, g_2)(g_1^{-1}, g_2^{-1}) = (e_1, e_2) = (g_1^{-1}, g_2^{-1})(g_1, g_2),$$

因此 G 在(1)式定义下成为一群, 称为 G_1 与 G_2 的外直积.

刚才我们是从"外部", 即从两个看上去不相关的群 G_1, G_2 出发来定义一个新的群, 现在我们再从内部来考察一下 $G = G_1 \times G_2$. 令

$$N_1 = \{(g_1, e_2) \mid g_1 \in G_1\},$$
$$N_2 = \{(e_1, g_2) \mid g_2 \in G_2\},$$

则不难验证 N_1, N_2 都是 G 的子群, 而且还是正规子群. 事实上对任意的 $(h_1, h_2) \in G$, $(h_1, h_2)(g_1, e_2)(h_1, h_2)^{-1} = (h_1, h_2)(g_1, e_2)(h_1^{-1}, h_2^{-1}) = (h_1 g_1 h_1^{-1}, e_2) \in N_1$, $N_1 \lhd G$. 同样 $N_2 \lhd G$. 又若作 $G_1 \rightarrow N_1$ 的映射 $g_1 \rightarrow (g_1, e_2)$, 则显然这是一个群同构, 同样 $G_2 \cong N_2$. 又因为 $(g_1, g_2) = (g_1, e_2)(e_1, g_2)$, 于是有 $G = N_1 N_2$. 另外, 显然有 $N_1 \cap N_2 = \{(e_1, e_2)\}$. 这样 G 可以"分解"为两个交仅含么元 (e_1, e_2) 的正规子群的积. 我们称 G 是 N_1 与 N_2 的内直积.

现在我们对一般的直积给出如下的定义.

定义 9-1 设 $G_i(i = 1, 2, \cdots, n)$ 是 n 个群, $G = G_1 \times G_2 \times \cdots \times G_n$, 定义

G 中乘法:

$$(g_1, g_2, \cdots, g_n)(h_1, h_2, \cdots, h_n) = (g_1 h_1, g_2 h_2, \cdots, g_n h_n),$$

则 G 在此乘法下构成的群称为 $G_i(i=1, 2, \cdots, n)$ 的外直积.

显然,$(e_1, e_2, \cdots, e_n)$ 是 G 的恒等元,其中 e_i 是 G_i 的恒等元. $(g_1, g_2, \cdots, g_n)^{-1} = (g_1^{-1}, g_2^{-1}, \cdots, g_n^{-1})$.

定义 9-2 设 G 是一个群, $N_i(i=1, 2, \cdots, n)$ 是 G 的 n 个正规子群且适合下列条件:

(1) $G = N_1 N_2 \cdots N_n$;

(2) $N_i \cap N_1 \cdots N_{i-1} N_{i+1} \cdots N_n = \{e\}$ 对一切 $i=1, 2, \cdots, n$ 成立;

则称 G 是 $N_i(i=1, 2, \cdots, n)$ 的内直积.

读者自然关心两种直积之间的关系. 事实上它们在同构的意义下是一致的,这点我们将在下面看到.

定理 9-1 设 $N_i(i=1, 2, \cdots, n)$ 是群 G 的正规子群,则 G 是 $N_i(i=1, 2, \cdots, n)$ 的内直积的充要条件是:

(1) $G = N_1 N_2 \cdots N_n$;

(2) G 中元素用 N_i 中元的乘积表示唯一,即若

$$g = g_1 g_2 \cdots g_n = h_1 h_2 \cdots h_n, \quad g_i, h_i \in N_i;$$

则必有 $g_i = h_i(i=1, 2, \cdots, n)$.

证明 设 G 是 $N_i(i=1, 2, \cdots, n)$ 的内直积,我们只需证明(2)成立. 首先我们注意到这样一个事实:若 $g_i \in N_i$, $g_j \in N_j$, $i \neq j$, 则 $g_i g_j = g_j g_i$. 事实上,

$$N_i \cap N_j \subseteq N_i \cap N_1 \cdots N_{i-1} N_{i+1} \cdots N_n = \{e\},$$

即 $N_i \cap N_j = e$, $g_i g_j g_i^{-1} g_j^{-1} = (g_i g_j g_i^{-1}) g_j^{-1} \in N_j$ (因为 $N_j \lhd G$). 同理 $g_i g_j g_i^{-1} g_j^{-1} = g_i (g_j g_i^{-1} g_j^{-1}) \in N_i$, 故 $g_i g_j g_i^{-1} g_j^{-1} = e$, $g_i g_j = g_j g_i$. 现设

$$g = g_1 g_2 \cdots g_n = h_1 h_2 \cdots h_n, \quad g_i, h_i \in N_i,$$

则

$$h_1^{-1} g_1 = h_2 \cdots h_n g_n^{-1} g_{n-1}^{-1} \cdots g_2^{-1}$$

$$= h_2 \cdots h_{n-1} (h_n g_n^{-1}) g_{n-1}^{-1} \cdots g_2^{-1}$$

$$= h_2 \cdots h_{n-1} g_{n-1}^{-1} (h_n g_n^{-1}) \cdots g_2^{-1}$$

$$= \cdots$$

$$= (h_2 g_2^{-1})(h_3 g_3^{-1}) \cdots (h_n g_n^{-1}) \in N_2 N_3 \cdots N_n,$$

因此 $h_1^{-1}g_1 \in N_1 \bigcap N_2 N_3 \cdots N_n = \{e\}$，即 $g_1 = h_1$. 消去 g_1，h_1 得 $g_2 \cdots g_n = h_2 \cdots h_n$. 再用同样方法可得 $g_2 = h_2$，$\cdots$，$g_n = h_n$.

反过来，若(1)、(2)成立，要证 $N_i \bigcap N_1 \cdots N_{i-1} N_{i+1} \cdots N_n = \{e\}$ 对 $i = 1$，2，$\cdots$，n 成立. 令 $x \in N_i \bigcap N_1 \cdots N_{i-1} N_{i+1} \cdots N_n$，则

$$x = g_i = g_1 \cdots g_{i-1} g_{i+1} \cdots g_n,$$

即

$$e \cdots e g_i e \cdots e = g_1 \cdots g_{i-1} e g_{i+1} \cdots g_n,$$

由表示唯一性即得 $g_i = e$，$x = e$. 证毕.

推论 9-1　N_i，G 同定理 9-1，则 G 是 $N_i(i = 1, 2, \cdots, n)$ 的内直积的充要条件是：

(1) $G = N_1 N_2 \cdots N_n$；

(2) 若 $g_1 g_2 \cdots g_n = e$，$g_i \in N_i$，则 $g_i = e(i = 1, 2, \cdots, n)$.

证明　我们只要证明由推论的(2)可推出定理 9-1 中的(2)即可. 首先注意到若 $x \in N_i \bigcap N_j$，$(i \neq j)$，则 $x = x_i = x_j$，$x_i \in N_i$，$x_j \in N_j$，于是 $x_i x_j^{-1} = e$，$x_i = e$，$x_j = e$，即 $N_i \bigcap N_j = e$. 再由 N_i 的正规性，同上可证若 $y_i \in N_i$，$y_j \in N_j (i \neq j)$，则 $y_i y_j = y_j y_i$. 又设 $g_1 g_2 \cdots g_n = h_1 h_2 \cdots h_n$，$g_i$，$h_i \in N_i$，则由于 $y_i y_j = y_j y_i$ 对一切 $y_i \in N_i$，$y_j \in N_j(i \neq j)$ 均成立，因此可得：

$$g_1 h_1^{-1} g_2 h_2^{-1} \cdots g_n h_n^{-1} = (g_1 g_2 \cdots g_n)(h_1 h_2 \cdots h_n)^{-1} = e,$$

于是 $g_i h_i^{-1} = e$，$g_i = h_i$. 证毕.

定理 9-2　设 G 是一群且 G 是它的正规子群 $N_i(i = 1, 2, \cdots, n)$ 的内直积，又 $T = N_1 \times N_2 \times \cdots \times N_n$ 是 $N_i(i = 1, 2, \cdots, n)$ 的外直积，则 G 与 T 同构.

证明　作 $\varphi: T \to G$ 的映射：

$$\varphi(g_1, g_2, \cdots, g_n) = g_1 g_2 \cdots g_n, \quad g_i \in N_i,$$

显然 φ 是映上的，又

$$\varphi((g_1, g_2, \cdots, g_n)(h_1, h_2, \cdots, h_n))$$

$$= \varphi(g_1 h_1, g_2 h_2, \cdots, g_n h_n)$$

$$= g_1 h_1 \cdot g_2 h_2 \cdot \cdots \cdot g_n h_n$$

$$= g_1 g_2 \cdots g_n h_1 h_2 \cdots h_n,$$

因此 φ 是群同态. 又若 $\varphi(g_1, g_2, \cdots, g_n) = e$, 即 $g_1 g_2 \cdots g_n = e$, 即得 $g_i = e$, 因此 φ 是单同态. 这证明了 φ 是同构. 证毕.

由于上述同构, 有时我们不区分外直积与内直积, 统称为群的直积. 读者以后还会看到, 构造直积的方法不仅对群, 而且对环等其他代数体系都有普遍意义.

注意　若 G 是 $N_i(i = 1, 2, \cdots, n)$ 的内直积, 有时为了方便, 也写为 $G = N_1 \times N_2 \times \cdots \times N_n$. 又加法群的直积称直和, 用 $\oplus$ 表示, 这时可写为 $G = N_1 \oplus N_2 \oplus \cdots \oplus N_n$.

例 1　设 G 是 pq 阶循环群且 p, q 为互素的正整数, 则 G 可分解为 p 阶循环子群与 q 阶循环子群的直积.

证明　设 $G = <a>$, $o(a) = pq$, 因为 p, q 互素, 故存在整数 s, t 使 $ps + qt = 1$, 于是

$$a = a^{ps} \cdot a^{qt} = (a^p)^s \cdot (a^q)^t.$$

若令 $G_1 = <a^p>$, $G_2 = <a^q>$, 则上式表明 $G = G_1 G_2$. 又若 $x \in G_1 \bigcap G_2$, 则 $o(x)$ 整除 $|G_1 \bigcap G_2|$, 从而 $o(x) \mid p$, $o(x) \mid q$. 但 $(p, q) = 1$, 故 $o(x) = 1$, $x = e$, 于是 $G = G_1 \times G_2$. 又显然 a^p 的周期为 q, a^q 的周期为 p, 于是得结论. 证毕.

例 2　设 $G = G_1 \times G_2 \times \cdots \times G_n$, G_i 的中心为 C_i, 则 G 的中心 $C = C_1 \times C_2 \times \cdots \times C_n = \{(c_1, c_2, \cdots, c_n) \mid c_i \in C_i\}$.

证明　若 $(c_1, c_2, \cdots, c_n)$ 中 $c_i \in C_i(i = 1, \cdots, n)$, 显然 $(c_1, c_2, \cdots, c_n)$ 与任一 $(g_1, g_2, \cdots, g_n) \in G$ 交换. 另一方面, 若

$$(c_1, c_2, \cdots, c_n)(g_1, g_2, \cdots, g_n)$$
$$= (g_1, g_2, \cdots, g_n)(c_1, c_2, \cdots, c_n),$$

则 $c_i g_i = g_i c_i(i = 1, 2, \cdots, n)$. 若上式对一切 G 中元成立, 则 $c_i \in C_i$. 证毕.

例 3　若 4 阶群 G 不是循环群, 则 G 同构于两个 2 阶循环群的直积.

证明　由 Lagrange 定理知 G 的任一非么元的周期可整除 4. 若某一元 a 的周期为 4, 则 $G = <a>$ 是循环群. 因此 G 的非么元周期皆为 2, 故为 Abel 群. 设 $a \neq e$, 则 $<a>$ 是 G 的 2 阶子群. 又设 $b \overline{\in} <a>$, 则 $<b>$ 也是 G 的 2 阶子群. 显然 $<a> \bigcap <b> = e$, $G = <a><b>$ 是 G 的直积分解. 若把 G 写成加法群且因 2 阶循环群都同构于 $\mathbf{Z}_2$, 则 $G \cong \mathbf{Z}_2 \oplus \mathbf{Z}_2$. 这一事实表明 4 阶群只有两种: $\mathbf{Z}_4$(4 阶循环群)及 $\mathbf{Z}_2 \oplus \mathbf{Z}_2$, 它们都是交换群. 证毕.

例 4　设 G 是加法群, A, B_1, B_2 是 G 的子群且 $G = A \oplus B_1 = A \oplus B_2$. 举

例说明 B_1 不必等于 B_2. 但若 $B_1 \subseteq B_2$, 则 $B_1 = B_2$.

解 例子如下: $G = Z_2 \oplus Z_2$, 即 $G = \{(0, 0), (1, 0), (0, 1), (1, 1)\}$. 令

$$A = \{(0, 0), (1, 0)\}; \; B_1 = \{(0, 0), (0, 1)\};$$

$$B_2 = \{(0, 0), (1, 1)\},$$

则 $G = A \oplus B_1 = A \oplus B_2$, 但 $B_1 \neq B_2$.

若 $G = A \oplus B_1 = A \oplus B_2$ 且 $B_1 \subseteq B_2$, 取 B_2 中任一元 u, 则 $u = a + v$, 其中 a 属于 A, v 是 B_1 中的元. 因为 $B_1 \subseteq B_2$, 故 $a = u - v$ 属于 $A \bigcap B_2 = 0$, 即 $a = 0$. 由此知 $u = v$, 属于 B_1, 即有 $B_1 = B_2$.

习   题

1. 设 A, B 是群, 证明: $A \times B \cong B \times A$.

2. 若 G_1, G_2, G_3 是群, 证明:

$$(G_1 \times G_2) \times G_3 \cong G_1 \times (G_2 \times G_3) \cong G_1 \times G_2 \times G_3.$$

3. 若 $G = G_1 \times G_2$ 是内直积, 求证: $G/G_1 \cong G_2$, $G/G_2 \cong G_1$.

4. 举例说明: 若 $G = G_1 G_2 G_3$, 其中 $G_i (i = 1, 2, 3)$ 是 G 的正规子群且 $G_i \bigcap G_j = \{e\}$ ($i \neq j$), 但 G 可能不是 G_1, G_2, G_3 的直积.

5. 设 G 是一群, $N_i (i = 1, 2, \cdots, n)$ 是 G 的正规子群且 $N_1 \bigcap N_2 \bigcap \cdots \bigcap N_n = \{e\}$, 令 $H_i = G/N_i$, 证明: G 同构于 $H_1 \times H_2 \times \cdots \times H_n$ 的一个子群.

6. 证明: p^2 阶群只有两种: Z_{p^2} 与 $Z_p \oplus Z_p$. 这里 p 是素数.

7. 设 $G = Z_p \oplus Z_p$, p 是素数. 问: G 自同构群 Aut G 的阶等于多少?

8. 设 G 是一个有限群, $N_i (i = 1, 2, \cdots, n)$ 是 G 的正规子群, 且 $G = N_1 N_2 \cdots N_n$. 又 $|G| = |N_1||N_2| \cdots |N_n|$, 证明: G 是 $N_i (i = 1, 2, \cdots, n)$ 的直积.

9. 设 $N_i (i = 1, 2, \cdots, n)$ 是 G 的正规子群且 $G = N_1 N_2 \cdots N_n$, 又对任意的 i,

$$N_i \bigcap N_1 N_2 \cdots N_{i-1} = \{e\} \quad (i = 1, 2, \cdots, n),$$

则 G 是 $N_i (i = 1, 2, \cdots, n)$ 的直积.

10. 若 G 是有限群且每个元的周期不超过 2, 则 G 是 Abel 群且同构于有限个 2 阶循环群之直积.

11. 证明: 交换群的直积仍是交换群.

12. 举例说明: 若 H, K 是 G 的交换子群且 H 是 G 的正规子群, 又有 $G = HK$ 及 $H \bigcap K = \{e\}$, 但 G 不是 H 与 K 的直积.

13. 证明: $\mathbf{Z}_8$ 不可能表示为两个子群的直积.

14. 设 $\{G_\alpha\}_{\alpha \in I}$ 是一族群, 作 $G = XG_\alpha$ 是 G_α 的积集合, G 的元素记为 $g = (g_\alpha)_I$, 定义 G

中乘法：

$$g \cdot h = (g_a h_a)_I, \ g, h \in G,$$

证明：G 是一个群(称为 $\{G_a\}$ 的外直积).

§2.10 有限生成 Abel 群

有限生成 Abel 群是比循环群复杂一些的群. 我们将用上一节直积分解的方法证明有限生成 Abel 群可分解成为有限个循环群的直积. 由此可找出所有有限 Abel 群的同构类.

定理 10-1(有限生成 Abel 群基本定理) 设 G 是一个有限生成加法群,则 G 可以分解成有限个循环群 $C_i(i = 1, 2, \cdots, k)$ 的直和：

$$G = C_1 \oplus C_2 \oplus \cdots \oplus C_k, \tag{1}$$

其中或是所有的 C_i 皆为无限循环群,或是存在某个 $j \leqslant k$ 使得 C_1, C_2, $\cdots$, C_j 为阶分别等于 m_1, m_2, $\cdots$, m_j 的有限循环群,且 $m_1 | m_2 | \cdots | m_j$,其余的 C_{j+1}, $\cdots$, C_k 为无限循环群.

证明 设 G 可由 k 个元生成且 k 是生成元个数中的最小者,即 G 中少于 k 个元素生成的子群必是 G 的真子群. 我们对 k 使用归纳法. $k = 1$ 时结论显然成立,现假设结论对由 $k - 1$ 个元生成的 Abel 群均成立.

首先考虑第一种情况. 这时 G 有一组生成元 $\{a_1, a_2, \cdots, a_k\}$,且具有下列性质：对整数 $x_1, x_2, \cdots, x_k$,方程

$$x_1 a_1 + x_2 a_2 + \cdots + x_k a_k = 0$$

成立的充要条件是 $x_1 = x_2 = \cdots = x_k = 0$. 这一性质表明对 G 中任一元 g,下列 g 的表示式是唯一的：

$$g = x_1 a_1 + x_2 a_2 + \cdots + x_k a_k.$$

事实上,若

$$g = x_1 a_1 + x_2 a_2 + \cdots + x_k a_k = y_1 a_1 + y_2 a_2 + \cdots + y_k a_k,$$

则

$$(x_1 - y_1)a_1 + (x_2 - y_2)a_2 + \cdots + (x_k - y_k)a_k = 0,$$

于是 $x_1 - y_1 = 0, x_2 - y_2 = 0, \cdots, x_k - y_k = 0$,即 $x_i = y_i(i = 1, 2, \cdots, k)$. 由 §2.9 中的定理 9-1 知

$$G = C_1 \oplus C_2 \oplus \cdots \oplus C_k,$$

其中 $C_i = <a_i>$. 由于对非零的 m, $ma_i \neq 0$, $<a_i>$ 是无限循环群,因此 G 是有限个无限循环群的直和.

再来考虑第二种情况. 即 G 的任一生成元集 $\{a_1, a_2, \cdots, a_k\}$ 不再具有上述性质,即存在不全为零的 x_i 使 $x_1 a_1 + \cdots + x_k a_k = 0$. 由于 $\sum x_i a_i = 0$ 与 $\sum (-x_i) a_i = 0$ 等价,我们假设至少有一个 $x_i > 0$. 考虑所有 G 的由 k 个元组成的生成元集 $\{(a_1, a_2, \cdots, a_k)\}$,令 X 为所有使

$$x_1 a_1 + x_2 a_2 + \cdots + x_k a_k = 0 \quad (至少有一个 x_i > 0)$$

对某一生成元组 $(a_1, a_2, \cdots, a_k)$ 成立的整数组 $(x_1, x_2, \cdots, x_k)$ 组成的集合. 设 m_1 是 X 中出现在各组分量上的最小正整数,不失一般性,可设 m_1 出现在某组数的第一个分量上,即

$$m_1 a_1 + x_2 a_2 + \cdots + x_k a_k = 0, \tag{2}$$

对 $x_i (i = 2, \cdots, k)$ 我们有:

$$x_i = q_i m_1 + r_i, \ 0 \leqslant r_i < m_1,$$

于是(2)式变成

$$m_1 b_1 + r_2 a_2 + \cdots + r_k a_k = 0,$$

这里 $b_1 = a_1 + q_2 a_2 + \cdots + q_k a_k$. 若 $b_1 = 0$, 则 $a_1 = -q_2 a_2 - \cdots - q_k a_k$, 这表明 a_1 可由 $a_2, \cdots, a_k$ 生成,因而 G 可由 $k-1$ 个元素 $a_2, \cdots, a_k$ 生成,与假定矛盾. 故 $b_1 \neq 0$. 又 $a_1 = b_1 - q_2 a_2 - \cdots - q_k a_k$, 因此 $\{b_1, a_2, \cdots, a_k\}$ 可生成 G,于是由 m_1 的最小性假设得到 $r_2 = \cdots = r_k = 0$, 从而 $m_1 b_1 = 0$. 令 $C_1 = <b_1>$, 再由 m_1 的最小性可知 b_1 的周期等于 m_1,即 $|C_1| = m_1$.

设 G_1 是由 $\{a_2, \cdots, a_k\}$ 生成的 G 的子群,我们要证明 $G = C_1 \oplus G_1$. 设有某个整数 x_1,使 $x_1 b_1 \in G_1$ 且 $0 \leqslant x_1 < m_1$, 则 $x_1 b_1 = x_2 a_2 + \cdots + x_k a_k$, 其中 $x_i \in Z (i = 2, \cdots, k)$, 于是 $x_1 b_1 - x_2 a_2 - \cdots - x_k a_k = 0$. 再由 m_1 的最小性可知必须有 $x_1 = 0$, 这就证明了 $C_1 \cap G_1 = \{0\}$, 于是 $G = C_1 \oplus G_1$.

G_1 是一个由 $k-1$ 个元生成的群. 若 G_1 可由少于 $k-1$ 个元生成,则 $G = C_1 \oplus G_1$ 可由少于 k 个的元生成,引出矛盾,故 G_1 生成元的最少个数等于 $k-1$. 由归纳假设 G_1 可分解为循环群之直和:

$$G_1 = C_2 \oplus \cdots \oplus C_k,$$

其中 C_2, $\cdots$, C_k 或为无限循环群,或者 C_2, $\cdots$, C_j 为阶分别等于 m_2, $\cdots$, m_j 的循环群,C_{j+1}, $\cdots$, C_k 为无限循环群且 $m_2 \mid m_3 \mid \cdots \mid m_j$. 令 $C_i = <b_i>$, $i = 2$, $\cdots$, k,则 $\{b_1, b_2, \cdots, b_k\}$ 是 G 的生成元集,且

$$m_1 b_1 + m_2 b_2 + 0 \cdot b_3 + \cdots + 0 \cdot b_k = 0,$$

再用 m_1 的最小性,类似上面可证明 $m_1 \mid m_2$,这就完成了定理的证明. 证毕.

定理 10-1 告诉我们,一个有限生成 Abel 群可以分解成有限个循环群的直和,其中一部分可能是无限循环群,另一部分是有限循环群(也可能只有两者之一). 现在我们要解决这样的问题:对任意一个有限生成 Abel 群,上述分解是否唯一? 更精确地说,被分解的无限循环群的个数是否相等? 有限循环群的个数及阶是否相同? 我们现在来解决这个问题.

引理 10-1 设 A, B 是两个同构的 Abel 群(运算为加法)且 $A = H \oplus <a>$, $B = K \oplus <b>$,其中 $<a>$ 及 $<b>$ 均为无限循环群,则 $H \cong K$.

证明 设 $A \to B$ 的同构映射为 f,记 $f(H) = H_1$, $f(a) = a_1$,则 $B = H_1 \oplus <a_1>$,只需证明 $H_1 \cong K$ 即可,因此不失一般性,可设 $H \oplus <a> = K \oplus <b>$,要证 $H \cong K$.

因为 B 是加法群,故 $H + K = \{h + k \mid h \in H, k \in K\}$ 是 B 的子群,且由第二同构定理,有

$$K/K \cap H \cong K + H/H \subseteq B/H \cong <a>.$$

注意到 $<a>$ 是循环群,故 $K/K \cap H$ 或为单个元素组成的平凡群,或者是无限循环群. 同理 $H/K \cap H$ 或是平凡群或是无限循环群. 我们分两种情形来讨论:

(1) 若 $K/K \cap H$ 及 $H/H \cap K$ 皆为平凡群,则 $K = K \cap H = H$,引理得证.

(2) 若 $K/K \cap H$ 是无限循环群,则存在 $u \in K$,使

$$K/K \cap H = <\bar{u}>,$$

此时可证 $K = <u> \oplus (K \cap H)$. 首先取 $x \in <u> \cap (K \cap H)$,则 $x = mu \in K \cap H$, $m\bar{u} = 0$,但 $\bar{u}$ 的周期无限,故 $m = 0$,因此 $<u> \cap (K \cap H) = \{0\}$. 又设 $x \in K$,则 $\bar{x} \in K/K \cap H = <\bar{u}>$,可设 $\bar{x} = m\bar{u}$,故存在 $v \in K \cap H$,使 $x = mu + v$,因此 $K = <u> + (K \cap H)$,这就证明了 $K = <u> \oplus (K \cap H)$. 这样,

$$B = K \oplus <b> = (K \cap H) \oplus <u> \oplus <b> = H \oplus <a>,$$

即有

$$B/K \cap H \cong <u> \oplus <b> \cong H/K \cap H \oplus <a>.$$

若 $H/K \cap H = \{0\}$，则 $<a> = <u> \oplus <b>$，这是不可能的. 事实上，这时将有 $u = ma$，$b = na$，因此 $nu = mb \in <u> \cap <b> = 0$，但 u 与 b 周期都是无限的，引出矛盾. 因此 $H/K \cap H$ 不可能是平凡群，因而只能也是无限循环群. 于是可设 $H/K \cap H = <\overline{w}>$，同前面一样可得：

$$H = <w> \oplus (K \cap H).$$

作 $K \to H$ 的映射：$mu + y \to mw + y$，其中 $y \in K \cap H$，则不难验证这是个同构映射，即 $K \cong H$. 证毕.

定理 10-2 设 G 是一个有限生成 Abel 群，且 G 有两个分解：

$$G = C_1 \oplus \cdots \oplus C_r \oplus C_{r+1} \oplus \cdots \oplus C_k$$
$$= D_1 \oplus \cdots \oplus D_t \oplus D_{t+1} \oplus \cdots \oplus D_s,$$

其中 $C_1, \cdots, C_r$ 是有限循环群，$|C_i| = m_i (i = 1, \cdots, r)$ 且 $m_1 | m_2 | \cdots | m_r$，$C_{r+1}, \cdots, C_k$ 是无限循环群，又 $D_1, \cdots, D_t$ 是有限循环群，$|D_i| = n_i (i = 1, \cdots, t)$，且 $n_1 | n_2 | \cdots | n_t$，$D_{t+1}, \cdots, D_s$ 是无限循环群，则 $r = t$，$k = s$，$n_i = m_i (i = 1, \cdots, r)$.

证明 由引理 10-1 知 G 的两种分解中无限循环群的个数必须相等，且

$$C_1 \oplus \cdots \oplus C_r \cong D_1 \oplus \cdots \oplus D_t. \tag{3}$$

注意到上式左边周期最大的元素为 C_r 的生成元，其周期等于 m_r，右边元的最大周期为 n_t，故 $m_r = n_t$. 在(3)式两边同乘以 m_{r-1}，则由于 $m_i | m_{r-1} (i = 1, \cdots, r-1)$，(3)式的左边只剩下了 $m_{r-1} C_r$. 而 $|D_t| = |C_r|$，即 $m_r = n_t$，故 $|m_{r-1} C_r| = |m_{r-1} D_t|$，因此(3)式右边诸 D_i 满足 $m_{r-1} D_i = 0 (i = 1, \cdots, t-1)$，特别有 $m_{r-1} D_{t-1} = 0$，这表明 $n_{t-1} | m_{r-1}$. 对称地有 $m_{r-1} | n_{t-1}$，故 $m_{r-1} = n_{t-1}$. 不断重复上述论证便可得 $r = t$，$m_i = n_i (i = 1, \cdots, r)$. 证毕.

定义 10-1 设 G 是有限生成 Abel 群，若 G 可以有如定理 10-1 之分解，则称无限循环群的个数 $k - j$ 为 G 的秩，称 $m_1, m_2, \cdots, m_j$（适合 $m_1 | m_2 | \cdots | m_j$）为 G 的不变因子组.

由定理 10-2 知道 G 的秩及不变因子组不随分解式的不同而改变，因此它是 G 的不变量. 反之，显然给定秩数及数组 $m_1, m_2, \cdots, m_j$ 且 $m_1 | m_2 | \cdots | m_j$，则唯一确定了一个有限生成 Abel 群.

定义 10-2 若 G 是有限生成 Abel 群，且 G 可以分解成无限循环群的直和，

则称 G 是有限生成的自由 Abel 群.

定理 10-3 任一有限生成 Abel 群都是某个有限生成自由 Abel 群的同态像.

证明 显然任一循环群都是某个无限循环群的同态像. 若 $G = C_1 \oplus \cdots \oplus C_k$ 是一个有限生成 Abel 群且每个 C_i 为循环群, 则存在 $F_i \to C_i$ 的同态 f_i 使 $C_i = \mathrm{Im}\, f_i$, 这里 F_i 是无限循环群. 作 $F_1 \oplus \cdots \oplus F_k \to C_1 \oplus \cdots \oplus C_k$ 的映射 f:

$$f(x_1, \cdots, x_k) = f_1(x_1) + \cdots + f_k(x_k),$$

则不难验证 f 是一个群同态且 $\mathrm{Im}\, f = G$. 证毕.

下面我们来更仔细地研究有限 Abel 群的结构.

引理 10-2 设 G 是有限 Abel 群且 $|G| = p_1^{e_1} p_2^{e_2} \cdots p_r^{e_r}$, 其中 p_i 是互不相同的素数, e_i 是自然数, 则

$$G = P_1 \oplus P_2 \oplus \cdots \oplus P_r,$$

其中 P_i 是 G 的 p_i-Sylow 子群, $|P_i| = p_i^{e_i}$ $(i = 1, \cdots, r)$.

证明 因为

$$P_1 \bigcap (P_2 + P_3 + \cdots + P_r) = \{0\},$$

$$P_2 \bigcap (P_3 + \cdots + P_r) = \{0\},$$

$$\cdots\cdots$$

故 $P_1 + P_2 + \cdots + P_r$ 为直和. 又由于 $|G| = |P_1||P_2| \cdots |P_r|$, 故

$$G = P_1 \oplus P_2 \oplus \cdots \oplus P_r.$$

证毕.

设 n 是一个自然数, 称数组 $(e_1, e_2, \cdots, e_k)$ 是 n 的分划, 若 $1 \leqslant e_1 \leqslant e_2 \leqslant \cdots \leqslant e_k$ 且 $e_1 + e_2 + \cdots + e_k = n$.

引理 10-3 设 p 是一个素数, e 是一个自然数, 则在阶为 p^e 的 Abel 群同构类集与 e 的分划集之间存在一个一一对应, 因此互不同构的阶为 p^e 的 Abel 群共有 $P(e)$ 个, 这里 $P(e)$ 表示 e 的所有可能的分划数.

证明 若 G 是一个 p^e 阶 Abel 群, 则由定理 10-1 知道 G 可分解为 $C_1 \oplus C_2 \oplus \cdots \oplus C_k$ 且 $|C_i| = p^{e_i}$, $e_1 \leqslant e_2 \leqslant \cdots \leqslant e_k$, $\sum e_i = e$, 且从定理 10-2 知道同构的 p^e 阶 Abel 群均可得到 e 的相同的分划 $(e_1, e_2, \cdots, e_k)$. 反过来给定 e 的一个分划 $(e_1, e_2, \cdots, e_k)$, 群 $Z_{p^{e_1}} \oplus Z_{p^{e_2}} \oplus \cdots \oplus Z_{p^{e_r}}$ 就是一个 p^e 阶 Abel 群. 证毕.

定理 10-4　设 $n = p_1^{f_1} p_2^{f_2} \cdots p_r^{f_r}$，其中 p_i 是互不相同的素数，f_i 是自然数，则互不同构的 n 阶 Abel 群的个数等于 $P(f_1)P(f_2) \cdot \cdots P(f_r)$，其中 $P(f_i)$ 表示 f_i 的分划数（$i = 1, 2, \cdots, r$）.

证明　由引理 10-2 可知任一 n 阶 Abel 群 G 均可分解为

$$G = P_1 \oplus P_2 \oplus \cdots \oplus P_r,$$

其中 P_i 为 G 的 p_i-Sylow 子群，$|P_i| = p_i^{f_i}$. 而由引理 10-3，阶为 $p_i^{f_i}$ 的 Abel 群同构类数等于 $P(f_i)$，由此即得结论. 证毕.

读者可能已经发现，通过引理 10-2 及引理 10-3 所做的分解与定理 10-1 中所做的分解不一样. 以 12 阶群为例，$12 = 2^2 \cdot 3$，因此由引理 10-2 得到的分解有两种同构类：

$$Z_2 \oplus Z_2 \oplus Z_3, \quad Z_4 \oplus Z_3.$$

但是 2 不能整除 3，4 不能整除 3，然而 $Z_2 \oplus Z_3 \cong Z_6$，$Z_4 \oplus Z_3 \cong Z_{12}$（见 §2.9 中的例 1），因此上述两类又可写为

$$Z_2 \oplus Z_6, \quad Z_{12},$$

这就是定理 10-1 中所要求的分解.

一般来说，设 $n = p_1^{e_1} p_2^{e_2} \cdots p_k^{e_k}$，$p_i$ 是不同的素数且 $e_i \geqslant 1$，又不妨假定 $p_1 < p_2 < \cdots < p_k$，设 e_i 的分划为

$$e_{i1} \leqslant e_{i2} \leqslant \cdots \leqslant e_{ir_i} \quad (i = 1, 2, \cdots, k),$$

则称

$$
\begin{matrix}
p_1^{e_{11}}, & p_1^{e_{12}}, & \cdots, & p_1^{e_{1r_1}}, \\
p_2^{e_{21}}, & p_2^{e_{22}}, & \cdots, & p_2^{e_{2r_2}}, \\
\cdots & \cdots & \cdots & \cdots \\
p_k^{e_{k1}}, & p_k^{e_{k2}}, & \cdots, & p_k^{e_{kr_k}}
\end{matrix}
\tag{4}
$$

是 n 的一个初等因子组，显然 n 共有 $P(e_1)P(e_2) \cdots P(e_k)$ 个初等因子组. 又若 $n = m_1 m_2 \cdots m_t$ 且 $m_1 | m_2 | \cdots | m_t$，则称 $(m_1, m_2, \cdots, m_t)$ 是 n 的一个不变因子组. 我们现在来证明在 n 的初等因子组与不变因子组之间存在一个一一对应.

若给定 n 的一个初等因子组如(4)式所示，取(4)式中每一行的最后一个数作乘积得到 m_1'；再取每一行的最后第二个数作乘积得到 m_2'（如这一行已被取尽就不必再取），于是 $m_2' | m_1'$；再取每一行的最后第三个数作 m_3'，如此下去便可得到一列数 $m_t', \cdots, m_2', m_1'$，令 $m_i = m_{t-i}'$ 即得 n 的一个不变因子组. 反过来若 m_1，$m_2, \cdots, m_t$ 是 n 的一个不变因子组，作 m_i 的素因子分解：

$$m_i = p_1^{e_{1i}} p_2^{e_{2i}} \cdots p_k^{e_{ki}} \quad (i = 1, 2, \cdots, t),$$

其中 p_i 为互不相同的素数，$e_{ji} \geqslant 0$（这里为了叙述方便，我们允许 $e_{ji} = 0$）. 由于 $m_i \mid m_{i+1}$，必有 $e_{ji} \leqslant e_{j, i+1}$，将所有 $m_i (i = 1, \cdots, t)$ 的素因子按列排列，去掉那些 $e_{ji} = 0$ 的项就得到如(4)式所示的 n 的一个初等因子组. 读者不难看出我们得到了 n 的初等因子组与不变因子组之间的一个一一对应.

至此我们看到一个有限 Abel 群可以有两种分解：初等因子分解与不变因子分解且它们是等价的.

例 1　试求 16 阶 Abel 群的同构类.

解　$16 = 2^4$，因此共有 $P(4) = 5$ 个同构类：

$$\mathbf{Z}_2 \oplus \mathbf{Z}_2 \oplus \mathbf{Z}_2 \oplus \mathbf{Z}_2 ;$$

$$\mathbf{Z}_2 \oplus \mathbf{Z}_2 \oplus \mathbf{Z}_4 ;$$

$$\mathbf{Z}_2 \oplus \mathbf{Z}_8 ;$$

$$\mathbf{Z}_4 \oplus \mathbf{Z}_4 ;$$

$$\mathbf{Z}_{16} .$$

上述分类既是初等因子分类又是不变因子分类.

例 2　试求 36 阶 Abel 群的同构类.

解　$36 = 2^2 \cdot 3^2$，故共有 $P(2)P(2) = 4$ 个同构类：

$$\mathbf{Z}_2 \oplus \mathbf{Z}_2 \oplus \mathbf{Z}_3 \oplus \mathbf{Z}_3 \cong \mathbf{Z}_6 \oplus \mathbf{Z}_6 ;$$

$$\mathbf{Z}_2 \oplus \mathbf{Z}_2 \oplus \mathbf{Z}_9 \cong \mathbf{Z}_2 \oplus \mathbf{Z}_{18} ;$$

$$\mathbf{Z}_4 \oplus \mathbf{Z}_9 \cong \mathbf{Z}_{36} ;$$

$$\mathbf{Z}_4 \oplus \mathbf{Z}_3 \oplus \mathbf{Z}_3 \cong \mathbf{Z}_3 \oplus \mathbf{Z}_{12} .$$

上面左方是初等因子分解，右方是不变因子分解.

例 3　下列 Abel 群不能够再作直和分解：

(1) 整数加群 $\mathbf{Z}$；

(2) 素数幂阶循环群 $\mathbf{Z}_{p^n}$.

证明　(1) 据 §2.5 知，$\mathbf{Z}$ 的非零子群具有 $m\mathbf{Z}$ 的形状. 现设 $n\mathbf{Z}$，$m\mathbf{Z}$ 是 $\mathbf{Z}$ 的两个非零子群，则 $nm\mathbf{Z}$ 也是 $\mathbf{Z}$ 的非零子群且 $nm\mathbf{Z}$ 属于 $n\mathbf{Z} \bigcap m\mathbf{Z}$. 因此 $\mathbf{Z}$ 的任意两个非零子群之交仍非零，$\mathbf{Z}$ 不可能有直和分解.

(2) 由 §2.5 习题 3 知，$\mathbf{Z}_{p^n}$ 的子群成一全序集，即互相包含. 因此任意两个非零子群之交仍然非零，也不可能有直和分解. 证毕.

习   题

1. 试求 12 阶 Abel 群的同构类.

2. 试求 72 阶 Abel 群的同构类并用两种不同的方式表示.

3. 若 $|G| = 35$, 证明:G 必是循环群.

4. 证明:若有限 Abel 群的阶不能被一大于 1 的平方数整除,则这个群必是循环群.

5. 设 $G = <a> \times <b>$, $o(a) = 8$, $o(b) = 4$, 令 $c = ab$, $d = a^4 b$, 证明:$G = <c> \times <d>$.

6. 证明:对于有限 Abel 群 G,Lagrange 定理之逆成立,即若 k 是 $|G|$ 的因子,则 G 必有一个 k 阶子群.

7. 证明:在有限 Abel 群中,元素的最大周期等于不变因子中的最大值且该群中任一元素的周期都是最大周期的因子.

8. 求证:Aut $\mathbf{Z}_{24} \cong \mathbf{Z}_2 \oplus \mathbf{Z}_2 \oplus \mathbf{Z}_2$.

9. 试求:Aut $\mathbf{Z}_{12}$.

10. 设 G 是一个 Abel 群,G 中周期有限的元素称为挠元素,周期无限的元素称为无挠元素. 证明:G 中挠元素全体组成 G 的一个子群且 G 关于这个子群的商群必是无挠 Abel 群(注:G 的挠元素组成的子群称为 G 的挠子群).

§2.11   正规群列与可解群

定义 11-1   设群 G 有下列子群序列:

$$\{e\} = G_0 \lhd G_1 \lhd G_2 \lhd \cdots \lhd G_{r-1} \lhd G_r = G, \tag{1}$$

其中 G_i 是 G_{i+1} 的正规子群. 称上述群列为 G 的一个正规群列. 商群 G_1/G_0, G_2/G_1, $\cdots$, G_r/G_{r-1} 称为该正规群列的商因子.

注   由于正规子群没有传递性,G_i 未必是 G 的正规子群 ($i = 1, \cdots, r-2$),即我们只要求 G_i 是 G_{i+1} 的正规子群而并不要求 G_i 是 G_{i+2} 的正规子群,更不要求所有的 G_i 是 G 的正规子群.

我们称 G 的一个正规子群 H 是极大正规子群,如果不存在 G 的包含 H 又不等于 H 的真正规子群.换句话说,若 $H \subseteq K$, $K \lhd G$ 且 $K \neq H$,则 $K = G$. 若 H 是 G 的极大正规子群,则 G/H 必是单群.事实上,设 η 是 $G \to G/H$ 的自然同态,若 G/H 不是单群,则有一个非平凡的正规子群 K,于是 $\eta^{-1}(K)$ 是 G 的包含 H 的正规子群(见 §2.4 的对应定理),且 $\eta^{-1}(K) \neq H$, $\eta^{-1}(K) \neq G$,这与 H 是极大正规子群矛盾.反过来也不难看出如果 G 关于它的正规子群 H 的商群 G/H 是单群,则 H 必是 G 的极大正规子群.

定义 11-2 设 G 有一个正规群列：

$$\{e\} = G_0 \lhd G_1 \lhd G_2 \lhd \cdots \lhd G_{r-1} \lhd G_r = G,$$

其中 G_i 是 G_{i+1} 的极大正规子群（$i = 0.1, \cdots, r-1$），或者等价地说该群列的商因子 G_1/G_0，G_2/G_1，$\cdots$，G_r/G_{r-1} 都是单群，则称这个群列为 G 的一个合成群列.

显然任一有限群 G 总有合成群列，但是需要注意的是合成群列并不唯一.

例 1 $G = Z_2 \oplus Z_2$，G 有 3 个合成群列：

$$\{0\} \lhd <(1, 0)> \lhd G,$$

$$\{0\} \lhd <(0, 1)> \lhd G,$$

$$\{0\} \lhd <(1, 1)> \lhd G.$$

一个群虽然可以有不同的合成群列，但是这些不同的合成群列之间有一定的关系，这就是下列著名的 Jordan-Hölder 定理.

定理 11-1（Jordan-Hölder 定理） 设 G 是一个有限群，下面两个群列都是 G 的合成群列：

$$\{e\} = G_0 \lhd G_1 \lhd G_2 \lhd \cdots \lhd G_r = G, \tag{2}$$

$$\{e\} = H_0 \lhd H_1 \lhd H_2 \lhd \cdots \lhd H_s = G, \tag{3}$$

则 $r = s$ 且存在（$1, 2, \cdots, r$）上的一个置换 σ，使

$$G_i/G_{i-1} \cong H_{\sigma(i)}/H_{\sigma(i)-1}.$$

证明 对 G 的阶用数学归纳法. $|G| = 1$ 时显然，设对阶小于 $|G|$ 的群结论成立. 现设有 G 的两个合成群列如（2）式、（3）式所示. 若 $G_{r-1} = H_{s-1}$，根据归纳假设，由于 $|G_{r-1}| < |G|$，G_{r-1} 的两个合成群列适合所需性质，故结论显然对 G 也成立.

现设 $G_{r-1} \neq H_{s-1}$. 令 $K = G_{r-1} \cap H_{s-1}$，由第二同构定理，有

$$G_{r-1} H_{s-1}/H_{s-1} \cong G_{r-1}/K, \tag{4}$$

但是 $G_{r-1} H_{s-1}$ 是真包含 H_{s-1} 的 G 的正规子群，由 H_{s-1} 是 G 的极大正规子群知 $G_{r-1} H_{s-1} = G$. 故（4）式左边为 G/H_{s-1}，这是一个单群. 由此知 G_{r-1}/K 也是单群，即 K 是 G_{r-1} 的极大正规子群. 同理 K 也是 H_{s-1} 的极大正规子群. 设 K 的合成群列为

$$\{e\} = K_0 \lhd K_1 \lhd K_2 \lhd \cdots \lhd K_m = K,$$

我们又得到了 G 的两个合成群列:

$$\{e\} = K_0 \lhd K_1 \lhd K_2 \lhd \cdots \lhd K_m \lhd G_{r-1} \lhd G, \tag{5}$$

$$\{e\} = K_0 \lhd K_1 \lhd K_2 \lhd \cdots \lhd K_m \lhd H_{s-1} \lhd G. \tag{6}$$

比较(2)式、(3)式、(5)式、(6)式分别所示的 4 个群列,在(2)式与(5)式中 G_{r-1} $= G_{r-1}$,因此由上面可知(2)式与(5)式的长度相等(即出现的正规子群数相等).同理(3)式与(6)式的长度相等.又(5)式与(6)式长度相等,故 $s = r$. 又存在一个置换 σ 使(2)式、(5)式所示的群列的商因子适合

$$G_i/G_{i-1} \cong K_{\sigma(i)}/K_{\sigma(i)-1} \quad (i = 1, 2, \cdots, r).$$

同样,存在一个置换 τ 使(6)式、(3)式所示的群列的商因子适合

$$K_i/K_{i-1} \cong H_{\tau(i)}/H_{\tau(i)-1},$$

而

$$G/G_{r-1} = G_{r-1}H_{s-1}/G_{r-1} \cong H_{s-1}/K = H_{r-1}/K,$$

$$G_r/H_{s-1} = G_r/H_{r-1} = G_{r-1}H_{r-1}/H_{r-1} \cong G_{r-1}/K,$$

于是存在置换,使

$$G_i/G_{i-1} \cong H_{\tau\sigma(i)}/H_{\tau\sigma(i)-1} \quad (i = 1, 2, \cdots, r),$$

这就证明了结论. 证毕.

Jordan-Hölder 定理可以推广到无限群的情形,这时只需假定 G 有一个合成群列即可,但证明略为复杂一些.读者可参阅 N. Jacobson 著的《抽象代数学》第一卷(有中文译本).

定义 11-3 设群 G 有一个正规群列:

$$\{e\} = G_0 \lhd G_1 \lhd G_2 \lhd \cdots \lhd G_r = G,$$

其商因子 $G_i/G_{i-1}(i = 1, 2, \cdots, r)$ 皆为 Abel 群,则称 G 为可解群.若 G 没有这样的正规群列,则称之为不可解群.

Abel 群当然是可解群. n 次对称群当 $n \leqslant 4$ 时均为可解群.事实上,只需证明 S_3, S_4 是可解群即可.对 S_3,$\{e\} \lhd A_3 \lhd S_3$ 是一个正规群列且其商因子都是 Abel 群. S_4 有下列正规群列:$\{e\} \lhd K \lhd A_4 \lhd S_4$,其中 K 是 Klein 四元群,由于 $|S_4/A_4| = 2$, $|A_4/K| = 3$, S_4/A_4 及 A_4/K 都是 Abel 群,于是 S_4 也是可解群.

例 2 素数幂阶群必是可解群.

证明 设 G 是 p^n 阶($n > 1$)群,则 G 有非平凡中心 C. 若 $C \neq G$,令 $C_1 = C$, G/C_1 又是素数幂阶群.设 G/C_1 的中心为 C_2/C_1,其中 $C_2 \lhd G$. 若 $G \neq C_2$,则

G/C_2 又有非平凡中心 C_3/C_2. 如此不断做下去即得一正规群列:

$$\{e\} \triangleleft C_1 \triangleleft C_2 \triangleleft \cdots \triangleleft C_t = G,$$

每个 C_{i+1}/C_i 都是 Abel 群,故 G 是可解群. 证毕.

设 G 是一群,我们用 G' 记 G 的换位子子群. 由 §2.3 知 $G' \triangleleft G$. 现定义 $G'' = (G')'$, $\cdots$, $G^{(k)} = (G^{(k-1)})'$,称 $G^{(k)}$ 为 G 的 k 次导群,我们有下列命题.

命题 11-1 群 G 是可解群的充分必要条件是存在某个自然数 k,使 $G^{(k)} = \{e\}$.

证明 若 $G^k = \{e\}$,则我们有正规群列:

$$\{e\} = G^{(k)} \triangleleft G^{(k-1)} \triangleleft \cdots \triangleleft G' \triangleleft G,$$

且每个 $G^{(i)}/G^{(i+1)}$ 都是 Abel 群,故 G 为可解群.

反之若 G 可解,我们有下列正规群列:

$$\{e\} = G_0 \triangleleft G_1 \triangleleft G_2 \triangleleft \cdots \triangleleft G_r = G,$$

使 G_i/G_{i-1} 都是 Abel 群. 由 §2.3 中的例 9 知 $G_i' \subseteq G_{i-1}$,因此

$$G' = G_r' \subseteq G_{r-1}, \quad G_{r-1}' \subseteq G_{r-2}, \quad \cdots,$$

不难推得 $G^{(r)} = \{e\}$. 证毕.

定理 11-2 可解群的子群与同态像仍是可解群. 若 K 是群 G 的正规子群且 K 及 G/K 均是可解群,则 G 也是可解群.

证明 设 G 是可解群且 H 是其子群,由 $H \leqslant G$ 可得 $H^{(i)} \leqslant G^{(i)}$,因此若 $G^{(k)} = \{e\}$,则 $H^{(k)} = \{e\}$,由上述命题知 H 是可解群. 又设 f 是群 G 到 K 上的同态,不难看出 $f(G') = K'$,因此 $f(G^{(k)}) = K^{(k)}$. 但 $G^{(k)} = \{e\}$,故 $K^{(k)} = \{e\}$,即 K 也是可解群.

现设 $K \triangleleft G$,K 及 G/K 均为可解群. 由上述命题可知存在 m, n,分别使 $(G/K)^{(m)} = \{e\}$,$K^{(n)} = \{e\}$,也就是 $G^{(m)} \subseteq K$,$K^{(n)} = \{e\}$. 显然 $G^{(m+n)} = \{e\}$,G 是可解群. 证毕.

定理 11-3 当 $n \geqslant 5$ 时,S_n 是不可解群.

证明 若 S_n 是可解群,则它的子群 A_n 也应可解. 但是当 $n \geqslant 5$ 时,A_n 是单群且 A_n 不是 Abel 群,故 A_n 不是可解群,引出矛盾. 证毕.

可解群的名字与一元 n 次方程的可解性有关. 我们将在 Galois 理论中看到正因为 $n \geqslant 5$ 时 S_n 是不可解群,故五次及五次以上的代数方程没有求根公式.

利用 Jordan-Hölder 定理,我们还可导出有限群为可解群的判别定理.

定理 11-4 设 G 是一个有限群,则 G 是可解群的充分必要条件是 G 有一

个合成群列：

$$\{e\} = G_0 \lhd G_1 \lhd G_2 \lhd \cdots \lhd G_r = G,$$

其商因子 G_i/G_{i-1} $(i = 1, 2, \cdots, r)$ 皆为素数阶循环群.

证明 设 G 是可解群，则它的任意一个合成群列的商因子必是 Abel 群且为单群，从而必是素数阶循环群. 反过来若 G 有一个合成群列其商因子为素数阶循环群，则 G 显然是可解群. 证毕.

可解群有一个重要的子类，那就是所谓的幂零群.

为了定义什么叫幂零群，我们首先定义一个群的 n 次中心. 设 G 是一个群，C 是它的中心. 令 $C_1 = C$，作 G/C_1，其中心可写为 C_2/C_1，$C_1 \lhd C_2 \lhd G$ 且 C_2 唯一确定（由 §2.4 中的对应定理）. 又可作 G/C_2 得 C_3，$C_2 \lhd C_3 \lhd G$，$\cdots$，定义 G 的 n 次中心为 C_n，C_n/C_{n-1} 为 G/C_{n-1} 的中心且 $C_{n-1} \lhd C_n$，于是我们得到一个 G 的正规群列：

$$\{e\} = C_0 \lhd C_1 \lhd C_2 \lhd \cdots \lhd C_n \lhd \cdots.$$

该群列称为 G 的上中心列.

定义 11-4 若群 G 的 n 次中心 $C_n = G$，则 G 称为幂零群. 使 $C_n = G$ 的最小的 n 称为 G 的幂指数.

显然任一有限 Abel 群都是幂零群，又显然幂零群都是可解群.

例 3 素数幂阶群都是幂零群.

这从例 2 的证明中即可看出.

下面我们证明一个幂零群的判定定理作为本节的结束.

定理 11-5 群 G 是幂零群的充分必要条件是 G 有一个正规群列：

$$\{e\} = G_0 \lhd G_1 \lhd G_2 \lhd \cdots \lhd G_r = G,$$

使 $G_i/G_{i-1} \subseteq C(G/G_{i-1})$，$i = 1, 2, \cdots, r$，其中 $C(G/G_{i-1})$ 表示 G/G_{i-1} 的中心，这里要求每个 $G_i \lhd G$.

证明 若 G 是幂零群且 n 是其幂零指数，则

$$\{e\} = C_0 \lhd C_1 \lhd C_2 \lhd \cdots \lhd C_n = G, \tag{7}$$

就是符合要求的正规群列. 反过来若 G 有一个正规群列(7)式适合所述条件，则 $G_1 \subseteq C(G) = C_1$. 又 $G_2/G_1 \subseteq C(G/G_1)$，因此对任意的 $x \in G_2$，$y \in G$，$xyx^{-1}y^{-1} \in G_1 \subseteq C(G)$，于是 $G_2 \subseteq C_2$. 不断重复上述论证得 $G_3 \subseteq C_3$，$\cdots$，$G = G_r \subseteq C_r$，即 $G = C_r$，G 是幂零群. 证毕.

习 题

1. 证明：一个 Abel 群有合成群列的充要条件为它是一个有限群.

2. 设 G 是 n 阶循环群，$\{e\} = G_0 \lhd G_1 \lhd G_2 \lhd \cdots \lhd G_r = G$ 是 G 的一个合成群列，令 $|G_i| = n_i$，证明：$p_i = n_i/n_{i-1}$ 是素数.

3. 写出 Hamilton 四元数群的全部合成群列.

4. 写出 Z_8 的全部合成群列.

5. 证明：S_3，S_4 是可解群但不是幂零群.

6. 证明：二面体群 D_n 是可解.

7. 证明：若 G 是幂零群，则 G 的任一子群及任一商群都是幂零群.

8. 举例说明若 K 是 G 的正规子群，K 与 G/K 均是幂零群但 G 不必是幂零群.

9. 证明：两个幂零群的直积仍是幂零群.

10. 设 p，q 是不同的素数，证明：$p^2 q$ 阶群必是可解群.

*§2.12 低阶有限群

在这一节里我们将对低阶有限群进行一些考察. 对于 Abel 群，用 §2.10 中的结果可以非常容易地求出某一阶 Abel 群的所有同构类，因此我们将把注意力放在非交换群上. 由于 1，2，3，5 阶群都是循环群，4 阶群必是交换群（p^2 阶群必交换，见 §2.7 中的例 9），因此我们从 6 阶群开始. 我们将给出阶在 15 以下的所有非交换群的同构类.

在具体讨论低阶群的同构类之前，我们先介绍一种群的抽象表示方法，称为生成元及定义关系. 事实上我们已经遇到过这种表示方法，比如我们定义 n 阶二面体群 D_n 为

$$D_n = \{x^i y^j \mid i = 0, 1; j = 0, 1, \cdots, n-1;$$

$$x^2 = y^n = e, xy = y^{-1}x\},$$

也就是说 D_n 可由两个元素 x，y 生成，而 x，y 适合关系式：

$$x^2 = y^n = e, xy = y^{-1}x.$$

对于任意一个有限群，我们都可以找到有限个生成元以及有限个表示这些生成元之间关系的等式使这个群被这些生成元及关系式唯一确定下来. 这种表示方式称为生成元及定义关系表示. 显而易见，这种表示并不是唯一的. 通常我们要求表示越简单越好，即尽可能少的生成元及尽可能少的关系式.

例 1   设 H 是 Hamilton 四元数群,则

$$H = <a, b>, \; a^4 = e, \; b^2 = a^2, \; b^{-1}ab = a^3.$$

事实上,利用上述关系式通过简单的运算即可知 H 有 8 个元:

$$H = \{e, a, a^2, a^3, b, b^3, ab, ab^3\}.$$

作 H 到 Hamilton 四元数群的映射 φ:

$$a \to i, \; b \to j,$$

即可验证 φ 是群同构. 验证的细节留给读者.

例 2   证明下列两个由生成元及定义关系定义的群代表了同一个群:

$$G = <a, b, c>, \; a^2 = b^2 = c^3 = e, \; ab = ba, \; ac = cb, \; bc = cab,$$

$$H = <a, c>, \; a^2 = c^3 = e, \; (ac)^3 = e.$$

证明   考虑 G 的子群 $<a, c>$:

$$(ac)^3 = a(ca)(ca)c = abcb^{-1}bcb^{-1}c = abc^2b^{-1}c$$

$$= ab(c^{-1}b^{-1}c) = abab = e.$$

另一方面,在 H 中令 $b = c^{-1}ac$,则 $ac = cb$,又由 $(ac)^3 = e$ 可得 $caca = a^{-1}c^{-1} = ac^{-1}$,故 $c^{-1}aca = cac^{-1}$,即 $ba = cac^{-1}$. 又从 $(ac)^3 = e$ 得 $(ca)^3 = e \Rightarrow cacac = a^{-1} = a \Rightarrow acac = c^{-1}a \Rightarrow ac^{-1}a = cac \Rightarrow ac^{-1}ac = cac^{-1} \Rightarrow ab = cac^{-1} \Rightarrow ab = ba$. 又 $bc = c^{-1}ac^2 = c^{-1}ac^{-1}$,$cab = cac^{-1}ac = c^{-1}aca ac = c^{-1}ac^2 = c^{-1}ac^{-1}$,即 $bc = cab$. 由此即知结论成立. 证毕.

例 2 中定义的群实际上就是 A_4,事实上通过初等的计算可以证明 G 只含有如下 12 个元素:

$$\{e, a, b, ab = ba, c, c^2, ac = cb, ac^2 = cbc, bc,$$

$$bc^2 = c^2a, ca, c^2b = cac\},$$

而 A_4 可由 $\{(1, 2)(3, 4), (1, 2, 3), (14)(23)\}$ 生成. 作映射 φ:

$$a \to (1, 2)(3, 4), \; b \to (1, 4)(2, 3), \; c \to (1, 2, 3),$$

不难验证 φ 可扩张为 $G \to A_4$ 的同构.

一般来说,要判断两个由生成元及定义关系给出的群是否相同往往不是容易的事. 给出若干个生成元及一组关系式,要判断是否存在一个群适合这些关系也不是容易的事,这方面的问题涉及自由群的理论,我们不打算在此作进

一步的介绍.

现在转回来研究低阶的非交换群的结构,我们从 6 开始.由于 $6 = 2 \cdot 3$,由 §2.8 中的例 4 可知 6 阶非交换群最多只有一个.而 S_3 是 6 阶非交换群,因此 6 阶非交换群只有一个即 S_3.7 是素数,因此没有 7 阶非交换群.对 8 阶群,我们已知有两个非交换群:D_4 及 Hamilton 四元数群.这两个群是互不同构的.事实上 D_4 只有一个 4 阶子群而 Hamilton 四元数群有 3 个 4 阶子群.

定理 12-1 仅有两个 8 阶非交换群:二面体群 D_4 及 Hamilton 四元数群.

证明 设 G 为 8 阶群,因为 G 非交换,所以 G 没有 8 阶元.又 G 中元也不可能都是 2 阶元(e 除外),否则 G 也将是 Abel 群,因此 G 必含有一个 4 阶元 a,$<a>$ 是 G 的 4 阶子群.设 b 不属于 $<a>$,则 $G = <a> \cup <a>b$,于是 $b^2 \in <a>$.这时有两种可能:$b^2 = e$ 或 $b^2 = a^2$.事实上若 $b^2 = a$ 或 $b^2 = a^3$,则 $o(b) = 8$,引出矛盾.因为 $<a>$ 是 4 阶子群,故 $<a>$ 是 G 的正规子群,从而 $b^{-1}ab \in <a>$.注意到 $o(b^{-1}ab) = o(a)$,因此或者 $b^{-1}ab = a$,或者 $b^{-1}ab = a^3$.但是 $b^{-1}ab = a$ 将导致 $ab = ba$,此时若 $b^2 = a^2$,从而 $o(b) = 4$,则 G 将是 Abel 群.如 $b^2 = e$,则 $G = <a><b>$ 也成为 Abel 群.因此只有一种可能:$b^{-1}ab = a^3$.与 $b^2 = e$ 及 $b^2 = a^2$ 两种可能结合起来,G 必适合下列两组关系式之一:

(1) $a^4 = b^2 = e$, $b^{-1}ab = a^3$;

(2) $a^4 = e$, $b^2 = a^2$, $b^{-1}ab = a^3$.

注意到例 1,(2)中定义的就是 Hamilton 四元数群.将(1)中第二个等式改为 $ab = a^3b = a^{-1}b$,显然它就是 D_4.证毕.

因为 9 是素数 3 的平方,故 9 阶群必是交换群.注意到 $10 = 2 \cdot 5$,它是一个 pq 型群.由 §2.8 中的例 4 可知只有一种非交换群即 D_5.11 阶群是循环群.对 12 阶非交换群,我们已经知道的有两个:D_6 及 A_4.事实上除此之外还有一个.

定理 12-2 共有 3 个非交换 12 阶群的同构类.

证明 设 G 是 12 阶非交换群.我们先估计出 G 的 Sylow 子群数.3-Sylow 子群可能有 1 个或 4 个,2-Sylow 子群可能有 1 个或 3 个.若 G 有 4 个 3-Sylow 子群,则 G 有 8 个 3 阶元,这时 G 不可能有 3 个 2-Sylow 子群.又若 G 的 2-Sylow 子群及 3-Sylow 子群都只有一个,分别记为 A,B,则 $A \cap B = \{e\}$,$G = AB$,而 A,B 都是交换群,从而导致 G 也是交换群.总之,G 的 Sylow 子群的个数只可能有两种情形:

(1) G 有 1 个 2-Sylow 子群,4 个 3-Sylow 子群;

(2) G 有 3 个 2-Sylow 子群,1 个 3-Sylow 子群.

先来讨论(1). 设 H 是 G 的唯一的 2-Sylow 子群,$|H|=4$,K 是 G 的某一个 3-Sylow 子群,$|K|=3$. 注意 4 阶群只有两种:4 阶循环群或 Klein 四元群. 我们将分别予以讨论.

若 H 是循环群,$H=\{e,a,a^2,a^3\}$,设 $K=\{e,b,b^2\}$,这时 H 是 G 的正规子群(因为它是唯一的 2-Sylow 子群),因此 $b^{-1}ab\in H$. 若 $b^{-1}ab=a$ 则将导致 $ab=ba$. 而显然有 $G=HK$,这样 G 将是交换群. 若 $b^{-1}ab=a^2$,则 $(b^{-1}ab)^2=a^4=e$. 但是 $b^{-1}ab$ 与 a 应有相同的周期,又产生了矛盾. 最后若 $b^{-1}ab=a^3=a^{-1}$,则 $ab=ba^{-1}$,$(ab)^2=ba^{-1}\cdot ab=b^2$,$(ab)^3=ab\cdot b^2=a$. 又 $(ab)^3=b^2ab=b^2ba^{-1}=b^3a^{-1}=a^{-1}$,这样将导致 $a=a^{-1}$,a 是周期为 2 的元,又是一个矛盾. 这说明 H 决不可能是循环群.

现设 $H=\{e,a,b,ab\}$,其中 $a^2=b^2=e$,$ab=ba$,$K=\{e,c,c^2\}$,如上,$G=HK$,G 可由 a,b,c 3 个元生成. 又 $H\lhd G$,故 $c^{-1}ac\in H$. 若 $c^{-1}ac=a$,则 $ac=ca$. 又 $c^{-1}bc\in H$,若 $c^{-1}bc=b$,则 $cb=bc$,G 将是交换群. 若 $c^{-1}bc=ab$,则 $c^{-1}abc=b$. 又由 $c^{-1}bc=ab$ 得 $b=cabc^{-1}$,即 $c^{-1}abc=cabc^{-1}$. 利用 $ac=ca$ 消去 a 得 $c^{-1}bc=cbc^{-1}$,或 $c^2b=bc^2$,即有 $c^{-1}b=bc^{-1}$,故 $bc=cb$,G 又将成交换群. 由此可见 $c^{-1}ac=a$ 不可能,于是剩下两种可能性:$c^{-1}ac=b$ 或 $c^{-1}ac=ab$.

设 $c^{-1}ac=b$,即 $ac=cb$. 此时若 $c^{-1}bc=a$ 则 $a=cbc^{-1}$,故 $c^{-1}bc=cbc^{-1}$,又将得到 $cb=ba=ab$,导致 $b=c$ 引出矛盾,故 $c^{-1}bc=ab$,即 $bc=cab$. 这时 G 需要满足的关系式为

$$ac=cb,\ ab=ba,\ bc=cab,\ a^2=b^2=c^3=e. \qquad (1)$$

由例 2 知 G 同构于 A_4.

又若 $c^{-1}ac=ab$,令 $b_1=ab$,则 $b_1^2=e$,$ab_1=b_1a$. 这时用与上面完全相同的论证得知 G 必须适合下列关系:

$$ac=cb_1,\ ab_1=b_1a,\ b_1c=cab_1,\ a^2=b_1^2=c^3=e, \qquad (2)$$

这与(1)式代表了同一个群.

再来讨论(2). 设其中一个 2-Sylow 子群为 H,唯一的 2-Sylow 子群为 K. H 也可能有两种情况:或是循环群或是 Klein 四元群,我们分开讨论.

设 $H=\{e,a,a^2,a^3\}$ 是循环群,$K=\{e,b,b^2\}$,这时也有 $G=HK$. 由于 K 是正规子群,$a^{-1}ba\in K$,若 $a^{-1}ba=b$,则将有 $ab=ba$,G 是交换群,故

只可能 $a^{-1}ba = b^2$ 或 $ba = ab^2$. 这时不难算出

$$G = \{e,\, b,\, b^2,\, a,\, ab,\, ab^2,\, a^2,\, a^2b,\, a^2b^2,\, a^3,\, a^3b,\, a^3b^2\},$$

不难验证 G 是一个群. 用生成元及定义关系来表示是:

$$G = <a,\, b>,\quad a^4 = b^3 = e,\quad ba = ab^2.$$

最后设 $H = \{e,\, a,\, b,\, ab\}$, $a^2 = b^2 = e$, $ab = ba$, 是 Klein 四元群, $K = \{e,\, c,\, c^2\}$. 若 $a^{-1}ca = c$, 则 $ac = ca$. 此时若 $b^{-1}cb = c$, 即 $cb = bc$, G 将是交换群, 因此只可能 $b^{-1}cb = c^2$ 或 $cb = bc^2$. 注意到 $ac = ca$ 且 $o(a) = 2$, $o(c) = 3$, 故 $o(ac) = 6$. 令 $y = ac$, 则由 $cb = bc^2 = bc^{-1}$ 得到 $bc = c^{-1}b$, $by = bac = bca = c^{-1}ba = c^{-1}ab = y^{-1}b$. 显然 G 可由 y 及 b 生成, 因此 G 必须适合下列条件:

$$G = <b,\, y>,\quad y^6 = b^2 = e,\quad by = y^{-1}b, \tag{3}$$

不难看出 G 同构于 D_6.

除了 $a^{-1}ca = c$ 外还可能有 $a^{-1}ca = c^2$. 这时如果 $b^{-1}cb = c$, 则将 b 与 a 对换就又可得到 (3) 式. 若 $b^{-1}cb = c^2$, 则 $abcab = c$. 令 $d = ab$, 用 d 代替 (3) 式推导过程中的 a, 又可得到相同的结果. 无论哪种情形, 我们都得到了 D_6. 证毕.

最后来考察 14 阶与 15 阶群 (13 阶群是循环群). 由 §2.8 中的例 4 知道这两种群都是 pq 型群. 由于 3 不能整除 $5 - 1 = 4$, 15 阶群只有一种, 即 15 阶循环群. 14 阶非交换群也只有一种, 即二面体群 D_7.

至此我们已找到了 15 阶及 15 阶以下的所有群. 我们不打算对高于 15 阶的群作进一步的讨论. 我们在下表中列出了所有 30 阶以下的非交换群供读者参考:

$n = 6$, S_3;

$n = 8$, D_4,

                 H(Hamilton 四元数群);

$n = 10$, D_5;

$n = 12$, A_4,

                 D_6,

                 $G = <a,\, b>$, $a^4 = b^3 = e$, $ba = ab^2$;

$n = 14$, D_7;

$n = 16$, $Z_2 \times D_4$ ($\times$ 表示直积, 下同),

                 $Z_2 \times H$ (H 为 Hamilton 四元数群),

D_8,

$G = <a, b, c>$, $a^2 = e$, $aba = b^3$,

$G = <a, b>$, $a^2 = b^2$, $(ab)^2 = e$,

$G = <a, b>$, $a^4 = b^4 = e$, $aba = b$,

$G = <a, b>$, $a^4 = b^4 = (ab)^2 = (a^{-1}b)^2 = e$,

$G = <a, b, c>$, $a^2 = b^2 = c^2 = 1$, $abc = bca = cab$,

$G = <a, b>$, $a^4 = b^2 = (ab)^2$;

$n = 18$, $Z_3 \times D_3$,

D_9,

$G = <a, b, c>$, $a^2 = b^2 = c^2 = (abc)^2 = (ab)^3 = (ac)^3$
$\quad = e$;

$n = 20$, $D_{10} = Z_2 \times D_5$,

$G = <a, b>$, $a^2 baba^{-1}b = b^2 = e$,

$G = <a, b>$, $a^5 = b^2 = (ab)^2 = e$;

$n = 21$, $G = <a, b>$, $a^3 = e$, $a^{-1}ba = b^2$;

$n = 22$, D_{11};

$n = 24$, $Z_2 \times A_4$,

$Z_2 \times D_6$,

$Z_3 \times D_4$,

$Z_3 \times H$(H 为 Hamilton 四元数群),

$Z_4 \times D_3$,

D_{12},

S_4,

$Z_2 \times K$(K 是 12 阶不同构于 A_4 及 D_6 的非交换群),

$G = <a, b>$, $a^3 = e$, $aba = bab$,

$G = <a, b>$, $a^4 = b^6 = (ab)^2 = (a^{-1}b)^2 = e$,

$G = <a, b>$, $a^2 = b^2 = (ab)^3$,

$G = <a, b>$, $a^6 = b^2 = (ab)^2$;

$n = 26$, D_{13};

$n = 27$, $G = <a, b>$, $a^3 = b^3 = (ab)^3 = (a^{-1}b)^3 = e$;

$n = 28,$ $D_{14} \cong Z_2 \times D_7,$

$\qquad\qquad G = <a, b>, a^7 = b^2 = (ab)^2;$

$n = 30,$ $Z_3 \times D_5,$

$\qquad\qquad Z_5 \times D_3,$

$\qquad\qquad D_{15}.$

以上凡空缺的表示没有该阶的非交换群.

第三章 环 论

§3.1 基本概念

§3.1.1 定义与例子

环是又一种重要的代数体系. 环中有着两种运算, 加法与乘法. 它可以看成是我们熟悉的整数、数域上多项式函数等代数系统的推广. 环论在现代数学理论中起着重要的作用.

定义 1-1 非空集合 R 称为是一个环, 如果在 R 上定义了两种运算: "$+$" 与 "$\cdot$" 且适合下列条件:

(1) $(R, +)$ 是一个加法群, 其零元素记为 0;

(2) 对任意的 $a, b, c \in R$, $(a \cdot b) \cdot c = a \cdot (b \cdot c)$ (结合律);

(3) 对任意的 $a, b, c \in R$,

$$(a+b) \cdot c = a \cdot c + b \cdot c,$$
$$c \cdot (a+b) = c \cdot a + c \cdot b \quad (分配律).$$

对环的乘法, "$\cdot$" 通常省去, 如 $a \cdot b$ 直接写为 ab.

如果环 R 还适合下列条件, 则称 R 是带恒等元的环:

(4) 存在 R 中的元素 e, 使对任意的 $a \in R$, $ea = ae = a$.

环 R 的恒等元通常写为 1.

例 1 整数全体 $\mathbf{Z}$ 在通常的数的加法与乘法下构成一个环, 称为整数环. 零元就是数 0, 恒等元就是数 1.

例 2 有理数全体 $\mathbf{Q}$ 在通常的数的加法与乘法下也成一环. 实数全体 $\mathbf{R}$ 及复数全体 $\mathbf{C}$ 在通常的数的加法与乘法下也都成为环.

例 3 对模 n 的整数加法群 $\mathbf{Z}_n$, 我们也可以定义它为一个环. 加法已有了, 只需定义乘法如下: $\bar{k} \cdot \bar{l} = \overline{kl}$, 不难验证 $\mathbf{Z}_n$ 成为一环, 称为模 n 的整数环.

例 4 偶数全体在普通数的加法与乘法下也成为一个环.

例 5 $\mathbf{Z}[\sqrt{2}] = \{m + n\sqrt{2} \mid m, n \in \mathbf{Z}\}$ 在普通数的加法与乘法下也构成一

个环.

例 6 设 $R[x]$ 是实数域上的多项式全体,则 $R[x]$ 在多项式的加法与乘法下成为一个环.

例 7 设 Γ 是 $[0, 1]$ 上连续函数全体,连续函数的和与积仍是连续函数. 容易验证 Γ 在函数的加法与乘法下也成为一个环.

例 8 Hamilton 四元数环 H:设 H 是实数域 $\mathbf{R}$ 上的四维线性空间,$H = \{a_0 + a_1 i + a_2 j + a_3 k \mid a_i \in \mathbf{R}\}$,$H$ 的加法就是线性空间的向量加法. 现来定义 H 的乘法:令

$$i^2 = j^2 = k^2 = -1, \ ij = -ji = k,$$

$$jk = -kj = i, \ ki = -ik = j,$$

再利用分配律扩张到整个 H 上,即

$$(a_0 + a_1 i + a_2 j + a_3 k)(b_0 + b_1 i + b_2 j + b_3 k)$$

$$= (a_0 b_0 - a_1 b_1 - a_2 b_2 - a_3 b_3) + (a_0 b_1 + a_1 b_0 + a_2 b_3 - a_3 b_2)i$$

$$+ (a_0 b_2 + a_3 b_0 + a_3 b_1 - a_1 b_3)j + (a_0 b_3 + a_3 b_0 + a_1 b_2 - a_2 b_1)k,$$

不难验证 H 是一个环.

例 9 设 R 本身是一个环,现来构造一个新的环 $M_n(R)$ 如下:
称矩阵

$$\begin{pmatrix} a_{11} & a_{12} & \cdots & a_{1n} \\ a_{21} & a_{22} & \cdots & a_{2n} \\ \cdots & \cdots & \cdots & \cdots \\ a_{n1} & a_{n2} & \cdots & a_{nn} \end{pmatrix}$$

(其中 $a_{ij} \in R$)为环 R 上的 n 阶矩阵,令 $M_n(R)$ 是环 R 上的 n 阶矩阵全体,如同在线性代数中一样定义两个矩阵的加法为

$$(a_{ij}) + (b_{ij}) = (a_{ij} + b_{ij}),$$

定义两个矩阵的乘法为

$$(a_{ij})(b_{ij}) = (c_{ij}),$$

$$c_{ij} = \sum_{k=1}^{n} a_{ik} b_{kj},$$

则 $M_n(R)$ 成为一个环,称为环 R 上的 n 阶矩阵环.如果 R 有恒等元,则矩阵

$$\begin{bmatrix} 1 & & & 0 \\ & 1 & & \\ & & \ddots & \\ 0 & & & 1 \end{bmatrix}$$

就是 $M_n(R)$ 的恒等元, $M_n(R)$ 的零元就是零矩阵.

例 10 设 M 是一个加法群, $\operatorname{End} M$ 是 M 的自同态全体. 现在我们来定义 $\operatorname{End} M$ 上的加法和乘法. 设 $f, g \in \operatorname{End} M$, 定义 $f + g$ 是 M 上的映射, 对任意的 $x \in M$,

$$(f + g)(x) = f(x) + g(x).$$

不难验证 $f + g$ 仍是 M 的自同态. f 和 g 的积就是它们作为映射的积, 显然也是 M 的自同态. 按照定义不难证明 $\operatorname{End} M$ 是一个环, 恒等映射就是它的恒等元. 这个环称为加法群 M 的自同态环.

§3.1.2 环的一些简单性质

由于 $(R, +)$ 是一个加法群, 因此加法群的一些性质在环中是保持的.

性质 1-1 对 $a \in R$, 总存在元素 $(-a)$ 使得 $a + (-a) = 0$. 如同加法群, 我们约定, n 个相同的元素 a 相加就记为 na, 即 $na = a + a + \cdots + a$, 则

$$n(a + b) = na + nb,$$

$$(n + m)a = na + ma,$$

$$(nm)a = n(ma),$$

我们还有等式 $-(a + b) = -a - b = (-a) + (-b)$.

性质 1-2 下列等式成立:

$$(a_1 + a_2 + \cdots + a_m)(b_1 + b_2 + \cdots + b_n)$$

$$= a_1 b_1 + a_1 b_2 + \cdots + a_1 b_n + a_2 b_1 + a_2 b_2 + \cdots + a_2 b_n$$

$$+ \cdots + a_m b_1 + a_m b_2 + \cdots + a_m b_n,$$

或

$$\Big(\sum_{i=1}^{m} a_i \Big) \Big(\sum_{j=1}^{n} b_j \Big) = \sum_{i,j=1}^{m,n} a_i b_j.$$

利用分配律不难验证上述性质.

性质 1-3　$a \cdot 0 = 0 \cdot a = 0$.

这是因 $a \cdot 0 = a(0+0) = a \cdot 0 + a \cdot 0$. 两边消去一个 $a \cdot 0$ 得 $a \cdot 0 = 0$，同样 $0 \cdot a = 0$.

性质 1-4　$(-a)b = -(ab)$.

这是因为 $0 \cdot b = [a+(-a)]b = ab + (-a)b$. 但 $0 \cdot b = 0$，因此 $(-a)b = -(ab)$，$-(ab)$ 就写为 $-ab$. 进而 $(-a)(-b) = ab$.

性质 1-5　如果 $ab = ba$，则对任意的自然数 n，$(ab)^n = a^n b^n$.

这可用归纳法验证. 但是如果 $ab \neq ba$，则上式不成立. 这时只好一个个乘出来，如 $(ab)^2 = abab$. 在 $ab = ba$ 时，二项式定理成立：

$$(a+b)^n = a^n + C_n^1 a^{n-1} b + C_n^2 a^{n-2} b^2 + \cdots + b^n,$$

其中

$$C_n^i = \frac{n!}{i!(n-i)!}.$$

§3.1.3　环的各种类型

1. 交换环

设 R 是一个环，如果对 R 中的任意两个元素 a，b，它们的乘法可以交换即 $ab = ba$，则称 R 是一个交换环. 如例 1～例 7 中都是交换环. 若 R 不是一个交换环就称为非交换环，比如例 8、例 9 中都是非交换环（(9) 中设 $n > 1$）.

2. 整环

如果一个环 R 中有两个元素都不等于零，即 $a \neq 0$，$b \neq 0$，但若 $ab = 0$，则称 a 是 b 的左零因子，b 是 a 的右零因子，简称 a 或 b 是零因子. 无零因子的环称为整环. 整数环 Z，多项式环 $R[x]$ 等都是整环的例子. 但 $[0,1]$ 上连续函数全体构成的环 F 不是整环，不妨看这样两个函数：

$$f(x) = \begin{cases} 0, & 0 \leqslant x < \dfrac{1}{2}, \\ x - \dfrac{1}{2}, & \dfrac{1}{2} \leqslant x \leqslant 1; \end{cases}$$

$$g(x) = \begin{cases} -x + \dfrac{1}{2}, & 0 \leqslant x < \dfrac{1}{2}, \\ 0, & \dfrac{1}{2} \leqslant x \leqslant 1. \end{cases}$$

显然 $f(x) \neq 0$，$g(x) \neq 0$，但是 $f(x) \cdot g(x) = 0$.

如果 R 是一个整环,那么在 R 中适合消去律,即若有 $ab = ac$ 且 $a \neq 0$,则必有 $b = c$. 这个性质的证明是显然的.

3. 除环

现记 $R^* = R \backslash 0$,即将 R 去掉元素 0,又假定 R 是带恒等元的环. 设 $a \in R^*$,这时如果有 $b \in R$ 使得 $ab = 1$,则称 b 是 a 的右逆元. 又若有 c 使 $ca = 1$,则称 c 是 a 的左逆元. 一般来说有左逆元不一定等于有右逆元. 但如果 b 既是 a 的左逆元,又是 a 的右逆元,则称 b 是 a 的逆元,记为 $b = a^{-1}$. a 如果有逆元,用与群论中同样的方法可以证明逆元必唯一. 有逆元存在的元素称为可逆元或称是环 R 中的一个单位. 不难验证 R 中所有单位的全体在乘法下构成一个群. 如果 R^* 中的任一元素都是可逆元,则称 R 是一个除环. 交换的除环称为域,非交换的除环有时亦称为斜域或体. 在除环和域中可以进行四则运算:加、减、乘、除,当然除时除元不能为 0. 有理数环、实数环与复数环都是域. 因此常称之为有理数域、实数域与复数域. 四元数环 H 是除环但不是域,因为它的乘法不可交换. 为了证明 H 是一个除环,我们只需对任意的 $a_0 + a_1 i + a_2 i + a_3 k \neq 0$,求出它的逆元就可以了. 事实上,由于 a_0,a_1,a_2,a_3 不全为 0,因此 $b = a_0^2 + a_1^2 + a_2^2 + a_3^2 \neq 0$. 不难验证 $\frac{1}{b}(a_0 - a_1 i - a_2 j - a_3 k)$ 就是 $a_0 + a_1 i + a_2 j + a_3 k$ 的逆元.

现在再来看一个只含有有限个元素的域的例子. 设 p 是一个素数,我们要证明 Z_p 是一个域. 设 $\bar{k} \in Z_p$ 且 $\bar{k} \neq 0$,不妨设 $1 \leqslant k < p$. 由于 p 是一个素数,k 与 p 总互素,即存在整数 m, t,使 $km + pt = 1$,于是 $\overline{km + pt} = \bar{1}$,即 $\overline{km} = \bar{1}$,也就是说 $\bar{k}$ 的逆元是 $\bar{m}$,因此 Z_p 是域. 当 n 不是素数时 Z_n 肯定不是域,设 $n = n_1 n_2$,则 $\bar{n}_1 \bar{n}_2 = \bar{n} = \bar{0}$,因此 Z_n 含有零因子,故不是域. 于是对剩余类环 Z_n 来说,它是域的充分必要条件是 n 是一个素数. 比如 Z_2,这是一个"最小"的域,一共只有两个元素 0,1,Z_2 的加法与乘法可列表如下:

加法

$+$	$\bar{0}$	$\bar{1}$
$\bar{0}$	$\bar{0}$	$\bar{1}$
$\bar{1}$	$\bar{1}$	$\bar{0}$

乘法

$\times$	$\bar{0}$	$\bar{1}$
$\bar{0}$	$\bar{0}$	$\bar{0}$
$\bar{1}$	$\bar{0}$	$\bar{1}$

§3.1.4 从已知环构造新环

例 11 设 $R_i (i = 1, 2, \cdots, n)$ 是环, $R = R_1 \times R_2 \times \cdots \times R_n$ 是 R_i 的积. 定义 R 上的加法和乘法如下:

$$(a_1, a_2, \cdots, a_n) + (b_1, b_2, \cdots, b_n) = (a_1 + b_1, a_2 + b_2, \cdots, a_n + b_n),$$

$$(a_1, a_2, \cdots, a_n) \cdot (b_1, b_2, \cdots, b_n) = (a_1 b_1, a_2 b_2, \cdots, a_n b_n).$$

容易验证 R 是一个环, 称为环 $R_1, R_2, \cdots, R_n$ 的直积. R 的零元素是 $(0, 0, \cdots, 0)$. 若每个 R_i 都有恒等元, 则 R 也有恒等元 $(1, 1, \cdots, 1)$.

对无限个环, 我们也可以类似定义它们的直积. 设有一族环 $\{R_\alpha, \alpha \in I\}$, 令 $R = \prod_I R_\alpha$ 是这一族环的积集合. 定义 R 的加法和乘法如下:

$$(a_\alpha) + (b_\alpha) = (a_\alpha + b_\alpha); \quad (a_\alpha) \cdot (b_\alpha) = (a_\alpha b_\alpha),$$

则 R 也成为一个环, 称为环族 $\{R_\alpha\}$ 的直积.

在上述 R 中取一个子集 $R' = \{(a_\alpha) \mid$ 只有有限个 $a_\alpha \neq 0\}$. 同上一样定义 R' 的加法和乘法, 则容易证明 R' 是一个环. 这个环称为环族 $\{R_\alpha\}$ 的直和, 记为 $\oplus R_\alpha$. 显然当环族只含有有限个环时, 直积和直和是一致的. 因此有限直积有时也称为直和.

例 12 设 R 是一个含恒等元的交换环, x 是一个未定元. $R[x]$ 是下列多项式的集合:

$$a_0 + a_1 x + \cdots + a_n x^n,$$

其中 $a_i \in R$, n 可以取一切非负整数. 二个多项式 $a_0 + a_1 x + \cdots + a_n x^n$ 和 $b_0 + b_1 x + \cdots + b_m x^m$ 称为相等当且仅当 $n = m$, $a_i = b_i$ $(i = 0, 1, \cdots, n)$. 和数域上多项式环同样定义 $R[x]$ 上的加法和乘法. 设

$$f(x) = a_0 + a_1 x + a_2 x^2 + \cdots + a_n x^n, \quad g(x) = b_0 + b_1 x + b_2 x^2 + \cdots + b_m x^m.$$

定义

$$f(x) + g(x) = (a_0 + b_0) + (a_1 + b_1) x + (a_2 + b_2) x^2 + \cdots,$$

$$f(x) g(x) = c_0 + c_1 x + c_2 x^2 + \cdots + c_{m+n} x^{m+n},$$

其中

$$c_k = \sum_{i+j=k} a_i b_j, \ k = 0, 1, \cdots, m+n.$$

容易验证 $R[x]$ 是一个环, 称为 R 上的多项式环.

例 13 设 R 是一个含恒等元的交换环,

$$R[[x]] = \{(a_i) = (a_0, a_1, a_2, \cdots), a_i \in R\}.$$

定义 $R[[x]]$ 上的加法和乘法如下:

$$(a_i) + (b_i) = (a_i + b_i);$$

$$(a_i) \cdot (b_i) = (c_i),$$

其中

$$c_k = \sum_{i+j=k} a_i b_j, \ k = 0, 1, 2, \cdots,$$

则易证 $R[[x]]$ 是一个环,称为 R 上的形式幂级数环.

例 14 设 R 是一个环,在集合 R 上另外定义一个环结构:加法仍和原来的相同,而乘法 $*$ 为

$$a * b = ba,$$

则不难验证 R 在这样的加法和乘法下是一个环,称为原来环的反环. 为了和原来的环区别开来,通常记之为 R^o 或 R^{op}.

习   题

1. R 是一个环,证明:对 $a, b, c \in R$,

(1) $a(b - c) = ab - ac$;

(2) $n(ab) = (na)b = a(nb)$, $n \in \mathbf{Z}$.

2. 证明:任意一个有限整环必是除环.

3. 证明:带恒等元整环中没有除 0 和 1 以外的幂等元,即适合 $a^2 = a$ 的元素.

4. 证明:如果 $1 - ab$ 是环 R 的可逆元,则 $1 - ba$ 也是可逆元.

5. 设 Γ 是 $[0, 1]$ 上连续函数环,证明:$f(x)$ 是 Γ 的零因子的充分必要条件是 $f(x) = 0$ 的点包含了 $[0, 1]$ 中的一个开区间,并试求 Γ 中可逆元适合的条件.

6. 设 u 是环 R(含恒等元)的一个元素且有右逆元,则下列命题等价:

(1) u 有多于一个右逆元;

(2) u 不是单位;

(3) u 是一个左零因子.

*7. Kaplansky 定理:如果带恒等元环 R 的一个元素 a 有多于一个的右逆元,则 a 必有无穷多个右逆元.

8. 试求 $\mathbf{Z}_n$ 中单位所构成的群的阶.

9. 设 F 是一个域,求证:$A \in M_n(F)$ 是零因子的充要条件是 A 不是一个可逆元. 问:若 R 是一个交换环,则上述结论对 $M_n(R)$ 是否成立? 为什么?

10. 在四元数环 H 中定义共轭如下:

$$\overline{a_0 + a_1 i + a_2 j + a_3 k} = a_0 - a_1 i - a_2 j - a_3 k.$$

证明:对 $x, y \in H, \overline{x+y} = \overline{x} + \overline{y}, \overline{x\,y} = \overline{y}\,\overline{x}$; 又 $\overline{x} = x$ 当且仅当 $x \in \mathbf{R}$.

11. 设 $H_0 = a_0 + a_1 i + a_2 j + a_3 k, a_i \in \mathbf{Q}$, 证明: H_0 在类似 H 的加法与乘法定义下也是一个除环,它称为有理数 $\mathbf{Q}$ 上的四元数环.

12. 设 R 是一个含恒等元的环, u 是 R 中的一个可逆元, a 是 R 中元素且 $aua = a$. 若 a 是一个左逆元,求证: a 是一个可逆元.

§3.2　子环、理想与商环

§3.2.1　子环

定义 2-1　设 R 是一个环, S 是 R 的子集,如果 S 在 R 的加法与乘法下仍是一个环,则称 S 是 R 的子环.

命题 2-1　如果 S 是环 R 的子集,则 S 是 R 的子环的充要条件是 S 中的元素在减法与乘法下封闭,即对 $a, b \in S$, 有 $a - b \in S, ab \in S$.

证明　只证明充分性. 由减法封闭知 S 是 $(R, +)$ 的加法子群. 由于结合律、分配律在 R 中成立,因此也在 S 中成立,故 S 是子环. 证毕.

例 1　(1) $\mathbf{Z}$ 是有理数环 $\mathbf{Q}$ 的子环;

(2) 在实数域多项式环 $\mathbf{R}[x]$ 中,零次多项式全体构成一个子环;

(3) 在实数域上 n 阶方阵组成的环 $M_n(\mathbf{R})$ 中,上三角阵全体构成 $M_n(\mathbf{R})$ 的一个子环,同样下三角阵全体也是一个子环,对角阵全体也是一个子环;

(4) 四元数环 H 中,形如 $a_0 + a_1 i$ 的元素全体构成 H 的一子环.

环 R 中任意个子环的交仍是 R 的子环,这点用定义即不难验证. 现来考虑 R 中包含子集 S 的所有子环的交,它仍是 R 包含 S 的子环,这是 R 中包含 S 的最小子环. 称之为由 S 生成的子环.

再考虑环 R 中由这样的元素所成的集合 $C = \{c \in R \mid cr = rc$ 对一切 $r \in R\}$,如果 $c_1, c_2 \in C$,则

$$(c_1 - c_2)r = c_1 r - c_2 r = rc_1 - rc_2 = r(c_1 - c_2),$$
$$(c_1 c_2)r = c_1(c_2 r) = c_1(rc_2) = (c_1 r)c_2 = r(c_1 c_2),$$

因此 $c_1 - c_2 \in C, c_1 c_2 \in C$, 即 C 是 R 的子环. 这个子环称为 R 的中心. 若 $C = R, R$ 就是交换环.

§3.2.2　理想与商环

现在我们来考虑一类特殊的子环,用它们可以定义 R 中的一类重要的等价

关系,这类子环称为理想.

定义 2-2   设 I 是环 R 的一个子集,如果 I 是 $(R,+)$ 的一个加法子群且对于任意的 $r \in R$ 及 $a \in I$, 总有 $ar \in I$ 以及 $ra \in I$, 则称 I 是 R 的一个理想或称为双侧理想.

现来定义 R 中的一个等价关系. 设 I 是 R 的一个理想, 对 R 中的元素 a, b, 称 $a \sim b$ 当且仅当 $a - b \in I$. 由于 $a - a = 0 \in I$, 因此 $a \sim a$. 又若 $a - b \in I$, 则 $b - a = -(a - b) \in I$, 因此从 $a \sim b$ 可推出 $b \sim a$. 又若 $a \sim b$, $b \sim a$, 即 $a - b \in I$, $b - c \in I$, 则 $(a - b) + (b - c) \in I$ 或 $a - c \in I$, 就是说 $a \sim c$. 可见 $\sim$ 是 R 中的一个等价关系. 记 $\overline{R} = R/I$, 因为 R 是加法群,所以 R/I 作为商群也是一个加法群, 它的元素可写成傍集的形式: $\overline{a} = a + I$, 称 a 是其代表元. R/I 作为加法群的加法运算为: $(a + I) + (b + I) = (a + b) + I$. 现要在 $(R/I, +)$ 上定义一个乘法结构使它成为一个环. 定义 $(a + I)(b + I) = ab + I$, 我们来证明 $(R/I, +)$ 在这样定义的乘法下成为一个环. 事实上, 若 $a - a_1 \in I$, $b - b_1 \in I$, 则 $a = a_1 + c$, $b = b_1 + d$, 其中 $c, d \in I$. 因此 $(a + I)(b + I) = ((a_1 + c) + I)((b_1 + d) + I) = (a_1 + I)(b_1 + I)$, 也就是说由 $(a + I)(b + I) = ab + I$ 定义的乘法确实是合理的. 再来证明乘法结合律和分配律成立. 因为

$$((a + I)(b + I))(c + I)$$

$$= (ab + I)(c + I) = (ab)c + I = a(bc) + I$$

$$= (a + I)(bc + I) = (a + I)((b + I)(c + I)),$$

$$(a + I)[(b + I) + (c + I)]$$

$$= (a + I)(b + c + I) = a(b + c) + I$$

$$= ab + ac + I = (ab + I) + (ac + I)$$

$$= (a + I)(b + I) + (a + I)(c + I),$$

另一分配律同样可证,因此 R/I 成一环,称为 R 关于理想 I 的商环. 商环在有的书中也称为差环,记为 $R - I$.

例 2   设 $\mathbf{Z}$ 是整数环, $n\mathbf{Z} = \{0, \pm n, \pm 2n, \cdots\}$, 不难验证 $n\mathbf{Z}$ 构成 $\mathbf{Z}$ 的一个理想. $\mathbf{Z}$ 关于 $n\mathbf{Z}$ 的商环 $\mathbf{Z}/n\mathbf{Z}$ 就是 §3.1 中的剩余类环 $\mathbf{Z}_n$.

例 3   设 R 是一个环, m 是一个固定的自然数, 令 $R_m = \{a \in R \mid ma = 0\}$, 则若 $a, b \in R_m$, 有 $m(a - b) = ma - mb = 0$; 又若 $a \in R_m$, $r \in R$, 有 $m(ra)$

$= r(ma) = r0 = 0$, $m(ar) = (ma)r = 0 \cdot r = 0$, 因此 R_m 是 R 的一个理想.

例 4 任意一个环至少有两个理想:一个是 $\{0\}$, 称为零理想;另一个是 R 自身. 这两个理想通常称为平凡理想.

如同子环一样,任意个理想的交仍是理想,这只需按理想的定义即可证明. 由此也有类似的生成的概念. 设 S 是 R 的子集,定义由 S 生成的理想为 R 中包含集 S 的所有理想之交,记之为 (S), (S) 是 R 包含 S 的最小理想. 如果 S 是一个有限集,I 是 S 生成的理想,则称 I 是有限生成的理想. 又若 S 只含有一个元素 s, 则由 s 生成的理想 (s) 称为 R 的主理想.

环 R 的两个理想 I 与 J 之间也可以定义加法 $I + J = \{a + b \mid a \in I, b \in J\}$. 容易验证 $I + J$ 也是 R 的理想且 $I + J \supseteq I \cup J$. 不仅如此 $I + J$ 正好是 $I \cup J$ 生成的理想. 事实上,一方面,显然有 $I + J \supseteq (I \cup J)$, 另一方面,对 $a \in I$, $b \in J$, 有 $a + b \in (I \cup J)$, 因此 $I + J \subseteq (I \cup J)$, 于是 $I + J = (I \cup J)$. 利用加法的结合律可以定义若干个理想的和 $\sum\limits_{i=1}^{m} I_i = \left\{ \sum\limits_{i=1}^{n} a_i \mid a_i \in I_i \right\}$, 它是包含所有 I_i 的最小理想.

理想之间的另一种运算是所谓的乘法. 定义理想 I 与 J 的乘法为

$$IJ = \left\{ \sum_{i < \infty} a_i b_i \mid a_i \in I, b_i \in J \right\},$$

不难验证 IJ 也是 R 的理想且 IJ 是由所有形如 $ab(a \in I, b \in J)$ 的元素所生成的理想(注意:$IJ \neq \{a_i b_i\}$, $a_i \in I$, $b_i \in J$).

域只有平凡理想. 事实上,若 $I \neq 0$ 是域 F 的理想,则 I 至少含有一个非零元 a. 但 a 是可逆元,因此 a^{-1} 存在. 令 r 是 F 中任一元素,由理想之定义 $(ra^{-1})a \in I$, 即 $r \in I$, 于是 $I = F$. 同样可证除环也只有平凡理想. 但是只有平凡理想的环如果是非交换环则不一定是除环. 如果是交换环且假定有恒等元,则它必是域. 这就是下面的定理.

定理 2-1 带恒等元的交换环 R 是域的充分必要条件是 R 只有平凡理想.

证明 只需证充分性. 设 R 是含恒等元的交换环且只有平凡理想,a 是 R 的非零元,则 $(a) \neq 0$, 因此 $(a) = R$, 也就是 $1 \in (a)$. 不难验证,带恒等元交换环的由 a 生成的主理想中任一元都可写成 $ar(r \in R)$ 的形状. 因此存在 b, 使得 $1 = ab$, 即 a 是可逆元,于是 R^* 都是可逆元,亦即 R 是一个域. 证毕.

一个非交换环如果只有平凡理想而又不是除环,就称之为单环. 设 R 是一个除环,则 R 上的 n 阶矩阵环 $M_n(R)$ 必是单环.

定理 2-2 设 R 是除环,则 $M_n(R)$ 是单环.

证明 记 E_{ij} 是一个 n 阶矩阵,在这个矩阵中除了第 (i, j) 元素等于 1 外其余皆为零. 于是 $E_{il}E_{kj} = \delta_{lk}E_{ij}$, 这里当 $l = k$ 时 $\delta_{lk} = 1$; 当 $l \neq k$ 时 $\delta_{lk} = 0$. 现设 I 是 $M_n(R)$ 的一个非零理想, 我们的目的是要证明 $I = M_n(R)$, 为此只要证明 $M_n(R)$ 的单位元素即单位矩阵 E 也属于 I 即可. 而 $E = E_{11} + E_{22} + \cdots + E_{nn}$, 因此只需证明每个 $E_{ii} \in I$ 就可以了. 设 $A \in I$ 且 $A \neq 0$, 又设 $A = (a_{ij})_{n \times n}$, 假定 $a_{kj} \neq 0$, 则 $E_{ik}AE_{ji} = a_{kj}E_{ii}$. 由于 $a_{kj} \neq 0$, 故存在逆元 a_{kj}^{-1} (因为 R 是除环). 设 $B = a_{kj}^{-1}E_{ii}$, 则 $BE_{ik}AE_{ii} = E_{ii}$. 但 I 是理想, $A \in I$, $BE_{ik}AE_{ii} = E_{ii} \in I$. 这就证明了结论. 证毕.

§3.2.3 左理想与右理想

理想的概念还可继续拓广. 设 I 是环 R 的子集且是 $(R, +)$ 的加法子群, 如果对任意的 $a \in I$ 及 $r \in R$, $ar \in I$, 则称 I 是 R 的右理想. 另一方面, 对 R 的加法子群 L, 如果对 $a \in L$, $r \in R$, 总有 $ra \in L$, 则称 L 是 R 的左理想. 显然理想必须同时是左理想又是右理想. 左理想或右理想都称为单侧理想. 环的单侧理想也有生成的概念. 若 S 是 R 的子集, 则称包含 S 的所有左理想之交为 S 生成的左理想. 同样可定义 S 生成的右理想. 设 I, J 是两个左理想, 则 $I + J = \{a + b \mid a \in I, b \in J\}$ 仍是左理想, 也是包含 I 与 J 的最小左理想. 也可定义

$$IJ = \left\{ \sum_{I < \infty} a_ib_i \mid a_i \in I, b_i \in J \right\},$$

IJ 是由形如 $ab(a \in I, b \in J)$ 的元素生成的左理想.

例 5 设 R 是一个除环, $M_n(R)$ 是 R 上 n 阶矩阵环, 则形如

$$\begin{pmatrix} a_{11} & \cdots & a_{1i} & 0 & \cdots & 0 \\ a_{21} & \cdots & a_{2i} & 0 & \cdots & 0 \\ \cdots & \cdots & \cdots & \cdots & \cdots & \cdots \\ a_{n1} & \cdots & a_{ni} & 0 & \cdots & 0 \end{pmatrix} \quad (i \text{ 是固定的自然数})$$

的矩阵全体构成 $M_n(R)$ 的左理想; 形如

$$\begin{pmatrix} b_{11} & b_{12} & \cdots & b_{1n} \\ \cdots & \cdots & \cdots & \cdots \\ b_{i1} & b_{i2} & \cdots & b_{in} \\ 0 & 0 & \cdots & 0 \\ \cdots & \cdots & \cdots & \cdots \\ 0 & 0 & \cdots & 0 \end{pmatrix} \quad (i \text{ 是固定的自然数})$$

的矩阵全体构成 $M_n(R)$ 的右理想.

这个例子表明一个单环尽管没有非平凡的理想,但仍可以有非平凡的单侧理想.

习 题

1. 设 $S = \{a_1, a_2, \cdots, a_n\}$ 是环 R 中的有限子集,若 R 是交换环,则 $(S) = \left\{ \sum_{i=1}^{n} r_i a_i + \sum_{i=1}^{n} n_i a_i \mid n_i \in Z, r_i \in R \right\}$. 如果 R 还带恒等元,则

$$(S) = \left\{ \sum_{i=1}^{n} r_i a_i \mid r_i \in R \right\}.$$

2. 设 U 是 R 的理想,令 $r(U) = \{x \in R \mid xu = 0$ 对一切 $u \in U$ 成立$\}$,证明:$r(U)$ 也是 R 的理想.

3. 设 U 是 R 的理想,令 $[R:U] = \{x \in R \mid rx \in U$ 对一切 $r \in R\}$,则 $[R:U]$ 是 R 的包含 U 的理想.

4. 证明:理想的乘法适合结合律:$(IJ)K = I(JK)$,I,J,K 都是环 R 的理想.

5. 问:理想的分配律 $I(J+K) = IJ+IK$ 是否成立?

6. 设 L 是 R 的左理想但不是右理想,问:能否在 $(R/L, +)$ 上像本节中对 $(R/I, +)$ 那样定义乘法? 为什么?

7. 设 R 是含恒等元的环,$\{a_1, \cdots, a_n\}$ 是一个有限集,则由这个有限集生成的 R 的左理想等于形如 $\sum_{i=1}^{n} r_i a_i (r_i \in R)$ 的元素的集合. 特别由一个元素 a 生成的左理想为 $Ra = \{ra \mid r \in R\}$. 如果 R 没有恒等元,那么由 $\{a_1, a_2, \cdots, a_n\}$ 生成的左理想形状又是怎样的呢?

8. 设 R 是一个带恒等元的环,若 R 只有 0 及自身是左理想,证明:R 是一个除环.

9. 环中非零元素 a 称为幂零元,若存在某个自然数 n 使得 $a^n = 0$. 证明:$\mathbf{Z}_m$ 中存在幂零元的充要条件是 m 可被某个素数 p 的平方 p^2 除尽.

10. 设 F 是一个数域,$M_n(F)$ 是 F 上的 n 阶矩阵环,证明:$M_n(F)$ 的中心是对角线上元素相同的对角阵所构成的子环.

11. 设 $R = \{\bar{0}, \bar{2}, \bar{4}, \bar{6}, \bar{8}\}$ 是环 $\mathbf{Z}_{10}$ 的子环. 环 $\mathbf{Z}_{10}$ 是一个含恒等元的环,问 R 是否含有恒等元?

12. 设 R 是环,I 是 R 的右理想(或左理想). 若 I 含有一个可逆元,则 $I = R$.

13. 设 R 是含恒等元的交换环,若 R 中所有不可逆元素组成一个理想,则称 R 是一个局部环. 求证:一个含恒等元的交换环是局部环的充要条件是对任意一个 R 中元素 a,或者 a 是可逆元或者 $1-a$ 是可逆元.

14. 设 R 是交换环,R 中元素 e 适合 $e^2 = e$(这样的元素称为幂等元),则 eR 是 R 的理想子环且 e 是 eR 的恒等元. 又 $1-e$ 也是 R 的幂等元且 $(1-e)R$ 也是 R 的理想. 求证:$eR + (1-e)R = R$,$eR \cap (1-e)R = 0$(这时称 R 是理想 eR 和 $(1-e)R$ 的直和,记为 $R = eR \oplus$

$(1-e)R)$. 又若 $R = R_1 \oplus R_2$, R_1, R_2 是两个交换环. 令 $I_1 = \{(a_1, 0) \mid a_1 \in R_1\}$, $I_2 = \{(0, a_2) \mid a_2 \in R_2\}$, 则 I_1, I_2 是 R 的理想且存在 R 的幂等元 e 使 $I_1 = eR$, $I_2 = (1-e)R$, $I_1 \cap I_2 = 0$, $I_1 + I_2 = R$.

15. 设 R 是含恒等元的交换环, 两个理想 I, J 称为互素若 $I + J = R$. 证明下列结论:

(1) 若理想 I 和 J_1, J_2 都互素, 则 I 和 $J_1 J_2$ 互素;

(2) 若 I, J 互素, 则 I^k, J^k 互素(k 为自然数);

(3) 若 I_1, $\cdots$, I_n 是两两互素的理想, 则 $I_1 \cdots I_n = I_1 \cap \cdots \cap I_n$.

16. 设 R 是含恒等元的交换环, 求证 R 的所有幂零元加上零元素组成一个理想, 称为 R 的诣零根(或小根).

17. 设 I 是含恒等元的交换环 R 的理想, $\text{Rad}(I) = \{a \in R \mid$ 存在自然数 k 使 $a^k \in I\}$. 求证:$\text{Rad}(I)$ 是 R 包含 I 的理想, 称为 I 的根理想. $\text{Rad}(0)$ 就是 R 的诣零根.

§3.3 环 的 同 态

定义 3-1   设 R 与 R' 是两个环, f 是 R 到 R' 中的映射, 且 f 保持环的运算, 即对任意的 $a, b \in R$, $f(a+b) = f(a) + f(b)$, $f(ab) = f(a)f(b)$, 则称 f 是环 R 到 R' 的同态. 如果 f 还是一个一一对应(双射), 则称 f 是同构.

环的同态也有核的概念. 记 $\text{Ker} f = f^{-1}(0) = \{r \in R \mid f(r) = 0\}$, 若 $a, b \in \text{Ker} f$, 则 $f(a-b) = f(a) - f(b) = 0 - 0 = 0$, 因此 $a - b \in \text{Ker} f$. 对 $r \in R$, $a \in \text{Ker} f$, $f(ar) = f(a)f(r) = 0 \cdot f(r) = 0$, $f(ra) = f(r)f(a) = f(r) \cdot 0 = 0$, 因此, ar 及 ra 都属于 $\text{Ker} f$, 即 $\text{Ker} f$ 是环 R 的理想. 类似群论我们还有环的同态基本定理.

定理 3-1(同态基本定理)   设 f 是环 R 到 R' 内的同态, $I = \text{Ker} f$, 则 I 是 R 的一个理想, 且存在从 R/I 到 R' 唯一的同态 $\bar{f}$, 使 $f = \bar{f}\nu$, 这里 ν 是 R 到 R/I 的自然同态 $r \to r + I$. 不仅如此, ν 还是一个映上同态(称之为自然同态), $\bar{f}$ 是一个单同态(即 $\bar{f}$ 作为映射是单的).

证明   作 $R/I \to R'$ 的对应 $\bar{f}: r + I \to f(r)$, 若 $r - r' \in I$, 则 $r = r' + a$, $a \in I$, 于是

$$f(r) = f(r' + a) = f(r') + f(a) = f(r') + 0 = f(r'),$$

因此 $\bar{f}$ 是一个映射. 又

$$\bar{f}((r_1 + I) + (r_2 + I)) = \bar{f}(r_1 + r_2 + I) = f(r_1 + r_2)$$

$$= f(r_1) + f(r_2)$$

$$= \bar{f}(r_1 + I) + \bar{f}(r_2 + I),$$

$$\bar{f}((r+I)(c+I)) = \bar{f}(rc+I) = \bar{f}(rc) = f(r)f(c)$$

$$= \bar{f}(r+I)\bar{f}(c+I),$$

$\bar{f}$ 是一个环同态.

要证明 $\bar{f}$ 是单射,设 $\bar{f}(r_1 + I) = \bar{f}(r_2 + I)$,则 $\bar{f}(r_1 - r_2 + I) = 0$,即 $f(r_1 - r_2) = 0$ 或 $r_1 - r_2 \in I$,于是 $r_1 + I = r_2 + I$,因此 $\bar{f}$ 是单射.考虑图 1,由 $\bar{f}$ 的定义知图 1 可交换,即 $f = \bar{f}\nu$. 不仅如此,若有 $g: R/I \to R'$ 使 $f = g\nu$,则 $g(r+I) = g\nu(r) = f(r) = \bar{f}(r+I)$ 对一切 $r + I \in R/I$ 都成立,因此 $g = \bar{f}$. 证毕.

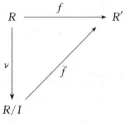

图 1

推论 3-1 环 R 的任一同态像同构于 R 关于同态核的商环.

定理 3-2 设 f 是环 R 到 R' 的映上同态,$K = \operatorname{Ker} f$,则在 R 的包含 K 的子环与 R' 的子环之间存在着一个一一对应:$H \to f(H)$,且 H 是 R 的理想当且仅当 $f(H)$ 是 R' 的理想,此时存在 $R/H \to R'/f(H)$ 的同构:$r + H \to f(r) + f(H)$.

证明 不难验证若 H 是 R 的子环,则 H 在 f 下的像 $f(H)$ 也是 R' 的子环,因此,设 H 是包含 K 的 R 的子环,则 $f(H)$ 是 R' 的子环. 又对 R' 的任一子环 H',令 $f^{-1}(H') = \{r \in R \mid f(r) \in H'\}$,同样不难验证 $f^{-1}(H')$ 是 R 包含 K 的子环. 现记 $H' = f(H)$,则 $f^{-1}(H') = H$. 另一方面,对 R' 中的子环 H',$f(f^{-1}(H')) = H'$,于是我们有包含 K 的 R 的子环集 $\{H\}$ 与 R' 的子环集 $\{H'\}$ 之间的一一对应:$H \to f(H)$,其逆对应为 $H' \to f^{-1}(H')$. 若 H 是包含 K 的理想,则对任意的 $r' \in R'$,由于 f 是映上的,故存在 $r \in R$ 使 $f(r) = r'$,因此对 H' 中任意元 $f(a)$,$r'f(a) = f(r)f(a) = f(ra) \in f(H) = H'$,同理 $f(a)r' \in H'$,即 H' 是 R' 的理想. 反过来若 H' 是 R' 的理想,则对 $r \in R$,$a \in f^{-1}(H')$,$f(ra) =$

$f(r)f(a) \in H'$, 即 $ra \in f^{-1}(H')$. 同理 $ar \in f^{-1}(H')$, 故 $f^{-1}(H')$ 是 R 的理想. 最后证明映射 $\bar{f}: r+H \to f(r)+f(H)$ 是同构. 首先, 若 $r+H = r'+H$, 则 $r-r' \in H$, $f(r-r') \in f(H)$, 即 $f(r)+f(H) = f(r')+f(H)$. 容易验证 $\bar{f}$ 保持运算, 因此 $\bar{f}$ 是环同态. 要证明 $\bar{f}$ 是同构, 只要再证明 $\bar{f}$ 是双射即可. 对 $R'/f(H)$ 中任一元 $r'+f(H)$, 由于 f 是映上的, 故存在 $r \in R$ 使 $f(r) = r'$, 因此 $\bar{f}(r+H) = f(r)+f(H) = r'+f(H)$, 这说明 $\bar{f}$ 也是映上的. 要证明 $\bar{f}$ 是单射, 只需证明 $\operatorname{Ker} \bar{f} = 0$ 即可. 设 $\bar{f}(r+H) = 0$, 即 $f(r) \in f(H)$, 也即 $f(r) = f(h)$, $h \in H$, 于是 $f(r)-f(h) = 0$ 或 $f(r-h) = 0$, 故 $r-h \in \operatorname{Ker} f = K \subseteq H$, 所以 $r \in h+H$, 即 $\operatorname{Ker} \bar{f} = 0$, 故 $\bar{f}$ 是同构, 证毕.

注意 (1) 两个环之间的同态 f 是单射的充要条件是 $\operatorname{Ker} f = 0$. 事实上, 若 $\operatorname{Ker} f = 0$, $f(r) = f(r')$, 则 $f(r-r') = 0$, $r-r' \in \operatorname{Ker} f = 0$, 因此 $r = r'$. 反之由于 $f(0) = 0$, (这是因为 f 是 $(R,+)$ 到 $(R',+)$ 的加法群同态, 故 $f(0) = 0$), 而 f 是单射, $\operatorname{Ker} f = 0$.

(2) 对两个环 R 与 R' 之间的保持加法运算的对应 $f:R \to R'$, 要证明 f 是一个映射, 只需验证 $f(0) = 0$ 即可. 事实上, 若 $r = r'$, 则 $r-r' = 0$, 因此 $f(r-r') = f(0) = 0$, 故 $f(r)-f(r') = 0$, 即 $f(r) = f(r')$.

定理 3-3 设 R 是一环, S 是 R 的子环, I 是 R 的理想, 则 $S+I = \{s+a \mid a \in S, a \in I\}$ 是 R 包含 I 作为理想的子环. 又 $S \cap I$ 是 S 的理想且映射 $s+I \to s+(S \cap I)$ 是 $(S+I)/I \to S/S \cap I$ 的同构.

证明 I 是 R 的理想, 因此也是 $S+I$ 的理想. 再看 $S \cap I$, 对 $t \in S$, $x \in S \cap I$, $tx \in S$, $tx \in I$, 故 $tx \in S \cap I$. 同样 $xt \in S \cap I$, 因此 $S \cap I$ 是 S 的理想. 若 $s-s' \in I$, 由 $s-s' \in S$ 得 $s-s' \in S \cap I$, 因此 $s+I \to s+(S \cap I)$ 是有意义的 (即是一个映射), 保持加法与乘法是显然的, 因此它是一个环同态, 映上也是显而易见的. 再看核: 若 $s \in S \cap I$, 则 $s \in I$, 因此该映射的核为 0, 故是同构. 证毕.

定理 3-4 设 R 是一个环, I, J 是 R 的理想且 $I \subseteq J$, 则

$$R/J \cong (R/I)(J/I).$$

证明 作 R/I 到 R/J 的映射 $f:r+I \to r+J$. 若 $r_1+I = r_2+I$, 则 $r_1-r_2 \in I$, 故 $r_1-r_2 \in J$, 即 $r_1+J = r_2+J$. 又容易验证 f 保持加法和乘法, 因此 f 是环同态, 显然 f 是满同态. 又 $\operatorname{Ker} f = J/I$, 由同态基本定理即得结论. 证毕.

习 题

1. 设 f_1 是环 $R_1 \to R_2$ 的同态，f_2 是 $R_2 \to R_3$ 的同态，求证：$f_2 f_1$ 是 $R_1 \to R_3$ 的同态.

2. 设 I 是带恒等元环 R 的理想，n 是一个自然数，证明：

$$M_n(R)/M_n(I) \cong M_n(R/I).$$

3. 证明：除环的任一非零自同态总是单同态.

4. (1) 设 R 是交换环，R 的全体幂零元组成的理想即诣零根记为 N，则 R/N 是一个没有幂零元素的环. 举例说明对非交换环而言，幂零元全体未必组成一个理想.

(2) 假定 R, S 是交换环且 S 无幂零元. f 是 R 到 S 的满同态，求证：R 中的幂零元(如存在的话)都落在 $\mathrm{Ker}\, f$ 中.

5. 求证：

(1) 有理数域的自同构只有恒等同态一个；

(2) 实数域的自同构也只有恒等同态一个.

6. 设 m, n 是自然数，求证：存在从环 $\mathbf{Z}_n$ 到环 $\mathbf{Z}_m$ 的满同态的充要条件是 $m \mid n$.

7. 设 m, n 是自然数，若 m, n 互素，则从环 $\mathbf{Z}_n$ 到环 $\mathbf{Z}_m$ 的同态只有零同态.

8. 设 F 是一个数域，$M_n(F)$ 表示数域 F 上的 n 阶矩阵环. 求证：若 $m \neq n$，则 $M_n(F)$ 和环 $M_m(F)$ 之间不存在满同态.

9. (中国剩余定理) 设 R 是含恒等元的交换环，R 的两个理想 I_1, I_2 称为互素若 $I_1 + I_2 = R$. 设 I_1, I_2, $\cdots$, I_n 是 R 的 n 个两两互素的理想，a_1, a_2, $\cdots$, a_n 是 R 中元素，则存在 R 中元素 a 使 $a \equiv a_i \pmod{I_i}$ 对一切 i 成立.

10. 设 R 是含恒等元的交换环，I_1, $\cdots$, I_n 是两两互素的理想，$I = I_1 \cdots I_n$. 求证：

$$R/I \cong R/I_1 \times \cdots \times R/I_n.$$

11. 设 n 是自然数且 $n = p_1^{e_1} p_2^{e_2} \cdots p_k^{e_k}$ 是 n 的素因子分解(p_i 是互不相同的素数). 令 $n_i = p_i^{e_i}$. 求证：

$$\mathbf{Z}_n \cong \mathbf{Z}_{n_1} \times \mathbf{Z}_{n_2} \times \cdots \times \mathbf{Z}_{n_k}.$$

*12. 令 M 是实 2×2 矩阵环，S 是 M 的子环，它由形如 $\begin{bmatrix} a & -b \\ b & a \end{bmatrix}$ 的矩阵组成.

(1) 证明 S 和复数域同构；

(2) 证明 $A = \begin{bmatrix} 0 & 3 \\ -4 & 1 \end{bmatrix}$ 在某个同构于 S 的子环中；

(3) 证明：存在 $X \in M$，使得 $X^4 + 13X = A$.

§3.4 整环、分式域

§3.4.1 整环及其特征

设 R 是一个整环，a 是 R 的非零元，如果存在某个自然数 m 使 $ma = 0$，就称 a 是周期元．若 m 是使 $ma = 0$ 的最小的自然数，则称 m 是 a 的周期．

定理 4-1 设 R 是整环，若 R 至少含有一个周期元，则必存在素数 p，使对 R 的一切非零元 r 均有 $pr = 0$，这个 p 称为环 R 的特征．

证明 先证这样一个事实：若 $a \neq 0$，$ma = 0$，则对任意的 $b \in R$，$mb = 0$．事实上，$(ma)b = 0$，故 $a(mb) = 0$．但 R 是整环且 $a \neq 0$，因此 $mb = 0$．再证若 $a \neq 0$，m 是使 $ma = 0$ 的最小正整数，则 m 是素数．若不是素数，则 $m = m_1 m_2 (m_1 < m_2, m_2 < m)$．由 $ma = 0$，得 $m_1 a = 0$，或 $m_2 a = 0$，与 m 是最小的矛盾．证毕．

如果一个整环中没有周期元，则称这个整环的特征为零．当整环是域时，它们的特征就称为域的特征．域的特征是域的重要性质，以后还要经常涉及．

需要注意的是，环的特征一般是指整环的特征．如一个环不是整环，它的元素的周期可能不相同．比如环 $Z_2 \oplus Z_3$，元素 $(1, 0)$ 的周期是 2，而元素 $(0, 1)$ 的周期是 3，元素 $(1, 1)$ 的周期是 6．

例 1 特征为 p 的任意域必含有一个最小子域，它同构于 Z_p．

证明 设 F 是特征为 p 的域，$\bar{1}$ 是 F 的恒等元，考虑由 $\bar{1}$ 生成的 F 的子域 $F_0 = \{\bar{0}, \bar{1}, \bar{2}, \cdots, \overline{p-1}\}$，这里 $\bar{k} = k \cdot \bar{1}$．由于 F 的任意一个子域都必须包含恒等元 $\bar{1}$，因此也必须包含 F_0，即 F_0 是一个最小的子域．作 $\mathbf{Z}_p \rightarrow F_0$ 的映射 $k \rightarrow \bar{k}$，显然这是一个同构．

这个最小子域习惯上称为素域，或特征为 p 的素域，它是特征为 p 的域中最简单的一个域．若一个域 F 的特征等于 0，这时也有素域的概念，这时令 $F_0 = (\bar{1})$，即由 F 的单位元 $\bar{1}$ 生成的 F 的子域，这个域与有理数域是同构的，我们将在这一节的稍后证明这一事实．

§3.4.2 分式域

在这一节的剩余部分，如无特别说明，R 是指含恒等元的交换环．一个含恒等元的交换整环称为整区，此如整数环 $\mathbf{Z}$ 就是一个整区．

从整数可以构造有理数，即定义有理数为形如 $\dfrac{q}{p}$ 的数，其中 $p, q \in \mathbf{Z}$．这样的构造方法也可以推广到整区上，现在我们就来做这件事．

设 R 是一个整区，R^* 表示 R 中非零元的集合，作积集合 $R \times R^*$，其中的元素记为 (a, b). 现在 $R \times R^*$ 中定义一个等价关系"$\sim$"：$(a, b) \sim (c, d)$ 当且仅当 $ad = bc$，容易验证这是一个等价关系. 记 (a, b) 的等价类为 $\dfrac{a}{b}$，现以 F 记所有这些等价类的集合. 在 F 上按下列方式定义加法和乘法：

$$\frac{a}{b} + \frac{c}{d} = \frac{ad + bc}{bd};$$

$$\frac{a}{b} \cdot \frac{c}{d} = \frac{ac}{bd}.$$

首先要验证上述定义的合理性. 对加法，设

$$\frac{a}{b} = \frac{a'}{b'}, \ \frac{c}{d} = \frac{c'}{d'},$$

$$\frac{a'}{b'} + \frac{c'}{d'} = \frac{a'd' + b'c'}{b'd'},$$

而

$$\frac{a}{b} + \frac{c}{d} = \frac{ad + bc}{bd},$$

现要证明

$$\frac{ad + bc}{bd} = \frac{a'd' + b'c'}{b'd'}.$$

即要证明

$$(ad + bc)b'd' = (a'd' + b'c')bd$$

或

$$ab'dd' + bb'cd' = a'bdd' + bb'c'd.$$

而

$$ab' = a'b, \ cd' = c'd,$$

结论显然可得.

　　同样由 $ab' = a'b, cd' = c'd$，不难得 $acb'd' = a'c'bd$，因此

$$\frac{a}{b} \cdot \frac{c}{d} = \frac{a'}{b'} \cdot \frac{c'}{d'}.$$

　　现在看 F 中的零元素是什么？$\dfrac{a}{b} + \dfrac{0}{d} = \dfrac{ad}{bd} = \dfrac{a}{b}$，即 $\dfrac{0}{d}$ 是 F 的零元素. 注

意,对任意的非零元 b, d, $\dfrac{0}{b} = \dfrac{0}{d}$, F 中的这个零元素以后也记为 0. 我们还需要验证 F 在上面定义的加法与乘法下成为一环,这件事并不难,留给读者自己完成. 现来看 F 的恒等元,不难验证形如 $\dfrac{a}{a}$ ($a \neq 0$) 的元是 F 的恒等元 $\left(\text{注意} \dfrac{a}{a} = \dfrac{1}{1}\right)$, F 的恒等元简记为 1. 现设 $\dfrac{a}{b} \neq 0$, 则 $a \neq 0$, 因此 $\dfrac{b}{a} \in F$, 且 $\dfrac{b}{a} \cdot \dfrac{a}{b} = \dfrac{ba}{ab} = \dfrac{1}{1}$, 即 $\dfrac{b}{a}$ 是 $\dfrac{a}{b}$ 的逆元.

如作 $R \to F$ 的映射 $f : r \to \dfrac{r}{1}$, 则显然这是个环同态. 不仅如此,若 $\dfrac{r}{1} = 0$, 则 $\dfrac{r}{1} = \dfrac{0}{1}$, 即 $r = 0$, 因此 f 是一个单射或称嵌入. 通常称 F 是整区 R 的分式域,上面的映射 f 称为标准嵌入.

一个整区的分式域有下列重要性质.

定理 4-2　设 R 是一个整区,F 是 R 的分式域,f 是 $R \to F$ 的标准嵌入,g 是 R 到域 F' 的单同态,且 $g(1) = 1$, 则 g 可唯一地扩张为 F 到 F' 的同态,也就是存在唯一的 F 到 F' 的同态 h,有图 2 所示的交换.

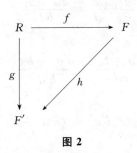

图 2

证明　定义 h 如下:

$$h\left(\frac{a}{b}\right) = g(a)\left[g(b)\right]^{-1},$$

首先证明 h 是映射:若 $\dfrac{a}{b} = \dfrac{a'}{b'}$, 则

$$ab' = a'b, \quad g(ab') = g(a'b),$$

$$g(a)g(b') = g(a')g(b).$$

由于　　$b \neq 0$, $b' \neq 0$, g 是单同态,故 $g(b) \neq 0$, $g(b') \neq 0$. 因此

$$g(a)g(b)^{-1} = g(a')g(b')^{-1},$$

即
$$h\left(\frac{a}{b}\right) = h\left(\frac{a'}{b'}\right).$$

再验证 h 保持加法:

$$h\left(\frac{a}{b} + \frac{c}{d}\right) = h\left(\frac{ad + bc}{bd}\right) = g(ad + bc) \cdot g(bd)^{-1}$$

$$= [g(a)g(d) + g(b)g(c)]g(b)^{-1}g(d)^{-1}$$

$$= g(a)g(b)^{-1} + g(c)g(d)^{-1}$$

$$= h\left(\frac{a}{b}\right) + h\left(\frac{c}{d}\right).$$

h 又保持乘法:

$$h\left(\frac{a}{b} \cdot \frac{c}{d}\right) = h\left(\frac{ac}{bd}\right) = g(ac)g(bd)^{-1}$$

$$= g(a)g(b)^{-1}g(c)g(d)^{-1}$$

$$= h\left(\frac{a}{b}\right)h\left(\frac{c}{d}\right).$$

因此 h 是 $F \to F'$ 的同态. 验证图 2 所示的交换性即是要验证 $hf = g$. 对 $r \in R$,
$hf(r) = h\left(\frac{r}{1}\right) = g(r)g(1)^{-1} = g(r)$, 故 $hf = g$. 最后还要验证 h 的唯一性,
设有 $h': F \to F'$ 也使 $h'f = g$, 因而 $h'\left(\frac{r}{1}\right) = g(r)$. 当 $r \neq 0$ 时, $\frac{r}{1}$ 是 F 中的可
逆元, 故 $h'\left(\frac{r}{1}\right)$ 是 F' 中的可逆元, 且其逆为 $h'\left(\frac{1}{r}\right)$, 于是

$$h'\left(\frac{a}{b}\right) = h'\left(\frac{a}{1} \cdot \frac{1}{b}\right) = h'\left(\frac{a}{1}\right)h'\left(\frac{1}{b}\right)$$

$$= g(a)g(b)^{-1} = h\left(\frac{a}{b}\right),$$

因此 $h = h'$, 即 h 唯一. 证毕.

推论 4-1 特征为 0 的域必含有一个最小子域, 它同构于有理数域.

证明 设 F 是一个特征为 0 的域, 令 R 是由 $\tilde{1}$ 生成的 F 的子环, 由于 F 的
特征为 0, 不难验证 $R \cong \mathbf{Z}$. 事实上, 作 $\mathbf{Z} \to R$ 的映射 $g: n \to n \cdot \tilde{1}$, 显然这是个同
态, 且是满的. 若 $n \cdot \tilde{1} = 0$, 由于 F 的特征是 0, 故 $n = 0$, 于是 g 是同构. $\mathbf{Z}$ 的分

式域是 **Q**(即有理数域),因此上述同构 g 可扩张为 **Q**→F 的单同态 h. 显然 h 的像与 **Q** 同构,它是 F 的一个子域. 现设 F_0 是 F 的任一子域,则 $\tilde{1} \in F_0$,因此 F_0 必包含 R,从而也包含 h 的像,即 F 有一个最小子域与 **Q** 同构. 证毕.

习　　题

1. 设 R 是含恒等元的交换环,S 是 R 的一个非空集合且是一个乘法封闭集,即适合下列条件:

$0 \bar{\in} S$;

若 $s_1, s_2 \in S$,则 $s_1 s_2 \in S$.

作积集 $R \times S$,其中元素记为 (r, s),$r \in R$,$s \in S$. 在 $R \times S$ 上定义一个关系:$(r, s) \sim (r', s')$ 当且仅当存在某个 $t \in S$,使

$$t(rs' - r's) = 0,$$

则

(1) 上述关系是一个等价关系.

(2) 记 R_S 是所有等价类的集合,(r, s) 的等价类记为 $[r, s]$. 定义 $[r_1, s_1] + [r_2, s_2] = [r_1 s_2 + r_2 s_1, s_1 s_2]$,$[r_1, s_2][r_2, s_2] = [r_1 r_2, s_1 s_2]$,则这是定义在 R_S 上的运算.

(3) 证明:R_S 在上述加法与乘法定义下成一环.

(4) 定义 $R \rightarrow R_S$ 的映射 $\varphi: r \rightarrow [rs, s]$,则 φ 是一个环同态,试求 $\mathrm{Ker}\,\varphi$.

(5) 证明:$[s_1, s_2](s_1, s_2 \in S)$ 是 R_S 中的可逆元.

2. 在上题中,如果 S 中的元素全是 R 的可逆元,求证:R_S 和 R 同构. 特别,若 R 本身是一个域,则 R 的分式域就是 R 自身.

3. 设 R 是复数域 **C** 的子环 $R = \{m + ni \mid m, n \in \mathbf{Z}\}$,求 R 的分式域.

4. 设 $R = \mathbf{Z}_4$,$S = \{\bar{1}, \bar{3}\}$. 证明 S 是乘法封闭集,求 R_S.

5. 设 $R = \mathbf{Z}_6$,$S = \{\bar{1}, \bar{2}, \bar{4}\}$. 求证 S 是乘法封闭集,求 R_S.

6. 设 R 是一个整环,m, n 是互素的整数,假设 $a^n = b^n$,$a^m = b^m$,求证:$a = b$.

7. 环 R_1 和 R_2 是同构的整区,F_1, F_2 分别是 R_1, R_2 的分式域,求证:它们也同构(这表明了整区分式域的唯一性).

8. 设 e 是环 R 中元素,若 $e^2 = e$,称 e 是幂等元. 求证:

(1) 整环中除了 0 和 1 外没有其他幂等元;

(2) 整环 R 不能分解为两个非零理想的直和:$R = I_1 \oplus I_2$.

9. 若环 R 是有限整环(不假定它有恒等元)且至少有两个元素,求证:R 是除环.

10. 若环 R(不假定它有恒等元)至少含两个元素,且对任意一个非零元 a,总存在唯一一个元素 b,使 $aba = a$. 求证:R 是除环.

11. 设 R 是一个不带恒等元的环(不一定可交换),作积集合 $\mathbf{Z} \times R$,这里,$\mathbf{Z}$ 是整数环,$\mathbf{Z} \times R$ 中的元素记为 (n, r). 现在 $\mathbf{Z} \times R$ 上定义加法与乘法如下:$(m, a) + (n, b) = (m+n,$

$a+b),(m, a)(n, b)=(mn, mb+na+ab)$，试证在此定义下 $\mathbf{Z}\times R$ 成为一环，这是个带恒等元 $(1, 0)$ 的环。不仅如此，作 $R\rightarrow \mathbf{Z}\times R$ 的映射 $r\rightarrow(0, r)$，则这是个单同态(嵌入)(题 11 表明任何一个不带恒等元的环均可嵌入一个带恒等元的环).

§3.5 唯一分解环

在这一节中所有的环都假设是交换整区.

设 a 是整区 R 的一个元素，若 a 可写为两个元素 b，c 之积 $a=bc$，则称 b 与 c 是 a 的因子，也称 b 或 c 能整除 a，记为 $b\,|\,a$ 或 $c\,|\,a$。如果 b 不可能是 a 的因子，则记为 $b\nmid a$，称为 b 不能整除 a 或 a 不可能被 b 整除。在整数环中，任何一个数都可以分解为若干个素数的乘积且这种分解在一定意义下是唯一的。现在我们要将这个性质推广到一类整区上。

首先我们要解决的一个问题是：什么是真因子。由于对一般的整区没有序(即大于、小于)的概念，因此不能像整数环上那样来定义真因子。设 R 是一个整区，u 是 R 中的一个单位，即为可逆元，对任意的 $a\in R$，$a=auu^{-1}$，这表明 u 是 R 中任一元素的因子(正如整数环中 1 与 -1 是任一数的因子一样)。这样的因子分解显然没有什么用处。现假定 $a=bc$，且 b 与 c 都不是单位，若此时 $a\,|\,b$，则 $b=ad$，$a=adc$。由整区消去律得 $dc=1$，即 c 是一个单位，引出了矛盾，因此 a 不能整除 b。于是我们可得到真因子的定义：b 称为是 a 的一个真因子，若 $b\,|\,a$ 但 a 不能整除 b。

R 中两个元素如果互相能整除，即 $a\,|\,b$，$b\,|\,a$，则它们必相差一个单位，也就是说存在可逆元 u，使 $a=bu$。这样的两个元称为相伴元，记为 $a\sim b$。比如 $\mathbf{Z}$ 中，6 与 -6 是相伴元。相伴关系显然是一个等价关系。

R 中的元素 a 如果不是单位且它不能分解成两个真因子的乘积，则称为不可约元。$\mathbf{Z}$ 中的素数是不可约元。

现在来定义什么叫唯一分解环.

定义 5-1 设 R 是一个整区，假设 R 中任一非零且不是单位的元素 a 都可以分解成有限个不可约元的乘积，且这种分解在下列意义下唯一：设 $a=p_1p_2\cdots p_s$，$a=p_1'p_2'\cdots p_t'$ 是 a 的两个分解，其中 p_i，$p_j'(i=1, \cdots, s; j=1, \cdots, t)$ 是不可约元，则 $s=t$，且经过适当的置换后，$p_i\sim p_i'$。适合上述条件的整区 R 称为唯一分解环(UFD)，或称为 Gauss 整区.

例 1 $\mathbf{Z}$ 是 Gauss 整区.

例 2 数域上的多项式环是 Gauss 整区.

例 3 并非所有的整区都是 Gauss 整区，试看 $\mathbf{Z}(\sqrt{-5})=\{m+n\sqrt{-5}\mid m$，

$n \in \mathbf{Z}\}$，显然这是个整区. 现定义 $\mathbf{Z}(\sqrt{-5})$ 中元 $a = m + n\sqrt{-5}$ 的范数 $N(a) = m^2 + 5n^2$，该范数适合下列性质：

(1) $N(a)$ 是非负整数且 $N(a) = 0$ 当且仅当 $a = 0$；

(2) $N(ab) = N(a)N(b)$.

$\mathbf{Z}(\sqrt{-5})$ 中的单位可以求出来. 事实上，若 $ab = 1$，则 $N(a)N(b) = N(1) = 1$，因此只可能 $a = 1$ 或 $a = -1$，故 $\mathbf{Z}(\sqrt{-5})$ 中的单位为 $\{1, -1\}$. 9 在 $\mathbf{Z}(\sqrt{-5})$ 中可有下列分解：

$$9 = 3 \cdot 3 = (2 + \sqrt{-5})(2 - \sqrt{-5}),$$

现在来证这是两个不同的不可约分解. 若有 $ab = 3$，则 $N(ab) = N(3) = 9$. 若 a，b 不是单位，只可能 $N(a) = 3$，$N(b) = 3$，但 $m^2 + 5n^2 = 3$ 无整数解，因此不可能，故 3 是不可约元. 同理可证 $2 + \sqrt{-5}$ 与 $2 - \sqrt{-5}$ 是不可约元. 又 3 与 $2 + \sqrt{-5}$ 或 $2 - \sqrt{-5}$ 不是相伴元，因此 $\mathbf{Z}(\sqrt{-5})$ 不是 Gauss 整区.

一个整区适合什么条件才是一个 Gauss 整区？为解决这一问题，引进下列概念.

因子链条件 设 R 是一个整区，如果 R 中不存在下列无限序列：a_1，a_2，$\cdots$，a_i，a_{i+1}，$\cdots$，其中 a_{i+1} 是 a_i 的真因子（对一切 $i = 1$，2，$\cdots$），则称 R 适合因子链条件.

仿照素数的概念可定义 R 中的素元如下：若 p 不是 R 的一个单位，对任意 ab 若从 $p | ab$ 必可推出 $p | a$ 或 $p | b$，则称 p 是 R 的一个素元.

素性条件 若 R 的任一不可约元都是素元，则称 R 适合素性条件.

定理 5-1 设 R 是一个整区，则 R 是唯一分解环当且仅当 R 适合因子链条件与素性条件.

证明 设 R 是一个唯一分解环，现有 R 中的一个序列 a_1，a_2，$\cdots$，a_n，$\cdots$，且 $a_{i+1} | a_i$，要证明存在某个 m，当 $n > m$ 时均有 $a_{n+1} \sim a_n$. 现来看 a_1，由于 R 是唯一分解环，因此 $a_1 = p_1 p_2 \cdots p_s$，其中 p_i 是不可约元. 若 a_2 是 a_1 的真因子，则 $a_1 = q_1 a_2$，q_1 不是单位. 再若 a_3 是 a_2 的真因子，则 $a_2 = q_2 a_3$，q_2 也不是单位. 如此下去可有 $a_1 = q_1 q_2 \cdots q_s a_{s+1}$，如不是不可约元还可以进行分解，因此 a_1 至少有一个不可约元的分解其长度（即不可约因子的个数）超过了 s，这与 R 是唯一分解环的假定矛盾，因此 R 适合因子链条件.

再证 R 适合素性条件. 设 p 是一个不可约元且 $p | ab$，当然 p 不是单位. 若 a 是单位，则有 $ab = pq$，$b = a^{-1} pq$，故 $p | b$. 同理，若 b 是单位，$p | a$. 假定 a 与 b 都

不是单位,令 $a = p_1 \cdots p_s$, $b = p_1' \cdots p_t'$, $p_i(i = 1, \cdots, s)$, $p_j'(j = 1, \cdots, t)$ 皆不可约,则 $ab = p_1 \cdots p_s p_1' \cdots p_t'$. 由于 $p \mid ab$ 且 p 本身是不可约元,故存在某个 i 或 j,使 $p_i \sim p$ 或 $p_j' \sim p$,因此或者 $p \mid a$ 或者 $p \mid b$.

现证明充分性. 设 R 是适合因子链条件和素性条件的整区. 首先因子链条件保证了 R 中的任一非单位(当然不为零)都有不可约分解. 设 a 是非单位且 $a \neq 0$,若 a 本身是不可约元,则就不必再分解因子了. 若 a 不是不可约元,则 a 可以分解为两个真因子的积 $a = a_1 b_1$. 若 a_1, b_1 不可约则到此为止. 若其中某个可分解,比如 $a_1 = a_2 b_2$,再看 a_2,也许仍可继续分下去 $a_2 = a_3 b_3$ 等等. 但这个过程不能无限做下去,否则将得到一个无限的序列 a_1, a_2, a_3, $\cdots$,使 a_{i+1} 是 a_i 的真因子,故必存在某个 a_n 是不可约元. 令 $p_1 = a_n$, $a = p_1 a'$,若 a' 是单位,则 a 是不可约元不必再讨论. 若 a' 还可再分,则如上面做过的一样,必有不可约元 p_2 使 $a' = p_2 a''$. 如此不断做下去得 $a = p_1 p_2 \cdots p_s a^{(s)}$,但这个过程也不能无限延续下去,因为否则将得到一个无限序列 a', a'', $\cdots$, $a^{(s)}$, $\cdots$,其中每个 $a^{(i+1)}$ 是 $a^{(i)}$ 的真因子,于是 a 必可分解为有限个不可约元的乘积.

接下去还需证明因子分解的唯一性. 设 $a = p_1 p_2 \cdots p_s$ 以及 $a = p_1' p_2' \cdots p_t'$ 是 a 的两个不可约分解,则 $p_1 \mid p_1' \cdots p_t'$,而 p_1 不可约,由素性条件知 p_1 是素元,故对某个 p_i',$p_1 \mid p_i'$. 但是 p_i' 是不可约元,故 $p_1 \sim p_i'$. 经过重新编号,我们可设 $p_1 \sim p_1'$. 同理 $p_2 \sim p_2'$, $\cdots$, $p_s \sim p_s'$. 这时若 $s \neq t$,比如 $t > s$,则 $p_{s+1}' \cdots p_t' = 1$. 这不可能,故只有 $s = t$,这就证明了定理. 证毕.

上述定理中的素性条件还可以用所谓的最大公因子条件来代替. 设 d 是 a, b 的公因子,即 $d \mid a$, $d \mid b$. 若对 a, b 的任意公因子 c 都有 $c \mid d$,则称 d 是 a, b 的最大公因子,记为 $d = (a, b)$. 同理可定义若干个元素的最大公因子. 我们还可定义最小公倍子:设 m 适合 $a \mid m$ 及 $b \mid m$,且对任意的 $a \mid c$, $d \mid c$,必有 $m \mid c$,则称 m 是 a, b 的最小公倍子,记为 $[a, b]$. 如果 a, b 的最大公因子等于 1(或单位),则称 a, b 是互素的. a, b 互素的充要条件是或者 a 与 b 之中至少有一个为单位,或者其中一个元的不可约因子都不是另一个元的因子(此时若 a, b 有不可约分解,则不可约因子互不相伴).

任意一个唯一分解环都适合下列最大公因子条件:R 中任意两个元素都有最大公因子. 事实上,若 a, b 中有一个是单位,则 $(a, b) = 1$. 若都不是单位,作它们的不可约分解并将相伴的不可约因子予以合并,这样将 a, b 分解如下:

$$a = \mu p_1^{e_1} p_2^{e_2} \cdots p_s^{e_s},$$

$$b = \nu p_1^{f_1} p_2^{f_2} \cdots p_s^{f_s},$$

这里 $e_i \geq 0$, $f_i \geq 0$, μ, ν 是单位. 令

$$d = p_1^{g_1} p_2^{g_2} \cdots p_s^{g_s},$$

$$g_i = \min(e_i, f_i),$$

不难验证 d 是 a, b 的最大公因子. 对最小公倍子也可类似求出:

$$m = [a, b] = p_1^{h_1} p_2^{h_2} \cdots p_s^{h_s},$$

$$h_i = \max(e_i, f_i).$$

下面我们要证明最大公因子条件可用来代替素性条件, 为此先证几个引理.

引理 5-1　若 R 是整区且任意两个元有最大公因子, 则任意 n 个元也有最大公因子.

证明　设有 n 个元 a_1, a_2, $\cdots$, a_n, 记 $d_1 = (a_1, a_2)$, $d_2 = (d_1, a_3)$, $\cdots$, $d = d_{n-1} = (d_{n-2}, a_n)$, 显然 d 是 a_1, a_2, $\cdots$, a_n 的最大公因子. 证毕.

引理 5-2　$((a, b), c) \sim (a, (b, c))$.

证明　两者都是 a, b, c 的最大公因子, 故必相伴. 证毕.

引理 5-3　$c(a, b) \sim (ca, cb)$.

证明　令 $d = (a, b)$, $e = (ca, cb)$, 则 $cd | ca$, $cd | cb$, 故 $cd | (ca, cb)$, 因此 $e = cd\mu$. 又令 $ca = ex = cd\mu x$, 则 $a = d\mu x$, 即 $d\mu | a$. 同理 $d\mu | b$, 因此 $d\mu | d$, 即 μ 是单位且 $(ca, cb) = cd = c(a, b)$. 证毕.

引理 5-4　若 $(a, b) \sim 1$ 且 $(a, c) \sim 1$, 则 $(a, bc) \sim 1$.

证明　由 $(a, b) \sim 1$ 及引理 5-3, $(ac, bc) \sim c$. 又 $(a, ac) \sim a$, 因此

$$1 \sim (a, c) \sim (a, (ac, bc)) \sim ((a, ac), bc) \sim (a, bc).$$

证毕.

引理 5-5　最大公因子条件蕴涵素性条件.

证明　设 p 是不可约元且 p 不能整除 a, p 不能整除 b, 要证明 p 不能整除 ab. 事实上, 由于 p 不可约, $(p, a) \sim 1$, $(p, b) \sim 1$, 由引理 5-4, $(p, ab) \sim 1$, 即 p 不能整除 ab. 证毕.

上述结论可总结为如下:

定理 5-2　设 R 是一个整区, 则 R 是一个 Gauss 整区当且仅当 R 适合因子链条件和最大公因子条件.

习　　题

1. 分别在 $\mathbf{Z}[x]$, $\mathbf{Q}[x]$, $\mathbf{Z}_{11}[x]$ 中分解下列因式: $4x^2 - 4x + 8$.

2. 分别在 $\mathbf{Q}[x]$，$\mathbf{Z}_7[x]$ 中分解下列因式：$2x^2 + 4x + 5$.

3. 在 $\mathbf{Z}_3[x]$ 中作下列多项式的不可约分解：$x^3 + x + 2$.

4. 设 R 是唯一分解环，环中元素 $a \mid bc$，又已知 a，b 互素，求证 $a \mid c$.

5. 设 $R = \mathbf{Z}[\sqrt{-1}]$，求证：若 R 中元素 $a + b\sqrt{-1}$ 适合条件 $a^2 + b^2$ 是一个素数，则它是一个不可约元.

6. 若 R 是 Gauss 整区，则 $ab \sim (a, b)[a, b]$.

7. 证明：$\mathbf{Z}[\sqrt{-5}]$ 适合因子链条件.

8. 设 $\mathbf{Z}[\sqrt{10}] = \{a + b\sqrt{10} \mid a, b \in \mathbf{Z}\}$，证明：它不是 Gauss 整区.

9. 证明：任一素元必是不可约元.

10. 证明：$\mathbf{Z}[x]$ 适合因子链条件.

§3.6 PID 与欧氏整区

首先我们从另一个角度来分析一下整除问题. 设 $a \mid b$，即 $b = ac$，记 a 生成的主理想为 (a)，则 $b = ac$ 表示 $b \in (a)$，因此 b 生成的主理想 $(b) \subseteq (a)$. 反过来，若 $(b) \subseteq (a)$，则 $b \in (a)$，因此存在某个 c 使 $b = ac$，也即 $a \mid b$. 因此 $a \mid b$，当且仅当 $(b) \subseteq (a)$. 再看相伴关系. 若 $a \sim b$，则 $a \mid b$，$b \mid a$，也就是 $(a) \subseteq (b)$，$(b) \subseteq (a)$，这表明 $(a) = (b)$，所以 $a \sim b$，当且仅当 $(a) = (b)$. 因子链条件也可以用另一种等价的说法来代替. 若环 R 没有主理想的无限真升链，即没有这样的无限序列：

$$(a_1) \subsetneqq (a_2) \subsetneqq (a_3) \subsetneqq \cdots,$$

则称 R 满足主理想升链条件. 显然，因子链条件等价于主理想升链条件.

定义 6-1 设 R 是一个整区，若它的每个理想都可由一个元生成，则称 R 为主理想整区，简记为 PID.

定理 6-1 任一主理想整区都是 Gauss 整区.

证明 设 R 是主理想整区，首先证明 R 适合主理想升链条件. 设有主理想升链 $(a_1) \subseteq (a_2) \subseteq (a_3) \subseteq \cdots$. 作 $\bigcup_{i=1}^{\infty} (a_i)$，不难验证这仍是 R 的一个理想，因而是主理想. 不妨设 $(a) = \bigcup (a_i)$，则 $a \in \bigcup (a_i)$，于是必有某个 m，使 $a \in (a_m)$，故 $(a) \subseteq (a_m)$，因此 $(a) = (a_m)$ 且对任意的 $n > m$ 都有 $(a_n) = (a) = (a_m)$，从而上述升链不能是无限真升链，即 R 适合主理想升链条件或因子链条件.

再证 R 适合最大公因子条件. 令 a，b 是 R 中任意两个非零元，记 (a, b) 为 a，b 生成的 R 的理想. 由于 R 是主理想整区，故 (a, b) 可由一个元生成，设

$(a, b) = (d)$，现来证明 d 是 (a, b) 的最大公因子. 由于 $(d) = (a, b) \supseteq (a)$，故 $d \mid a$，同理 $d \mid b$. 又若 $c \mid a$，$c \mid b$，即 $(c) \supseteq (a)$，$(c) \supseteq (b)$，则 $a, b \in (c)$，因此 $(a, b) \subseteq (c)$，即 $(d) \subseteq (c)$，或 $c \mid d$. 这就证明了 d 是 a, b 的最大公因子. 证毕.

现在我们来考虑一类更特殊的整区，称为欧氏整区.

定义 6-2　设 R 是一个整区且存在从 R 的非零元集合 R^* 到非负整数集合 N 的映射 δ 适合下列条件：

(1) 若 $a, b \in R$ 且 $b \neq 0$，则存在 $q, r \in R$ 适合 $a = bq + r$，且或者 $r = 0$ 或者 $\delta(r) < \delta(b)$；

(2) 对任意非零元 a, b，总有 $\delta(a) \leqslant \delta(ab)$.

则称 R 是一个欧氏整区，映射 δ 为欧氏赋值.

整数环 $\mathbf{Z}$ 是欧氏整区，因为这时可令 $\delta(n) = |n|$. 数域 F 上的多项式环 $F[x]$ 也是欧氏整区，这时 $\delta(f(x)) = \deg f(x)$.

例 1　Gauss 整数环 $\mathbf{Z}[\sqrt{-1}] = \{m + n\sqrt{-1} \mid n \in \mathbf{Z}\}$ 是欧氏整区.

证明　设 $a = m + n\sqrt{-1}$，定义 $\delta(a) = m^2 + n^2$，则 $\delta(a) \in \mathbf{N}$，$\delta(ab) = \delta(a)\delta(b)$. 设 $b \neq 0$，则 $ab^{-1} = \mu + \nu\sqrt{-1}$，这里 μ 与 ν 是有理数. 现令 u 与 v 是适合 $|u - \mu| \leqslant \dfrac{1}{2}$，$|v - \nu| \leqslant \dfrac{1}{2}$ 的整数，再令 $\varepsilon = \mu - u$，$\eta = \nu - v$，于是 $|\varepsilon| \leqslant \dfrac{1}{2}$，$|\eta| \leqslant \dfrac{1}{2}$. 又

$$a = b[(u + \varepsilon) + (v + \eta)\sqrt{-1}] = bq + r,$$

其中 $q = u + v\sqrt{-1} \in \mathbf{Z}[\sqrt{-1}]$，$r = b(\varepsilon + \eta\sqrt{-1})$. 由于 $r = a - bq$，故 $r \in \mathbf{Z}[\sqrt{-1}]$.

又

$$\delta(r) = |r|^2 = |b|^2(\varepsilon^2 + \eta^2)$$

$$\leqslant |b|^2 \left(\frac{1}{4} + \frac{1}{4}\right) = \frac{1}{2}\delta(b),$$

故

$$\delta(r) < \delta(b),$$

即　$\mathbf{Z}[\sqrt{-1}]$ 是欧氏整区. 证毕.

定理 6-2　欧氏整区是 PID.

证明　设 I 是欧氏整区 R 的理想，若 $I = 0$，则 I 由 0 生成. 现设 $I \neq 0$，则

必有某个 $b \neq 0$, $b \in I$ 且使 $\delta(b)$ 最小. 作 b 生成的主理想 (b), 显然 $(b) \subseteq I$. 又设 a 是 I 中任一非零元,则存在 q 及 r,使 $a = bq + r$, 且 $\delta(r) < \delta(b)$, 但 $r = a - bq \in I$. 若 $r \neq 0$, 则由于 $\delta(b)$ 是 I 中最小者,故与 $\delta(b)$ 的选取矛盾,于是, $a = bq$, 即 $a \in (b)$, 因此 $I = (b)$. 证毕.

推论 6-1 欧氏整区是唯一分解环.

我们已经证明了下面几个概念的从属性:欧氏整区 $\Rightarrow$ PID $\Rightarrow$ Gauss 整区. 但反过来不一定成立,即 Gauss 整区不一定是 PID,PID 不一定是欧氏整区.

习　　题

1. 设 R 是一个 PID,若 $(a) \bigcap (b) = (c)$, 求证:c 是 a, b 的最小公倍元.

2. 设 R 是一个 PID, a, b 是两个非零元素,d 是它们的最大公因子. 求证:存在 R 中元素 s, t,使 $as + bt = d$.

3. 设 R 是一个 PID, p 是一个不可约元素,求证:$R/(p)$ 是一个域. 反之,若 a 是可约元, 则 $R/(a)$ 不是整区.

4. 设 R 是一个 PID,求证 R 的任意一个真理想都可以唯一地表示为若干个不可约元素生成的理想之积.

5. 若 (R, δ) 是一个欧氏整区,求证:

(1) $\delta(1) \leqslant \delta(a)$ 对一切 $a \neq 0$ 成立;

(2) 若 a, b 相伴,则 $\delta(a) = \delta(b)$;

(3) 若 $a \mid b$ 又 $\delta(a) = \delta(b)$, 则 a, b 相伴;

(4) 若 a, b 非零且 b 不是可逆元,则 $\delta(a) < \delta(ab)$;

(5) 若 a 是 R 的单位,则 $\delta(a) = \delta(1)$, 反之亦然.

6. 设 δ 是整区 R 上的欧氏赋值,求证:

(1) 若 n 是一个固定的整数,定义 R^* 到非负整数的映射 φ:$\varphi(a) = n + \delta(a)$. 则 φ 也是 R 上的一个欧氏赋值;

(2) 若 n 是一个固定的整数,定义 R^* 到非负整数的映射 φ:$\varphi(a) = n\delta(a)$. 则 φ 也是 R 上的一个欧氏赋值.

7. 设 R 是一个欧氏整区,令 $N = \{a \in R \mid \delta(a) > 1\}$, 问 N 是否 R 的理想?

8. 设 R 是整区,δ 是 R^* 到非负整数集上的映射且满足条件:对 a, $b \in R$ 且 $b \neq 0$, 总存在 q, $r \in R$ 使 $a = qb + r$ 且或者 $r = 0$ 或者 $\delta(r) < \delta(b)$. 求证:存在 R 上的一个欧氏赋值 φ 使 (R, φ) 是欧氏整区.

9. 设 $\mathbf{Z}[\sqrt{2}] = \{m + n\sqrt{2} \mid m, n \in \mathbf{Z}\}$. 求证:$\mathbf{Z}[\sqrt{2}]$ 是一个欧氏整区. (提示:令 $\delta(m + n\sqrt{2}) = \mid m^2 - 2n^2 \mid$)

10. 试证:在欧氏整区中可做 Euclid 辗转相除法:设 a_1, a_2 是 R 的非零元. 令 $a_1 = q_1 a_2 + a_3$, $a_2 = q_2 a_3 + a_4$, $\cdots$, $a_i = q_i a_{i+1} + a_{i+2}$, $\cdots$. 其中 $\delta(a_{i+1}) < \delta(a_i)$. 于是存在自然数

$n, a_n \neq 0$, 但 $a_{n+1} = 0$, 且有 $d = a_n = (a_1, a_2)$. (这是欧氏整区名称的由来)

§3.7   域上的一元多项式环

我们已经在高等代数课程中学习过数域上多项式环的理论. 一般域上多项式环的理论与数域上多项式环的理论是类似的.

设 F 是一个域, x 是一个未定元, $F[x]$ 是系数在 F 中的 x 的多项式全体, 其元素记为 $f(x) = a_0 + a_1 x + \cdots + a_n x^n$, 这里 n 可以为一切非负整数. $F[x]$ 在多项式加法与乘法下成一环.

若 $f(x) \in F[x]$, 定义 $\deg f(x)$ 为 $f(x)$ 最高次项的次数. 若 $f(x) = a_0 \neq 0$, 则 $\deg f(x) = 0$. 若 $f(x) = 0$, 规定 $\deg f(x) = -\infty$, 于是有下列引理.

引理 7-1   设 $f(x), g(x) \in F[x]$, 则

$$\deg (f(x) g(x)) = \deg f(x) + \deg g(x)$$

证明同数域时完全一样, 故从略.

推论 7-1 $F[x]$ 是一个整区.

由于 $F[x]$ 是一个整区, 因此 $F[x]$ 有一个分式域, 通常记为 $F(x)$, 其中元素的形状为 $\dfrac{f(x)}{g(x)}$ ($g(x) \neq 0$), 称为 F 上的有理函数域.

引理 7-2   给定 $F[x]$ 中两个多项式 $f(x), g(x)$, 其中 $g(x) \neq 0$, 则在 $F[x]$ 中存在 $q(x)$ 及 $r(x)$, 使

$$f(x) = q(x) g(x) + r(x),$$

且

$$\deg r(x) < \operatorname{def} g(x).$$

证明   尽管这个引理的证明与高等代数中类似命题相同, 我们仍然写出证明如下:

若 $\deg f(x) < \deg g(x)$, 则已不用再证, 故可设

$$f(x) = a_0 + a_1 x + \cdots + a_m x^m,$$

$$g(x) = b_0 + b_1 x + \cdots + b_n x^n,$$

$$a_m \neq 0, \ b_n \neq 0, \ m \geqslant n,$$

令 $f_1(x) = f(x) - a_m b_n^{-1} x^{m-n} g(x),$

则 $\deg f_1(x) \leqslant m - 1.$

由对 $f(x)$ 次数的归纳法可假定

$$f_1(x) = q_1(x)g(x) + r(x), \text{ 且 } \deg r(x) < \deg g(x).$$

这样一来， $f(x) - a_m b_n^{-1} x^{m-n} g(x) = q_1(x)g(x) + r(x),$

因此 $f(x) = a_m b_n^{-1} x^{m-n} g(x) + q_1(x)g(x) + r(x),$

只需令 $q(x) = a_m b_n^{-1} x^{m-n} + q_1(x),$ 即得所要的结论. 证毕.

定理 7-1 $F[x]$ 是欧氏整区.

推论 7-2 $F[x]$ 是 PID.

推论 7-3 $F[x]$ 是 Gauss 整区.

推论 7-4 $F[x]$ 中任意两个多项式 $f(x)$, $g(x)$ 都有最大公因子 $d(x)$, 且存在 $s(x)$, $t(x)$, 使

$$d(x) = s(x)f(x) + t(x)g(x).$$

$F[x]$ 中的不可约元就是不可约多项式, 即不再能分解为两个次数低于原多项式之积的多项式, $F[x]$ 的不可约元就是素元.

推论 7-5 $F[x]$ 中任一多项式都可唯一地分解成为有限个不可约多项式的乘积.

引理 7-3 $F[x]$ 中多项式 $f(x)$ 不可约的充要条件是 $(f(x))$ 是 $F[x]$ 的极大理想. 即不存在 $F[x]$ 的真理想 I 真包含 $(f(x))$.

证明 若 $f(x)$ 不可约, 且 $I \supseteq (f(x))$, 由于 $F[x]$ 是 PID, 因此 I 可由一个元生成, 记 $(g(x)) = I$. 由 $(f(x)) \subseteq (g(x))$ 得 $g(x) \mid f(x)$, 但这只有在 $g(x) = c$ 或 $g(x) = cf(x)$ 时才可能, 这里 $c \neq 0$, $c \in F$. 当 $g(x) = c$ 时, $(g(x)) = F[x]$; 当 $g(x) = cf(x)$ 时 $(g(x)) = (f(x))$, 因此 $(f(x))$ 是极大理想. 反之若 $(f(x))$ 是极大理想, 假定 $f(x)$ 可约, 则 $f(x) = f_1(x)f_2(x)$, 于是 $f_i(x) \neq cf(x) \in (f_1(x))$, 即 $(f(x)) \subset (f_1(x))$. 但 $(f(x)) \neq (f_1(x))$, 这与 $(f(x))$ 是极大理想矛盾, 因此 $f(x)$ 不可约. 证毕.

引理 7-4 设 R 是带 1 的交换环, I 是 R 的理想且 $I \neq R$, 则 I 是 R 的极大理想的充要条件为 R/I 是一个域.

证明 设 I 是极大理想, 则 R/I 只有两个理想: 0 及自身, 因此 R/I 是一个域. 又若 R/I 是域, 假设 J 是 R 的理想且 $J \supset I$, 则由 R 的包含 I 的理想集与 R/I 的理想集之间的一一对应知 $J = R$, 因此 I 是 R 的极大理想. 证毕.

推论 7-6 $F[x]$ 中多项式 $f(x)$ 不可约的充要条件为 $F[x]/(f(x))$ 是一个域.

例 1 设 F 是有理数域, $p(x) = x^3 - 2$, 则 $p(x)$ 不可约. 令 $A = (x^3 - 2)$,

即 A 为 $x^3 - 2$ 生成的理想,于是 $F[x]/A$ 是一个域. 这个域里的任意一个元素可写为 $f(x) + A$ 的形状,这个域里的零元素是 A,即所有能被 $x^3 - 2$ 整除的多项式组成的理想.

若 $\deg f(x) \geqslant 3$,则可用除法得到

$$f(x) = q(x)(x^3 - 2) + r(x),$$

$$\deg r(x) < 3,$$

因此 $f(x) + A = r(x) + A$,也就是说 $F[x]/A$ 中元素皆可写为 $f(x) + A$,$\deg f(x) < 3$ 的形状. 换言之,$F[x]/A$ 的任一元的代表元素可取为次数不超过 2 的多项式:$a_0 + a_1 x + a_2 x^2$.

例 2 设 F 是最简单的域 $F = Z_2 = \{0, 1\}$,$p(x) = x^2 + x + 1$ 是 F 上的不可约多项式(它在 F 中没有根),现来求 $F[x]/(p(x))$ 的全部元素. 由于任一多项式除以 $x^2 + x + 1$ 后余式的次数小于 2,因此 $F[x]/(p(x))$ 中元的形状为 $a_1 x + a_0$,a_1,$a_0 \in F$. 而 F 一共只有两个元,因此只有如下几种可能性:$\bar{0}$,$\bar{1}$,$\bar{x}$,$\overline{x+1}$,这就是 $F[x]/(p(x))$ 的全部元素. 1 是这个域的恒等元,$\bar{x}$ 的逆元是 $\overline{(x+1)}$.

现在假定 S 是域 F 的扩张,即 F 是环 S 的一个子环(F 本身是一个域)且 F 的恒等元 1 就是 S 的恒等元,设 S 也是一个交换环,u 是 S 中的一个元素,令 $F[u] = \{a_0 + a_1 u + \cdots + a_n u^n \mid a_i \in F$,$n$ 可为一切非负整数$\}$,考虑 F 上的多项式环 $F[x] \rightarrow F[u]$ 的映射 η:$a_0 + a_1 x + \cdots + a_n x^n \rightarrow a_0 + a_1 u + \cdots + a_n u^n$,不难验证 $F[u]$ 是 S 的子环且 η 是 $F[x]$ 到 $F[u]$ 的映上同态. 如果 η 是一个同构,则称 u 是 F 上的一个超越元. 若 $\mathrm{Ker}\,\eta \neq 0$,则称 u 是 F 上的代数元. 当 u 是超越元时,$a_0 + a_1 u + \cdots + a_n u^n = 0$ 当且仅当所有的 $a_i = 0$. 当 u 是代数元时,$\mathrm{Ker}\,\eta$ 可由一个多项式 $f(x)$ 生成,这时 $F[u] \cong F[x]/(f(x))$,且显然 $f(u) = 0$,即 u 适合 F 上的一个一元多项式. 如 $f(x)$ 是一个不可约多项式,则 $F[u]$ 是 F 的一个扩域,即包含 F 的域. 代数元、超越元的这种定义方式是经典定义的自然推广.

我们还可以定义多项式根的概念. 设 $f(x) \in F[x]$,S 中的元 u 如果适合 $f(u) = 0$,就称它为 $f(x)$ 的根. 若 u 是 F 上的代数元,则必有一个次数最小的首一多项式 $f(x)$,使 u 是它的根,这个多项式称为代数元 u 的最小多项式. 最小多项式是唯一确定的. 这是因为若 $f(x)$,$g(x)$ 都是 u 的最小多项式,则它们首项系数都为 1 且次数相同. 因此 $f(x) - g(x)$ 的次数小于 $f(x)$ 的次数,但 $f(u) - g(u) = 0$. 由最小多项式定义即知只可能 $f(x) - g(x) = 0$,即 $f(x) = g(x)$.

类似于数域上的多项式,一般域上的多项式也有下列引理.

引理 7-5(余数定理) 若 $f(x) \in F[x]$，$a \in F$，则存在唯一的 $q(x)$，使

$$f(x) = (x-a)q(x) + f(a).$$

证明 由引理 7-2 得

$$f(x) = (x-a)q(x) + r,$$

显然 $r = f(a)$. 若另有 $q'(x)$，使

$$f(x) = (x-a)q'(x) + f(a),$$

则　　　　$(x-a)q'(x) + f(a) = (x-a)q(x) + f(a),$

因此　　$(x-a)[q(x) - q'(x)] = 0$，　　于是　　$q(x) = q'(x)$. 证毕.

推论 7-7 $(x-a) | f(x)$ 的充要条件是 a 为 $f(x)$ 的根.

定理 7-2 $F[x]$ 上的 n 次多项式 $f(x)(n < 0)$ 在域 F 中最多只有 n 个不同的根.

证明 设 $a_1, a_2, \cdots, a_r$ 是 $f(x)$ 在 F 中的 r 个不同的根，作积 $g(x) = (x - a_1)(x - a_2) \cdots (x - a_r)$，现对 r 用归纳法证明 $f(x)$ 可被 $g(x)$ 整除. 事实上当 $r = 1$ 时就是引理 7-5 的推论. 现设 $r-1$ 时结论成立，则

$$f(x) = (x - a_1) \cdots (x - a_{r-1}) h(x),$$

因此　　$f(a_r) = (a_r - a_1) \cdots (a_r - a_{r-1}) h(a_r).$

但是 $a_r - a_i \neq 0$，故由 $f(a_r) = 0$ 可知，$h(a_r) = 0$，因而 $h(x) = (x - a_r)k(x)$. 于是

$$f(x) = (x - a_1) \cdots (x - a_r) k(x),$$

即　　　$r \leqslant n.$　　证毕.

利用这个定理可证明域的一个重要性质.

定理 7-3 任意一个域的乘法群的有限子群是循环群.

证明 设 G 是 F^* 的子群且阶有限，G 当然是 Abel 群，由 §2.5 中的定理 5-3 知道，G 为循环群当且仅当 G 的阶 $|G|$ 等于使每个 $a \in G$ 有 $a^m = 1$ 的最小正整数 m. 由于 $a^{|G|} = 1$ 在任一有限群中都成立，故只要证明 $|G| = m$ 即可. 现已有 $m \leqslant |G|$，考虑多项式 $f(x) = x^m - 1$，它在 F 中至多有 m 个不同的根，因此 $|G| \leqslant m$，于是 $|G| = m$. 证毕.

推论 7-8 任一有限域 F 的乘法群是一个循环群.

比如 $Z_p(p$ 是素数$)$ 的乘法群是阶为 $p-1$ 的循环群.

习　题

1. 设 $f(x) = a_0 + a_1 x + a_2 x^2 + \cdots + a_{n-1} x^{n-1} + x^n$，$a_i \in F$（$F$ 是一个域），$n > 0$，作 $F[x]/(f(x))$，记 $u = x + (f(x))$，则 $F[x]/(f(x))$ 中的任一元均可唯一地表示为下列形式：$b_0 + b_1 u + \cdots + b_{n-1} u^{n-1}$，$b_i \in F$.

2. 设 $F = \mathbf{Q}$，$f(x) = x^3 + 3x - 2$，证明：$F[x]/(f(x))$ 是一个域，且将下列元素表示为 u 的次数小于 3 的多项式的形式：

$$(2u^2 + u - 3) \cdot (3u^2 - 4u + 1);$$

$$(u^2 - u + 4)^{-1}.$$

这里　　　　　$u = x + (f(x))$.

3. 利用 $F = \mathbf{Z}_2$ 及多项式 $x^3 + x^2 + 1$ 构造一个由 8 个元素组成的域.

4. 构造一个由 25 个元素组成的域.

5. 设 F 是一个由 q 个元素构成的有限域，$F^* = \{a_1, a_2, \cdots, a_{q-1}\}$. 求证：$a_1 a_2 \cdots a_{q-1} = -1$.

6. 设 $F = \mathbf{Z}_p$，p 是一个素数，$f(x)$ 是 F 上的 n 次不可约多项式，求证：$F[x]/(f(x))$ 是由 p^n 个元素构成的域.

7. 设 $F[x]$ 是域 F 上的多项式环，求证：$F[x]$ 中的可逆元就是非零常数多项式.

8. 设 $F[x]$ 是域 F 上的多项式环，φ 是 $F[x]$ 的自同构且保持 F 中元素不动，求证：存在 $a, b \in F$ 且 $a \neq 0$ 使 $\varphi(x) = ax + b$.

9. 设 p 是一个素数，$F = \mathbf{Z}_p$. 求证：对任意的 $a \in F$，多项式 $x^p + a$ 是 F 上可约多项式.

10. 设 R 是一个整区，U 是 R 的全体可逆元组成的乘法群，G 是 U 的有限子群，则 G 是循环群.

11. 设 η 是 $\mathbf{Z}$ 到 $\mathbf{Z}_m$ 的自然同态 $\eta(a) = \bar{a}$. 作 $\mathbf{Z}[x]$ 到 $\mathbf{Z}_m[x]$ 的映射 φ：

$$\varphi(a_0 + a_1 x + \cdots + a_n x^n) = \eta(a_0) + \eta(a_1) x + \cdots + \eta(a_n) x^n.$$

求证：

(1) φ 是环满同态；

(2) $\operatorname{Ker} \varphi = (m)$，因此 $\mathbf{Z}_m[x] \cong \mathbf{Z}[x]/(m)$；

(3) 若 $f(x)$ 是 $\mathbf{Z}[x]$ 中 n 次多项式，$\varphi(f(x))$ 在 $\mathbf{Z}_m[x]$ 中不能分解为两个次数小于 n 的多项式，则 $f(x)$ 不可约；

(4) 利用(3)证明多项式 $x^3 + 17x + 36$ 是有理数域上的不可约多项式.

12. 设 F 是有限域含有 q 个元素，求证：

(1) 存在 F 上次数不同的多项式 f, g，但是它们在 F 上取值相同，即 $f(a) = g(a)$ 对一切 $a \in F$ 成立；

(2) 若限定 f, g 的次数小于 q，假定 $f(a) = g(a)$ 对一切 $a \in F$ 成立，则 $f = g$；

(3) 对任意的多项式 f, 必存在次数小于 q 的多项式 g 使 $f(a) = g(a)$ 对一切 $a \in F$ 成立.

13. 设 F 是有限域含有 q 个元素, a 是 F 中某个元素, 求证:存在 F 上多项式 $f(x)$, 使 $f(a) = 0$ 且对一切 $b \neq a$, $f(b) = 1$.

*14. 设 $R = F[x]$ 是数域 F 上的多项式环, p_1, p_2, $\cdots$, p_n 是 R 中的元素. 求证: p_1, p_2, $\cdots$, p_n 互素的充要条件是存在一个 R 上行列式等于 1 的 n 阶矩阵,且该矩阵的第一行就是 $(p_1, p_2, \cdots, p_n)$.

§3.8 交换环上的多项式环

在这一节中环 R 始终假定是含恒等元 1 的交换环.

我们已定义了 $R[x]$, 环 R 上的多元多项式,可用归纳法来定义:

$$R[x_1, x_2, \cdots, x_r] = R[x_1, x_2, \cdots, x_{r-1}][x_r].$$

对 $R[x]$ 中的元与上节一样可定义次数,且不难证明下列引理.

引理 8-1 若 D 是一个整区,则 $D[x]$ 也是整区.

推论 8-1 若 D 是一个整区,则 $D[x_1, x_2, \cdots, x_r]$ 也是整区.

定理 8-1 设 R 是带恒等元的交换环, r 是一个正整数,则 $R[x_1, x_2, \cdots, x_r]$ 满足如下的泛性:设 S 是任意一个带恒等元的交换环, φ 是 R 到 S 内的环同态, u_1, u_2, $\cdots$, u_r 是 S 中 r 个元素,则必存在 $R[x_1, x_2, \cdots, x_r]$ 到 S 中唯一的环同态 $\tilde{\varphi}$, 使对一切 $a \in R$ 有 $\tilde{\varphi}(a) = \varphi(a)$, 且 $\tilde{\varphi}(x_i) = u_i$, $i = 1, 2, \cdots, r$.

证明 对 r 用归纳法. 当 $r = 1$ 时,令

$$\tilde{\varphi}(a_0 + a_1 x + \cdots + a_n x^n) = \varphi(a_0) + \varphi(a_1)u + \cdots + \varphi(a_n)u^n,$$

不难验证 $\tilde{\varphi}$ 是 $R[x]$ 到 S 内的同态,当多项式为零次时有 $\tilde{\varphi}(a) = \varphi(a)$, $a \in R$; 又 $\tilde{\varphi}(x) = u$, 由于 $R[x]$ 由 R 及 x 生成,因此符合要求的同态 $\tilde{\varphi}$ 唯一.

现假设对 $r - 1$ 时结论正确,即存在 $\bar{\varphi}: R[x_1, \cdots, x_{r-1}] \to S, \bar{\varphi}(x_i) = u_i (i = 1, 2, \cdots, r-1)$, $\bar{\varphi}(a) = \varphi(a)$, $a \in R$, 视 $R[x_1, x_2, \cdots, x_r] = R[x_1, \cdots, x_{r-1}][x_r]$, 利用 $r = 1$ 时的结论 $\bar{\varphi}$ 可扩张为 $\tilde{\varphi}$, 使 $\tilde{\varphi}(x_r) = u_r$, 而在 $R[x_1, \cdots, x_{r-1}]$ 上 $\tilde{\varphi} = \bar{\varphi}$, 故 $\tilde{\varphi}(a) = \varphi(a)$, $a \in R$; $\tilde{\varphi}(x_i) = \bar{\varphi}(x_i) = u_i, i = 1, 2, \cdots, r-1$. 唯一性显然. 证毕.

推论 8-2 同一个环 R 上的两个 r 元多项式环必同构.

证明 设 $R[x_1, x_2, \cdots, x_r]$ 及 $R[y_1, y_2, \cdots, y_r]$ 都是 R 上 r 个未定元多项式环,设 φ 是 $R \to R[y_1, \cdots, y_r]$ 的同态: $\varphi(a) = a$, 它可以扩张为 $R[x_1, \cdots,$

x_r]→$R[y_1, \cdots, y_r]$的同态 $\tilde{\varphi}$. 同样设 ψ 是 R→$R[x_1, \cdots, x_r]$的同态, $\psi(a) = a$, 它也可以扩张为 $\tilde{\psi}: R[y_1, \cdots, y_n]$→$R[x_1, \cdots, x_r]$. 又上述的 $\tilde{\varphi}, \tilde{\psi}$ 适合: $\tilde{\varphi}(x_i) = y_i$, $\tilde{\psi}(y_i) = x_i$, 由此知 $\tilde{\psi}\tilde{\varphi} = 1$(这里 1 表示恒等映射). 同理 $\tilde{\varphi}\tilde{\psi} = 1$, 故 $\tilde{\varphi}$ 是同构. 证毕.

推论 8-3 设 $R[x_1, \cdots, x_r]$是 R 上 r 元多项式环, π 是 $\{1, 2, \cdots, r\}$ 的一个置换, 则存在唯一的 $R[x_1, \cdots, x_r]$的自同构 φ, 使得对一切 $a \in R$, $\varphi(a) = a$; $\varphi(x_i) = x_{\pi(i)}$, $i = 1, 2, \cdots, r$.

$R[x_1, \cdots, x_r]$ 中元 $a_{i_1 \cdots i_r} x_1^{i_1} x_2^{i_2} \cdots x_r^{i_r}$ 通常称为单项式, $R[x_1, \cdots, x_r]$ 中一般元素的形状为

$$\sum a_{i_1 \cdots i_r} x_1^{i_1} x_2^{i_2} \cdots x_r^{i_r} \quad (有限和).$$

现要证明这样一个事实: $R[x_1, \cdots, x_r]$ 中两个多项式相等的充要条件是每个单项式前的系数相等. 事实上这只需证明 $\sum a_{i_1 \cdots i_r} x_1^{i_1} \cdots x_r^{i_r} = 0$ 当且仅当 $a_{i_1 \cdots i_r} = 0$ 即可. 这可用对 r 的归纳法来证明: 当 $r = 1$ 时显然, 设当 $r-1$ 时结论为真. 视 $R[x_1, \cdots, x_r]$ 为 $R[x_1, \cdots, x_{r-1}][x_r]$, 将 $\sum a_{i_1 \cdots i_r} x_1^{i_1} \cdots x_r^{i_r}$ 变为 $R[x_1, \cdots, x_{r-1}]$ 上的一元多项式 $\sum A_{i_r} x_r^{i_r} = 0$. 由一元多项式的性质知 $A_{i_r} = 0$, 而 $A_{i_r} = \sum a_{i_1 \cdots i_r} x_1^{i_1} \cdots x_{r-1}^{i_{r-1}}$, 由归纳假设得 $a_{i_1 \cdots i_r} = 0$.

利用多元多项式我们可以定义代数无关的概念. 设 R 是 S 的子环(恒等元都是 1 且都交换), $u_1, \cdots, u_r \in S$, 我们有 $R[x_1, \cdots, x_r]$→$R[u_1, \cdots, u_r]$ 的同态 φ 将 x_i→u_i, a→a ($a \in R$). 这时, 若 φ 是同构, 则称 $u_1, \cdots, u_r$ 是 R 上 r 个代数无关元, 否则称为代数相关元. 代数相关与代数无关可以看成是代数元与超越元概念的推广. 显然, $u_1, \cdots, u_r$ 在 R 上是代数无关的充要条件是

$$\sum a_{i_1 \cdots i_r} u_1^{i_1} \cdots u_r^{i_r} = 0 \text{ 当且仅当 } a_{i_1 \cdots i_r} = 0.$$

若 R 是域, 则有如下重要定理.

定理 8-2 设 F 是无限域(即元素个数无限), 则对 F 上的任一 r 元非零多项式 $f(x_1, x_2, \cdots, x_r) \in F[x_1, x_2, \cdots, x_r]$ (x_i 为未定元), 必存在一组元素 $a_1, a_2, \cdots, a_r \in F$, 使 $f(a_1, a_2, \cdots, a_r) \neq 0$.

证明 当 $r = 1$ 时, 由于一元 n 次多项式在 F 中最多只有 n 个不同的根, 而 F 无限, 因此必有 a 使 $f(a) \neq 0$. 现假定当 $r-1$ 时结论成立, 记

$$f(x_1, x_2, \cdots, x_r) = B_0 + B_1 x_r + B_2 x_r^2 + \cdots + B_n x_r^n,$$

这里 $B_i \in F[x_1, x_2, \cdots, x_{r-1}]$. 不妨设 $B_n = B_n(x_1, x_2, \cdots, x_{r-1}) \neq 0$, 于是

由归纳假设,存在 a_1, a_2, $\cdots$, a_{r-1},使 $B_n(a_1, a_2, \cdots, a_{r-1}) \neq 0$. 这样

$$f(a_1, \cdots, a_{r-1}, x_r) = B_0(a_1, \cdots, a_{r-1}) + B_1(a_1, \cdots, a_{r-1})x_r$$

$$+ \cdots + B_n(a_1, \cdots, a_{r-1})x_r^n \neq 0,$$

但这是一元多项式且非零,故有 $a_r \in F$ 使 $f(a_1, a_2, \cdots, a_r) \neq 0$. 证毕.

下面要证明这样一个重要事实:若 R 是 Gauss 整区,则 $R[x]$ 也一定是 Gauss 整区.

设 R 是 Gauss 整区,则 R 中任意有限个元素都有最大公因子. 设 $f(x) = a_0 + a_1 x + \cdots + a_n x^n$,如果 a_0, a_1, $\cdots$, a_n 的最大公因子为 1,则称 $f(x)$ 是一个本原多项式. 对一个不是本原多项式的多项式,可通过提取公因子的办法使它变成 R 的一个元素 c 与一个本原多项式的乘积.

引理 8-2　设 R 是一个 Gauss 整区,F 是 R 的分式域且 $f(x)$ 是 $F[x]$ 中的非零多项式,则 $f(x) = r f_1(x)$,这里 $r \in F$ 且 $f_1(x)$ 是 $R[x]$ 中的本原多项式. 又,上述分解除了差一个 R 的单位外是唯一确定的.

证明　设 $f(x) = a_0 + a_1 x + \cdots + a_n x^n$, $a_i \in F$, $a_n \neq 0$,令 $a_i = c_i b_i^{-1}$, c_i, $b_i \in R$,又令 $b = b_0 b_1 \cdots b_n$,则 $bf(x) \in R[x]$,因此 $bf(x) = cf_1(x)$, $f_1(x) \in R[x]$,且为本原多项式. 于是 $f(x) = r f_1(x)$,其中 $r = cb^{-1} \in F$. 设 $f(x) = \delta f_2(x)$, $\delta \in F$, $f_2(x)$ 是 $R[x]$ 的本原多项式,则 $\delta = de^{-1}$,这里 d, $e \in R$,因此 $cb^{-1} f_1(x) = de^{-1} f_2(x)$, $cef_1(x) = bdf_2(x)$. 由于 ce 和 bd 都是同一个多项式的最大公因子,故 $ce \sim bd$, $f_1(x) \sim f_2(x)$. 令 $bd = uce$, u 是 R 中一个单位,于是 $de^{-1} = ucb^{-1}$,即有 $\delta = ur$. 证毕.

推论 8-4　R 是 Gauss 整区,若 $f(x)$ 与 $g(x)$ 是 $R[x]$ 中的本原多项式,且设它们在 $F[x]$ 中是相伴元,则它们在 $R[x]$ 中也相伴.

证明　设 $f(x) = ag(x)$, $a \neq 0$, $a \in F$,由引理 8-2 知 a 是 R 的单位,故 $f(x) \sim g(x)$. 证毕.

引理 8-3(Gauss 引理)　本原多项式之积仍是本原多项式.

证明　设 $f(x)$, $g(x)$ 为本原多项式,但 $h(x) = f(x)g(x)$ 不是本原多项式,于是存在 R 中不可约元(因而也是素元)p,使 p 不能整除 $f(x)$,p 也不能整除 $g(x)$,但 $p | h(x)$. 又 p 是素元等价于 $\overline{R} = R/(p)$ 是整区,因此 $\overline{R}[x]$ 也是整区. 作 $R[x] \to \overline{R}[x]$ 的同态:对 $a \in R$, $a \to \bar{a} = a + (p)$, $x \to x$,于是 $\bar{f}(x)\bar{g}(x) = \bar{h}(x) = 0$. 但 $\bar{f}(x) \neq 0$, $\bar{g}(x) \neq 0$,这与 $\overline{R}[x]$ 是整区矛盾. 证毕.

引理 8-4　设 $f(x) \in R[x]$, $\deg f(x) > 0$,且 $f(x)$ 在 $R[x]$ 中不可约,则

$f(x)$ 在 $F[x]$ 中也不可约,这里 F 是 R 的分式域.

证明　由于 $f(x)$ 在 $R[x]$ 中不可约,故 $f(x)$ 是本原多项式. 若 $f(x)$ 在 $F[x]$ 中可约: $f(x) = \varphi_1(x)\varphi_2(x)$, $\varphi_i(x) \in F[x]$, 且 $\deg \varphi_i(x) > 0$, 则 $\varphi_i(x) = a_i f_i(x)$, $a_i \in F$, 且 $f_i(x)$ 在 $R[x]$ 中是本原多项式, 于是 $f(x) = a_1 a_2 f_1(x) f_2(x)$, 由上述引理知 $f_1(x)f_2(x)$ 是本原多项式, $f(x)$ 与 $f_1(x)f_2(x)$ 只差一个 R 中的单位. 由于 $\deg f_i(x) > 0$, 故这与 $f(x)$ 在 $R[x]$ 中不可约是矛盾的. 证毕.

定理 8-3　若 R 是唯一分解环,则 $R[x]$ 也是唯一分解环.

证明　设 $f(x) \in R[x]$, $f(x) \neq 0$, 且 $f(x)$ 也不是单位, 则 $f(x) = d_1 f_1(x)$, 这儿 $d \in R$, $f_1(x)$ 是本原多项式. 若 $\deg f_1(x) > 0$, 则 $f_1(x)$ 不是单位. 又若它不是不可约的, 则 $f_1(x) = f_{11}(x) f_{12}(x)$, 这里 $\deg f_{11}(x) > 0$, $\deg f_{11}(x) < \deg f_1(x)$. 显然 $f_{11}(x)$ 仍是本原多项式, 于是可不断做下去得到 $f_1(x) = q_1(x) q_2(x) \cdots q_t(x)$, 其中 $q_i(x)$ 是 $R[x]$ 中不可约多项式. 又若 d 不是单位, 则 $d = p_1 p_2 \cdots p_s$, p_i 在 R 中不可约, 因而在 $R[x]$ 中也不可约, 于是 $f(x) = p_1 \cdots p_s q_1(x) \cdots q_t(x)$ 是一个不可约分解. 接下来需要证明这种分解的唯一性. 首先设 $f(x)$ 是本原多项式, 则它的不可约因子的次数都大于零. 如果 $f(x) = q_1(x) \cdots q_h(x) = q'_1(x) \cdots q'_k(x)$, 这里 $q_i(x)$ 及 $q'_i(x)$ 皆为次数大于零的不可约多项式, 由引理 8-4, 这些多项式在 $F[x]$ 中也不可约, 但 $F[x]$ 是唯一分解环, 故 $h = k$, 且经过适当的置换后 $q_i(x) \sim q'_i(x)$. 再由引理 8-2 的推论可知, 在 $R[x]$ 中 $q_i(x) \sim q'_i(x)$. 次设 $f(x)$ 不是本原的, 由于 $f(x)$ 的次数大于 0 的不可约因子是本原多项式, 因此它们的积也是本原多项式. 由引理 8-2 的证明可知, 对 $f(x)$ 的任意两个不可约分解

$$f(x) = p_1 \cdots p_s f_1(x) \cdots f_t(x) = p'_1 \cdots p'_m f'_1(x) \cdots f'_n(x),$$

有　　　　$$p_1 \cdots p_s \sim p'_1 \cdots p'_m, \quad f_1(x) \cdots f_t(x) \sim f'_1(x) \cdots f'_n(x),$$

于是由 R 是唯一分解环以及刚才证明的 $f(x)$ 是本原的情形即得要证的结论. 证毕.

推论 8-5　若 R 是唯一分解环,则 $R[x_1, x_2, \cdots, x_n]$ 也是唯一分解环,特别,任一域上的多元多项式环都是唯一分解环.

习　　题

1. 设 $\mathbf{Z}[x]$ 是整数环 $\mathbf{Z}$ 上的多项式环, φ 是 $\mathbf{Z}[x]$ 的自同构, 求证: 存在 $b \in V$ 使 $\varphi(x) = \pm x + b$.

2. 设 $R = \mathbf{Z}[x]$，I 是由 2 和 $x^2 + x + 1$ 生成的理想，求证：R/I 是一个域.

3. 设 I 是环 $R = \mathbf{Z}[x]$ 中由 $x - 7$ 和 15 生成的理想，求证：$R/I \cong \mathbf{Z}_{15}$.

4. 设 R 是含恒等元的交换环，$R[x]$ 是 R 上多项式环. 设 $f(x) = a_0 + a_1 x + \cdots + a_n x^n$，求证：$f(x)$ 是可逆元的充要条件是 a_0 为 R 中的可逆元，$a_i (i = 1, 2, \cdots, n)$ 是 R 中的幂零元.

5. 设 V 是数域 F 上的 n 维行向量空间，$R = F[x_1, x_2, \cdots, x_n]$ 是 F 上 n 元多项式环. 若 $f(x_1, x_2, \cdots, x_n)$ 是 R 中元素，则 f 可以看成是 V 上的函数，即若 $\alpha = (a_1, a_2, \cdots, a_n)$，则 $f(\alpha) = f(a_1, a_2, \cdots, a_n) \in F$. 假设 S 是 V 的子集，定义 $I(S) = \{f \in R \mid f(\alpha) = 0$ 对所有的 $\alpha \in S\}$. 证明：

(1) $I(S)$ 是 R 的理想；

(2) 若 $S \subseteq T$，则 $I(T) \subseteq I(S)$；

(3) 若 S_1, S_2 是 V 的子集，则 $I(S_1 \cup S_2) = I(S_1) \cap I(S_2)$.

6. 设 I 是 R 的理想并设 $I[x_1, \cdots, x_r]$ 表示 $R[x_1, \cdots, x_r]$ 中系数都在 I 中的多项式全体，求证：$I[x_1, \cdots, x_r]$ 是 $R[x_1, \cdots, x_r]$ 的理想，且 $R[x_1, \cdots, x_r]/I[x_1, \cdots, x_r] \cong (R/I)[y_1, \cdots, y_r]$，这里 $y_1, \cdots, y_r$ 是 R/I 上的未定元.

7. 设 F 是无限域，若 $f(x_1, \cdots, x_r) \in F[x_1, \cdots, x_r]$，$g(x_1, \cdots, x_r)$ 是另一多项式. 假定对 $g(a_1, \cdots, a_r) \neq 0$ 的一切 $(a_1, \cdots, a_r)$ 都有 $f(a_1, \cdots, a_r) = 0$，求证：$f(x_1, \cdots, x_r) = 0$.

8. 设 R 是 Gauss 整区，$f(x) \in R[x]$ 是首一多项式，F 是 R 的分式域，求证：$f(x)$ 在 $F[x]$ 中首项系数等于 1 的因子必含于 $R[x]$ 中.

9. 若 D 是一个整区但不是域，求证：$D[x]$ 必不是 PID，由此推出域 F 上的二元多项式环（更一般地多元多项式环）$F[x_1, x_2]$ 不是 PID. 这给出了 Gauss 整区不是 PID 的例子.

10. 设 R 是含恒等元交换环，$R[[x]]$ 是 R 上形式幂级数环，$f = a_0 + a_1 x + a_2 x^2 + \cdots$ 是 $R[[x]]$ 中的元，求证：f 可逆的充要条件是 a_0 是 R 的可逆元.

§3.9 素 理 想

本节中涉及的环都假定为含恒等元的交换环.

定义 9-1 设 P 是环 R 的理想且 $P \neq R$，若对 R 中元素 a, b 从 $ab \in P$ 可推出 $a \in P$ 或者 $b \in P$，则称 P 是环 R 的素理想.（素理想在代数几何中有非常重要的应用）.

定理 9-1 环 R 的理想 P 是素理想的充要条件是 R/P 是整区.

证明 设 P 是素理想，若 $\bar{a}, \bar{b} \in R/P$ 且 $\bar{a}\bar{b} = \bar{0}$，则 $ab \in P$. 因为 P 是素理想，故 a, b 至少有一个落在 P 中，也就是 $\bar{a} = \bar{0}$ 或 $\bar{b} = \bar{0}$. 所以 R/P 是整区.

反之，若 $ab \in P$，即在 R/P 中 $\bar{a}\bar{b} = \bar{0}$. 因为 R/P 是整区，故或者 $\bar{a} = \bar{0}$，或者 $\bar{b} = \bar{0}$，即 $a \in P$ 或 $b \in P$.

证毕.

推论 9-1 环 R 的极大理想必是素理想.

证明 设极大理想为 M,则 R/M 是域,当然是整区.因此 M 是素理想.证毕.

对一个有恒等元的环而言,素理想总是存在的.事实上我们可以证明一个更强的结论.

定理 9-2 设 R 是含恒等元的交换环,I 是它的一个理想且 $I \neq R$,则 I 一定含在 R 的某个极大理想之中.

证明 令 Σ 是 R 中包含 I 但是不含恒等元 1 的理想集合.显然 I 在 Σ 中,因此 Σ 非空.在包含关系下,Σ 成为一个偏序集.假定 $S = \{I_a\}$ 是 Σ 的一条链,容易验证 $J = \bigcup I_a$ 是理想且包含 I 但是不含 1,所以它是该链的上界.由 Zorn 引理知道 Σ 含有极大元.显然这个极大元就是包含 I 的极大理想.证毕.

推论 9-2 任意一个含恒等元的环都有极大理想.

证明 在上述定理中取 I 为零理想即可.证毕.

注 定理 9-2 的证明对非交换环也对,因此含恒等元的非交换环也有极大理想.

推论 9-3 R 中的任一不可逆元素均含在某个极大理想之中.

证明 设 a 是 R 的不可逆元,则 a 生成的理想 $(a) \neq R$,由定理即得 (a) 含于某个极大理想中.证毕.

由推论 9-3 知道,若 B 是 R 的所有极大理想的并(或所有素理想的并),则 $R - B$ 就是 R 的可逆元全体组成的乘法群.一般来说,B 不是一个理想.如果 B 是理想,当然它必是极大理想,于是 R 只有一个极大理想,这个理想由 R 的所有不可逆元素组成,这样的环称为局部环(参见本章第二节的习题).

定义 9-2 交换环 R 所有素理想的交是 R 的理想,称为 R 的小根.

定理 9-3 交换环 R 的小根等于 R 的所有幂零元素和零元素组成的理想即 R 的诣零根.

证明 记 R 的小根即素理想之交为 I,R 的诣零元素和零组成的理想为 N.设 a 是幂零元,则存在自然数 k 使 $a^k = 0$,因此 a^k 属于任一个素理想,于是 a 也属于每一个素理想,这表明 $N \subseteq I$.反之,若 $a \in I$,要证明 a 是一个幂零元.假定不然,作集合 $S = \{a, a^2, a^3, \cdots\}$.令 Σ 是 R 中和 S 不相交的理想集合,因为 S 中没有零元素,因此零理想属于 Σ,即 Σ 不是空集.Σ 在集合包含关系下成为一个偏序集.假定 $\Delta = \{I_i\}$ 是 Σ 的一条链,则 $\bigcup I_i$ 是理想且和 S 不交,故链 Δ 有上界.由 Zorn 引理知道 Σ 有极大元.设 M 是 Σ 的极大元,现要证明 M 是素理想.假定 $bc \in M$ 但是 b,c 都不属于 M.于是 $M + (b)$ 和 $M + (c)$ 都是严格包含 M 的理想,所以都和 S 相交.不妨设 $a^m \in M + (b)$,$a^n \in M + (c)$.由此可推出 $a^{m+n} \in M + (bc)$.这表明 $M + (bc)$ 不是 Σ 中元素,所以 bc 不是 M 中元素,引出矛盾,这就证明了 M 是素理想. 现在我们得到了一个素理想,而 a 不属于其中,和 a 的假定矛盾. 证毕.

定义 9-3 交换环 R 的所有极大理想的交 J 是一个理想,称为 R 的大根或 Jacobson 根.

定理 9-4 环 R 中元素 a 属于大根 J 的充要条件是对任意的 $r \in R$,元素 $1-ar$ 是可逆元.

证明 假设 $a \in J$,如果存在某个元素 r 使 $1-ar$ 不是可逆元,则因为每个非可逆元均属于某个极大理想,所以 $1-ar$ 属于某个极大理想 M. 因为 a 属于所有极大理想,$a \in M$,这将导致 $1 = (1-ar)+ar \in M$,和 M 是极大理想矛盾.

反之,若 a 不属于某个极大理想 M,则 $M+(a) = R$. 因此 $1 = ar+b$,其中 $b \in M$,$r \in R$. 于是存在 r,使 $1-ar = b \in M$ 不是可逆元,证毕.

例 1 设 $\mathbf{Z}$ 是整数环,$\mathbf{Z}$ 是 PID,$\mathbf{Z}$ 中理想 (m) 是素理想的充要条件是 m 是素数. 这时 (m) 也是极大理想.

例 2 设 $F[x]$ 是域 F 上的多项式环,$F[x]$ 中理想 $I = (f(x))$ 是素理想当且仅当 $f(x)$ 是不可约多项式. 事实上,这时 $F[x]/(f(x))$ 是域,因此 I 是极大理想.

例 3 设 R 是 PID,则 R 中理想 (a) 是素理想的充要条件是 a 是素元. 这时 (a) 也是 R 的极大理想. 事实上,$R/(a)$ 是一个域.

例 4 设 $R = \mathbf{Z}[x]$ 是整数多项式环. 则理想 $(2, x)$ 是极大理想因而也是素理想. 理想 (x) 是素理想而不是极大理想.

证明 因为 $R/(x) \cong \mathbf{Z}$ 是整区而不是域,因此 (x) 是 R 的素理想而非极大理想. 又 $R/(2, x) \cong \mathbf{Z}_2$ 是一个域,所以 $(2, x)$ 是极大理想.

命题 9-1 (1) 设 $P_1, \cdots, P_n$ 是环 R 的 n 个素理想,I 是 R 的理想. 已知 $I \subseteq \bigcup_{i=1}^{n} P_i$,则必存在某个 $1 \leqslant i \leqslant n$ 适合 $I \subseteq P_i$.

(2) 设 $I_1, \cdots, I_n$ 是 R 的 n 个理想,P 是包含 $\bigcap_{i=1}^{n} I_i$ 的素理想,则存在某个 i,$I_i \subseteq P$. 又若 $P = \bigcap_{i=1}^{n} I_i$,则存在某个 i,$P = I_i$.

证明 (1) 现用对 n 的归纳法证明下列结论:若 I 不属于每个 P_i,则 I 必不属于 $\bigcup P_i$. $n = 1$ 时结论显然. 现设结论对 $n-1$ 成立. 于是对每个 $1 \leqslant i \leqslant n$,存在元素 $a_i \in I$,但是 a_i 不属于除 P_i 以外的任一个 P_j. 这时如果存在某个 a_i 也不属于 P_i,则显然 I 不属于 $\bigcup P_i$,命题得证. 若不然,每个 $a_i \in P_i$. 令

$$b = \sum_{i=1}^{n} a_1 \cdots a_{i-1} a_{i+1} \cdots a_n,$$

则 $b \in I$ 而 b 不属于每个 P_i,即 I 不属于 $\bigcup P_i$.

(2) 假设对每个 i, I_i 不包含在 P 中,则存在 $a_i \in I_i$ 而 a_i 不在 P 中. 因为 P 是素理想,故 $a_1 \cdots a_n$ 不在 P 中,而显然 $a_1 \cdots a_n \in \bigcap I_i$ 中. 这将导致 P 不包含 $\bigcap I_i$.

又若 $P = \bigcap I_i$. 由上知 P 包含某个 I_i,而已知 P 含于每个 I_i 中,所以 $P = I_i$. 证毕.

习　　题

1. 设 $R = \mathbf{Z}[x]$,求证:R 中由元素 x 和 m $(m \in Z)$ 生成的理想是素理想的充要条件是 m 是素数.

2. 设 R 是含恒等元环(不假定是交换环),P 是 R 的理想. 若有两个理想 I, J 适合 $IJ \subseteq P$,则或者 $I \subseteq P$ 或者 $J \subseteq P$,则 P 称为 R 的素理想. 证明:当 R 是交换环时,这个定义和课文中的定义一致.

3. 设 R 是交换环,R 中任意元 a 都适合 $a^n = a$ (n 可能依赖于 a),求证:R 的每个素理想都是极大理想.

4. 设 R 是区间 $[0, 1]$ 上连续函数全体组成的交换环. M 是 R 的理想,则 M 是极大理想的充要条件是,存在 $[0, 1]$ 中的一个数 a,使 $M = \{f(x) \mid f(a) = 0\}$.

5. 设 R 是含恒等元的交换环,I 是其理想. 若 P 是包含 I 的素理想,则 P/I 是 R/I 的素理想. 反之,若 P 是包含 I 的理想且 P/I 是素理想,则 P 是 R 的素理想.

6. 设 R 是含恒等元的交换环,I 是 R 的理想,证明:$\mathrm{Rad}(I)$ 等于 R 中所有包含 I 的素理想之交.

7. 设 R 是含恒等元的交换环,$R[x]$ 是 R 上的多项式环,求证:$R[x]$ 的大根和小根相等.

8. 设 R 是含恒等元的交换环,假定 R 中真包含小根的理想都至少含有一个非零的幂等元,则 R 的大根等于小根.

9. 设 R 是含恒等元的交换环,P 是 R 的素理想. 求证:

(1) 集合 $S = R - P$ 是乘法封闭集;

(2) 环 R_S 是一个局部环且它的唯一极大理想 $J = \{[a, s] \mid a \in P, s \in S\}$.

10. 求证:域 F 上的形式幂级数环是一个局部环.

11. 设 R 是含恒等元的交换环,Q 是理想. 若从 $ab \in Q$ 可以推出或者 $a \in Q$ 或者存在某个 k,使 $b^k \in Q$,则 Q 称为 R 的准素理想. 求证:整数环 $\mathbf{Z}$ 中的非平凡理想 (m) 是准素理想的充要条件为 m 是某个素数幂.

12. 设 R 是含恒等元的交换环,Q 是 R 的准素理想. 求证:$\mathrm{Rad}(Q)$ 是 R 的素理想.

*§3.10　模

本节中涉及的环都是有恒等元的环,但不一定是交换环.

定义 10-1 设 R 是含恒等元的环,M 是一个加法群.假定定义了 $R \times M$ 到 M 的映射 $(r, x) \to rx$ 适合下列条件:

(1) $1 \cdot x = x$ 对一切 $x \in M$ 成立;

(2) $r(x+y) = rx + ry$ 对一切 $r \in R$,$x, y \in M$ 成立;

(3) $(r_1 + r_2)x = r_1x + r_2x$ 对一切 $r_1, r_2 \in R$,$x \in M$ 成立;

(4) $r_1(r_2x) = (r_1r_2)x$ 对一切 $r_1, r_2 \in R$,$x \in M$ 成立;

则称 M 是一个左 R-模.同理可以定义右 R-模.M 的加法称为模加法,映射 $(r, x) \to rx$ 称为模乘法.

例 1 环 R 的任意一个左理想 L 都是一个左 R-模,其中加法就是环的加法,rx 就是 R 中元素 r 和 L 中元素 x 的乘积(作为环元素的乘积).特别,环 R 也可以看成为一个左 R-模.同理,环 R 的任意一个右理想是一个右 R-模.R 也是一个右 R-模.

例 2 任意一个加法群 G 都可以看成是整数环 $\mathbf{Z}$ 上的左模或右模.模加法就是 G 的加法,模乘法 nx 就是 n 个 x 之和,若 n 为负,就是 $-n$ 个 $-x$ 之和.

例 3 设 R 是一个交换环,M 是左 R-模,则我们可以将 M 定义为右 R-模:

$$xr = rx.$$

因此在交换环上的模理论中常常不区分左模和右模,但是对一般的非交换环,我们不能用上述方法将一个左 R-模定义为右 R-模.

例 4 设 R 是除环,一个左 R-模称为 R 上的左向量空间.右 R-模称为右向量空间.特别当 R 是域时,R 模就是 R 向量空间.因此模可以看成是向量空间的推广.

注 一般来说,左模不等于右模,但是左 R-模的理论和右 R-模的理论是平行的,因此我们在本教程中只讨论左 R-模理论.

除了具有加法群性质外,模具有下列简单性质:

(1) $0 \cdot x = 0$;

(2) $(-1)x = -x$.

读者不难自己验证上述性质.

定义 10-2 设 N 是左 R-模的加法子群且对任意的 $r \in R$ 和任意的 $x \in N$,rx 仍是 N 中元素,则称 N 是 M 的一个子模.容易验证 N 自身也是一个左 R-模.

显然,模 M 的子集 N 是 M 子模的充要条件是它在模运算(模加法和模乘法)下封闭.

任意一个非零模 M 都有两个子模,即由 0 元素组成的零子模和 M 自身.如果一个模除了这两个子模外再无其他子模,则称之为单模或不可约模.

和向量空间子空间的运算相同,模 M 的子模之间也可以定义运算. 显然 M 的任意个子模的交仍然是 M 的子模. 设 M_1, M_2 是左 R-模 M 的子模,定义

$$M_1 + M_2 = \{x + y \mid x \in M_1, \, y \in M_2\}.$$

容易验证 $M_1 + M_2$ 仍是 M 的子模,称为 M_1 和 M_2 的和. 一般地,若 $\{M_i(i \in I)\}$ 是 M 的一族子模,定义

$$\sum_{i \in I} M_i = \Big\{ \sum_{i < \infty} x_i \mid x_i \in M_i \Big\}.$$

$\sum M_i$ 仍是 M 的子模,称为诸 M_i 的和.

现设 M 是左 R-模,S 是 M 的子集,M 中所有包含 S 的子模之交仍是 M 的子模,称为子集 S 生成的子模. 若 S 是有限集且 M 本身可由 S 生成,则称 M 是有限生成模. 下列命题和线性空间的有关命题类似,证明方法也相同.

命题 10-1 设 S 是左 R-模的子集,由 S 生成的子模记为 (S),则

$$(S) = \Big\{ \sum_{i < \infty} r_i x_i \mid r_i \in R, \, x_i \in M \Big\}.$$

若 $S = \{x_1, x_2, \cdots, x_n\}$,则

$$(S) = \Big\{ \sum_{i=1}^{n} r_i x_i \mid r_i \in R \Big\}.$$

特别,若 S 只含有一个元素 x,则 $(S) = Rx = \{rx \mid r \in R\}$. 由一个元生成的模称为循环模.

定义 10-3 设 N 是左 R-模 M 的子模,则 N 是 M 的加法子群,作商群 M/N,这仍是一个加法群. 定义模乘法: $r\bar{x} = \overline{rx}$. 则容易验证 M/N 成为一个左 R-模,称为模 M 关于子模 N 的商模.

定义 10-4 设 M, M' 是左 R-模,f 是从 M 到 M' 的映射满足下列条件:

$$f(x + y) = f(x) + f(y), \, f(rx) = rf(x).$$

对任意的 M 中元素 x, y 和 R 中元素 r 成立,则 f 称为 M 到 M' 的模同态或 R-线性映射. 若 f 是映上的,称为满同态. 若 f 是单映射,称为单同态. 若 f 是一一对应,则称为同构.

模同态 f 的像记为 $\operatorname{Im} f$,显然它是 M' 的子模. 又 f 的核记为 $\operatorname{Ker} f = \{x \in M \mid f(x) = 0\}$,它是 M 的子模. 从上述定义我们可以看出,同态 f 必是加法群同态. 不难看出,f 是满同态当且仅当 $\operatorname{Im} f = M'$. f 是单同态当且仅当 $\operatorname{Ker} f = 0$.

当 R 是域时 f 就是我们熟悉的向量空间之间的线性映射. 和群的情形类似, 我们有下列同态基本定理.

定理 10-1 设 f 是左 R-模 M 到 M' 的模满同态,则

$$M/\mathrm{Ker}\, f \cong M'.$$

同态 f 还诱导出了 M 的包含 $\mathrm{Ker}\, f$ 的子模和 M' 的子模的一一对应: $N \to f(N)$.

这个定理的证明留给读者作为练习.

推论 10-1 设 K, N 是 M 的子模且 $K \subseteq N$,则 $M/N \cong M/K/N/K$.

推论 10-2 设 K, N 是 M 的子模,则 $K + N/N \cong K/N \cap K$.

定理 10-2 设 M, N 是两个左 R-模,M 到 N 的模同态全体记为 $\mathrm{Hom}_R(M, N)$, 则 $\mathrm{Hom}_R(M, N)$ 是一个加法群. 若 $M = N$, 记 $\mathrm{Hom}_R(M, M) = \mathrm{End}_R M$, 这时 $\mathrm{End}_R M$ 是一个环,称为模 M 的自同态环.

证明 设 f, g 是 M 到 N 的模同态,定义它们的和:

$$(f + g)(x) = f(x) + g(x),$$

则容易验证这仍然是 M 到 N 的模同态. 不仅如此,$\mathrm{Hom}_R(M, N)$ 在此运算下成为一个加法群. 在 $M = N$ 时,定义两个同态 f, g 的积就是它们作为映射的积, 也不难验证这时 $\mathrm{End}_R M$ 是一个环. 证毕.

定理 10-3 (Schur 定理) 设 M 是一个左 R-模,若 M 是一个单模,则 $\mathrm{End}_R M$ 是一个除环.

证明 我们只要证明 M 的任意一个非零自同态 f 必是自同构即可. 因为 f 非零,故 $\mathrm{Im} f \neq 0$. 但是 $\mathrm{Im} f$ 是 M 的子模,而 M 除了 0 和 M 自身外,再无其他子模,因此 $\mathrm{Im} f = M$,即 f 是满同态. 再看 $\mathrm{Ker}\, f$,它也是 M 的子模, $\mathrm{Ker}\, f = M$ 将导致 $f = 0$, 不可能,故 $\mathrm{Ker}\, f = 0$, 所以 f 是一个单同态. 综上所述,f 是同构. 证毕.

和向量空间一样,模也有直和的概念.

定义 10-5 设 $\{M_i \mid (i \in I)\}$ 是左 R-模 M 的一族子模,若子模 N 是这一族子模的和且对任意的 $i \in I$,

$$M_i \cap \sum_{j \neq i} M_j = 0,$$

则称 N 是诸 M_i 的直和,记为

$$N = \bigoplus_{i \in I} M_i.$$

若 $I = \{1, 2, \cdots, n\}$ 是个有限集,则记 $N = M_1 \oplus M_2 \oplus \cdots \oplus M_n$.

定理 10-4 (1) 设 $\{M_i \mid i \in I\}$ 是左 R-模 M 的一族子模,子模 N 是这一族子模的和,则 N 是 $\{M_i \mid (i \in I)\}$ 直和的充要条件是 N 中任一元素能而且只能用唯一一种方法表示为 M_i 中元素之和.

(2) 若 $M = M_1 \oplus M_2$,则 $M/M_1 \cong M_2$.

证明 (1) 若 $N = \oplus M_i$, 设 $x = x_1 + x_2 + \cdots + x_n = y_1 + y_2 + \cdots + y_n$, 其中 $x_i, y_i \in M_i$, 则

$$x_1 - y_1 = (y_2 - x_2) + \cdots + (y_n - x_n) \in M_1 \bigcap \sum_{i \neq 1} M_i = 0,$$

所以 $x_1 = y_1$. 同理证明 $x_i = y_i$.

反之,若表示唯一且 $x \in M_i \bigcap \sum M_j (j \neq i)$,则存在 $x_i \in M_i$, $x_{j_1} \in M_{j_1}$, $\cdots$, $x_{j_k} \in M_{j_k}$, 使

$$x_i = x_{j_1} + \cdots + x_{j_k}.$$

由表示唯一知 $x_i = 0$, 于是 $M_i \bigcap \sum M_j = 0 \ (j \neq i)$. 所以 N 是诸 M_i 的直和.

(2) 由推论 10-2 即得.

证毕.

定义 10-6 设 M 是左 R-模,如果 R 能表示为它的不可约子模的和,则称 M 是完全可约模或半单模.

定理 10-5 设 M 是左 R-模,则

(1) 若 M 是不可约模,则 M 是循环模且任意一个非零元都可以生成 M;

(2) 不可约模的商模或为零模或为它的同构像;

(3) 完全可约模的同构像也是完全可约模;

(4) 设 M 是完全可约模且 $M = \sum_{i \in I} M_i$,其中 M_i 皆不可约,又 N 是 M 的非零子模且 $N \neq M$, 则存在 I 的子集 J 使 $K = \sum_{i \in J} M_i$ 是直和且 $M = K \oplus N$;

(5) 若 M 是完全可约模,则 M 的非零子模和非零商模也完全可约;

(6) 若 M 是完全可约模,则 M 可以表示为若干个不可约子模的直和.

证明 (1) 设 $x \neq 0$ 是 M 中元素,则 Rx 是 M 的非零子模,故 $M = Rx$.

(2) 显然.

(3) 由定理 10-1 中子模的对应关系即得.

(4) 令 Λ 是 M 中与 N 相交为零的不可约子模直和的集合. 因为 $N \neq M$, 而 $M = \sum_{i \in I} M_i$, 必存在某个 M_i, 它不属于 N, 因为 M_i 不可约,故 $M_i \bigcap N = 0$, 即

$M_i \in \Lambda$，于是 Λ 非空. 在集合包含关系下 Λ 成为一个偏序集. 假定子模集 $\{K_\alpha\}$ 组成 Λ 的一条链，则显然 $\bigcup K_\alpha$ 是其上界. 由 Zorn 引理知，Λ 至少有一个极大元，记为 K，则 $K \cap N = 0$，$K + N$ 是直和. 如果 $K \oplus N \neq M$，因为 $M = \sum M_i$，故必有某个 $j \in I$，M_j 不属于 $K \oplus N$. 但是 M_j 是不可约模，$M_j \cap (K \oplus N) = 0$. 于是 $K + M_j$ 是直和且和 N 之交为零，即 $K + M_j$ 属于 Λ，和 K 是极大元矛盾. 于是 $M = K \oplus N$.

（5）设 N 是 M 的子模，则由（4），$M = N \oplus K$，其中 K 是若干个不可约模的直和，故 K 完全可约. 而 $M/N \cong K$. 因此 M 的商模是完全可约模. 另一方面，$N \cong M/K$，所以 N 也是完全可约模.

（6）由上即得.

证毕.

推论 10-3 设 M 是有限生成完全可约模，则存在有限个不可约子模 M_i（$i = 1, 2, \cdots, n$）使 $M = M_1 \oplus M_2 \oplus \cdots \oplus M_n$.

习 题

1. 设 M_1，M_2 是左 R-模 M 的子模，求证：集合 $M_1 \cup M_2$ 生成的子模就是 $M_1 + M_2$.

2. 设 V 是域 K 上的有限维向量空间，$R = \mathrm{End}_K(V)$ 是 V 上线性变换全体组成的环，定义 $rx = r(x)$. 求证：V 是一个左 R-不可约模.

3. 设 M，N 都是不可约左 R-模，f 是从 M 到 N 的同态，求证：或者 $f = 0$，或者 f 是同构.

4. 设 R 是一个环，L 是它的一个非零左理想. 若不存在 R 的非零左理想真包含在 L 中，则称 L 是 R 的一个极小左理想. 求证：R 的极小左理想 L 作为左 R-模一定是不可约模且或者 $L^2 = 0$ 或者 $L^2 = L$.

5. 设 I 是环 R 的所有极小左理想的和，证明：I 是 R 的一个理想（双侧理想）.

6. 环 R 的一个左理想 L 称为极大左理想，若 $L \neq R$ 且不存在不等于 R 的左理想真包含 L. 求证：对任意一个不可约左 R-模 M，总存在一个 R 的极大左理想 L，使 $M \cong R/L$.

7. 设 M 是左 R-模，将 R 也看成是 R-模，则 $\mathrm{Hom}_R(R, M)$ 是一个加法群. 定义 R 中元素 r 和 $\mathrm{Hom}_R(R, M)$ 的积为 $(rf)(s) = f(sr)$，$s \in R$. 求证：$\mathrm{Hom}_R(R, M)$ 是一个左 R-模且和 M 作为左 R-模同构.

8. 设 R，S 是两个环，M 是一个加法群，假设它既是左 R-模又是右 S-模且对任意的 $r \in R$，$s \in S$ 以及 $x \in M$，都有 $(rx)s = r(xs)$，则称 M 是一个 (R, S) 双模. 假定 N 是一个左 R-模，若 $f \in \mathrm{Hom}_R(M, N)$，$s \in S$，定义 fs 是 M 到 N 的映射，$(fs)(x) = f(xs)$，证明 fs 是一个 R-模同态，即 $fs \in \mathrm{Hom}_R(M, N)$，且在此定义下 $\mathrm{Hom}_R(M, N)$ 成为一个右 S-模.

9. 设 M 是左 R-模，S 是 M 的子集，令 $\mathrm{Ann}(S) = \{r \in R \mid rs = 0$ 对一切 $s \in S$ 成立$\}$. 证

明:Ann(S)是 R 的左理想.若 $S = M$,则 Ann(M)是 R 的理想.(Ann(S)称为 S 在 R 中的零化子).

10. 设 F 是左 R-模,若 F 同构于若干个 R(作为左 R-模)的直和,则称 F 是自由模.求证:任意一个左 R-模都可以看成是某个自由模的同态像.

11. 设 M 是一个循环左 R-模,即 $M = Rx$,求证:M 必含有一个极大子模 N,即 N 是 M 的真子模且 M 中除了 M 自身再没有真包含 N 的子模.

*12. 求证:左 R-模 M 是完全可约模的充要条件是,对 M 的任意一个子模 N,总存在 M 的子模 K,使 $M = K \oplus N$.

第四章　域与 Galois 理论

§4.1　域 的 扩 张

设 E 是一个域，F 是 E 的子域，则我们称 E 是 F 的一个域扩张，或称 E 是 F 的扩域.

我们已经知道，任何一个域都包含一个"最小子域". 在域的特征为零时，这个子域同构于有理数域；在域的特征为 p 时，这个子域同构于模 p 的剩余类域 Z_p，这样的最小子域我们称之为素域. 因此，任何一个域都是其素域的扩张. 研究域的一个方法便是从一个较"小"的域出发来构造较"大"的域，即它的扩域.

假定 E 是 F 的扩域，S 是 E 的子集，记 $F(S)$ 为 E 的由 F 及 S 生成的子域，即 E 的所有包含 F 同时也包含 S 的子域之交. 若 T 是 E 的又一个子集，则 $F(S)(T) = F(S \cup T)$. 原因很简单，因为等式两边都表示 E 的所有包含 F, S, T 的子域之交. 特别，当 S 是有限集时，比如 $S = \{u_1, u_2, \cdots, u_n\}$，有

$$F(u_1, \cdots, u_k) = F(u_1, \cdots, u_{k-1})(u_k), \ k = 2, 3, \cdots, n,$$

如果 $S = \{u\}$，即 S 是单点集，则称 $F(u)$ 为 F 的单扩张，元素 u 称为本原元. 单扩张是最简单的扩张，我们现在来研究这种扩张.

设 x 是未定元，$F[x]$ 是 F 上的多项式环，记 $F[u]$ 为 E 中 u 的多项式全体，即所有形如 $a_0 + a_1 u + \cdots + a_n u^n (a_i \in F)$ 的元素全体组成的子集，则不难看出，$F[u]$ 是 E 的子环. 现作 $F[x] \to F[u]$ 的同态映射 φ：

$$\varphi(f(x)) = f(u),$$

则 φ 是一个映上的环同态. 由第三章多项式环的理论知道，当 u 是 F 上的代数元时，$\mathrm{Ker}\,\varphi = (g(x))$，$g(x)$ 是 F 上的某个不可约多项式，且 $F[x]/(g(x)) \cong F[u]$，这时 $F[x]/(g(x))$ 是域，因此 $F[u]$ 是 E 的子域，于是 $F[u] = F(u)$. $F(u)$ 中的元素可以写成为次数低于 $\deg g(x)$ 的 u 的多项式. 当 u 是 F 上的超越元时，$F[x] \cong F[u]$，这时 $F[u]$ 不是 E 的子域，显然 $F(u)$ 是 $F[u]$ 的分式域，即 $F(u) = \left\{ \dfrac{f(u)}{g(u)} \,\middle|\, f, g \text{ 皆为 } F \text{ 上多项式且 } g \neq 0 \right\}$.

通过以上分析我们可以看出:第一,给定 F 及 u,$F(u)$ 完全可以构造出来;第二,单扩张可以分为两种不同的类型.对一般的域扩张,我们也有两种类型,即代数扩张与超越扩张.

定义 1-1 设 E 是 F 的扩域,若 E 中每个元都是 F 上的代数元,则称 E 是 F 的代数扩域或代数扩张.不然,就称 E 是 F 的超越扩域或超越扩张.

我们将在后面几节中具体地来讨论代数扩张与超越扩张.现在我们先来看两个具体的例子:

例 1 $F = \mathbf{Q}$,即有理数域,$u = \sqrt[3]{2}$,$E = \mathbf{R}$,为实数域,则 $F(u) = Q(\sqrt[3]{2}) = \{a + b\sqrt[3]{2} + c\sqrt[3]{4} \mid a, b, c$ 均为有理数$\}$.

例 2 $F = \mathbf{Q}$,$E = \mathbf{C}$,即复数域,$u = \sqrt{-1}$,则

$$\mathbf{Q}(\sqrt{-1}) = \{a + b\sqrt{-1} \mid a, b \text{ 均为有理数}\}.$$

例 3 $F = \mathbf{Q}$,$E = \mathbf{R}$,$u = \pi$,由于 π 是超越数,因此 $\mathbf{Q}(\pi) = \left\{\dfrac{f(\pi)}{g(\pi)} \middle| f, g \text{ 为有理系数多项式且 } g \neq 0\right\}$.

例 1、例 2 都是代数扩张,例 3 是超越扩张.

我们再从另外一个角度来考察域的扩张问题.设 E 是 F 的扩域,则 E 可以看成是 F 上的线性空间,E 中元素作为向量.向量的加法即是 E 作为域的加法,F 中元素对 E 中向量的纯量乘法即等于 E 中元素的乘法(注意 F 是 E 的子集).通常记 $[E:F]$ 为 E 作为 F 上线性空间的维数.如果 $[E:F] < \infty$,则称 E 是 F 的有限维扩张或简称为有限扩张;若 $[E:F] = \infty$,则称 E 是 F 的无限维扩张或称无限扩张.

若 E 是 F 的扩域,K 是 E 的扩域,则有下列重要的维数公式.

定理 1-1 $[K:F]$ 有限的充要条件是 $[K:E]$ 与 $[E:F]$ 皆有限,这时

$$[K:F] = [K:E][E:F].$$

证明 设 $[K:F] < \infty$,由于 E 作为 F 上线性空间是 K 的子空间,因此 $[E:F] < \infty$.另外,若设 $v_1, v_2, \cdots, v_n$ 是 K 作为 F 线性空间的基,则 K 中任一元素皆可以表示为 $v_1, \cdots, v_n$ 的 F 线性组合,而 $F \subseteq E$,因此这同时也是一个 E 线性组合,这表明 $[K:E] \leqslant [K:F] < \infty$.

反过来,设 $[K:E]$ 与 $[E:F]$ 都有限,设 K/E(即 K 作为 E 线性空间)的基为 $\{v_1, v_2, \cdots, v_n\}$,$E/F$ 的基为 $\{u_1, u_2, \cdots, u_n\}$,令 $x \in K$,则 $x = \sum\limits_{i=1}^{n} a_i v_i$,其中

$a_i \in E$. 对每个 a_i，又有 $a_i = \sum_{i=1}^{m} b_{ij} u_j$，$b_{ij} \in F$，于是 $x = \sum_i \sum_j b_{ij} u_j v_i$，这表明：$K$ 中任一元都可表示为 $\{u_j v_i \mid i = 1, 2, \cdots, n; j = 1, 2, \cdots, m\}$ 的 F 线性组合. 若 $\sum_{i,j} c_{ij} v_j u_i = 0$，$c_{ij} \in F$，则由于 $c_{ij} u_j \in E$，$\{v_1, \cdots, v_n\}$ 是 K/E 的基，故 $\sum_j c_{ij} u_j = 0$ 对任一 i 成立. 再由 $\{u_1, \cdots, u_m\}$ 是 E/F 的基得 $c_{ij} = 0$ 对一切 i, j 成立. 由此可见 $\{u_j v_i \mid i = 1, \cdots, n; j = 1, \cdots, m\}$ 构成 K/F 的一组基. 显然 $[K:F] = mn = [K:E][E:F]$. 证毕.

推论 1-1 若 $F \subseteq E \subseteq K$，且 $[K:F] < \infty$，则 $[E:F]$ 及 $[K:E]$ 都是 $[K:F]$ 的因子. 特别，若 $[K:F]$ 为素数时，则在 K 与 F 之间没有其他的子域.

单代数扩域与有限扩域有着密切的关系. 设 E 是 F 的扩域，u 是 F 上的代数元，则 u 必适合一个 F 上的首一多项式 $g(x)$. 若 $g(x)$ 是这类多项式中次数最低者，则称之为 u 的最小多项式或 u 的极小多项式. u 的极小多项式实际上就是我们前面所谈到的同构式 $F[x]/(g(x)) \cong F[u]$ 中的 $g(x)$（只要除以一个 F 中元素，即可使 $g(x)$ 变成为首项系数为 1 的多项式）. 事实上，由 $\varphi(g(x)) = 0$ 即知 $g(u) = 0$. 又若 $h(x)$ 是 u 的极小多项式，则由多项式除法，将 $g(x) = h(x)q(x) + r(x)$ 代入 u 得 $r(u) = 0$. 而 $r(x)$ 的次数比 $h(x)$ 更低，因此必有 $r(x) = 0$，否则将与 $h(x)$ 的极小性相矛盾. 这表明 $g(x) = h(x)q(x)$. 但 $g(x)$ 是不可约多项式，因此 $g(x) = ch(x)$，$c \in F$. 现在由于 g，h 都是首一多项式，故 $g(x) = h(x)$. 从这里我们得出一个结论：代数元 u 的极小多项式必是不可约的. 有了极小多项式的概念，我们可以证明如下的结果.

定理 1-2 设 E 是 F 的扩域，若 u 是 E 中的元素且是 F 上的代数元，其极小多项式为 $g(x)$，则 $[F(u):F]$ 有限且等于 $\deg g(x)$. 反之，若 $[F(u):F] < \infty$，则 u 必是 F 上的代数元.

证明 设 u 是 F 上的代数元，则由前面的分析知道 $F(u) = F[u]$ 中任一元具有形状：$a_0 + a_1 u + \cdots + a_{n-1} u^{n-1}$，$n = \deg g(x)$，$a_i \in F$. 这表明 $F(u)$ 中元 1，u，$\cdots$，u^{n-1} 张成 F 线性空间 $F(u)$. 又因为 u 的极小多项式次数为 n，故 1，u，$\cdots$，u^{n-1} 是线性无关的，即是 $F(u)$ 作为 F 上线性空间的基，因此 $[F(u):F] = \deg g(x)$.

反之，若 $[F(u):F] = n < \infty$，则 $n+1$ 个元 1，u，$\cdots$，u^n 必线性相关，即存在不全为零的 F 中的元素 a_0，a_1，$\cdots$，a_n，使 $a_0 + a_1 u + \cdots + a_n u^n = 0$，这表明 u 是一个代数元. 这时 a_n 必不为零，否则 u 的极小多项式次数将小于 n，由上面的证明可知将有 $[E:F] < n$，此与 $[E:F] = n$ 的假定矛盾. 因此将上述多项式两

边除以 a_n，即得 u 的极小多项式. 证毕.

推论 1-2　有限扩张必是代数扩张.

注　从前面的论证不难看出一个代数元的极小多项式是唯一确定的.

最后我们证明下面的 Steinitz 定理，它从一个侧面反映了研究单扩张的重要性.

定理 1-3(Steinitz 定理)　设 E 是 F 的扩域且 $[E:F] < \infty$，则 $E = F(u)$ 的充要条件是 E 与 F 之间只有有限个中间域.

证明　设 $E = F(u)$ 且 K 是中间域，令 u 在 F 上的极小多项式为 $f(x)$，在 K 上的极小多项式为 $g(x)$，在 $K[x]$ 中做除法：

$$f(x) = g(x)q(x) + r(x),$$

由 $g(u) = 0$ 及 $f(u) = 0$ 得 $r(u) = 0$. 但 $\deg r(x) < \deg g(x)$，因此必有 $r(x) = 0$，即 $g(x) \mid f(x)$. 设 K' 是由 F 及 $g(x)$ 的系数生成的 E 的子域，则 $K' \subseteq K$. 显然 u 在 K' 上的极小多项式仍是 $g(x)$. 但 $E = K(u) = K'(u)$，$[E:K] = \deg g(x) = [E:K']$. 再由 $K' \subseteq K$ 知 $[E:K'] = [E:K][K:K']$. 于是 $[K:K'] = 1$，即 $K = K'$. 这说明 E 与 F 之间的中间域必是 $f(x)$ 的首项系数为 1 的因式（在 $E[x]$ 中）的系数与 F 生成的子域. 显然这样的子域只有有限个.

反过来，设 E，F 的中间域只有有限个. 若 F 是有限域，由于 $[E:F] < \infty$，因此 E 也是有限域. E 的非零元 E^* 组成的乘法群是一个循环群（参见第三章），其生成元记为 u，则 $E = F(u)$ 显然成立. 若 F 为无限域，则这时只要证明 $F(u, v)$ 必有本原元即可，这里 u，v 是 E 中任意两个元素. 考虑子域 $F(u + av)$，$a \in F$. 由于 E，F 的中间域只有有限个，而 F 是一个无限域，故必存在 $b \neq a$，使 $F(u + av) = F(u + bv)$，则

$$v = (a - b)^{-1}(u + av - u - bv) \in F(u + av),$$
$$u = u + av - av \in F(u + av),$$

因此 $F(u + av) = F(u, v)$. 证毕.

习　题

1. 设 E 是有理数域 $\mathbf{Q}$ 的扩域，$u \in E$ 是 $\mathbf{Q}$ 上代数元，其极小多项式为 $x^3 - 2$，试将 $(u^2 + 1)(u^3 + 2u + 1)(u + 1)^{-1}$ 表示为次数小于 3 的 u 的多项式.

2. 设 $u = \cos\dfrac{\pi}{8} + i\sin\dfrac{\pi}{8}$，求 $[\mathbf{Q}(u):\mathbf{Q}]$ 及 u 的极小多项式.

3. 设 u 是 F 上的代数元且其极小多项式为 $g(x)$，又若 $f(x)$ 是 F 上的多项式且 $f(u) = 0$，则 $g(x)$ 必是 $f(x)$ 的一个因子.

4. 若 $E = F(u)$ 且 u 的极小多项式的次数是奇数，则 $E = F(u^2)$.

5. 设 $E_i (i = 1, 2)$ 是 K 的包含子域 F 的子域，且 $[E_i : F] < \infty$，证明：若 E 是由 E_1 及 E_2 生成的 K 的子域，则 $[E : F] \leqslant [E_1 : F] [E_2 : F]$.

6. 设 E 是 F 的扩域，$\alpha \in E$ 是 F 上的代数元，又对任意的 $y \in F(\alpha)$，令 $T_\alpha(y) = \alpha y$，则 T_α 是 $F(\alpha)$ 作为 F 线性空间的一个线性变换，试证：$\det(xI - T_\alpha)$ 就是 α 在 F 上的极小多项式，这里 I 为恒等变换.

7. 设 $E = F(u)$，u 是 F 上超越元. 若 $K \neq F$ 且 K 是 E/F 的子域 (即 E 的包含 F 的子域)，则 u 必是 K 上的代数元.

8. E 是 F 的扩域，$a, b \in E$，它们都是 F 上的代数元且它们的极小多项式的次数分别为 m 及 n，假定 $(m, n) = 1$，求证：$[F(a, b) : F] = mn$.

9. 设 E 是 F 的扩域，$\alpha \in E$ 是 F 上超越元. 又 $\beta \in F(\alpha)$ 但 β 不属于 F，则 β 也是 F 上超越元.

10. 设 E 是 F 的扩域，$\alpha, \beta \in E$. 若 α 是 F 上超越元而 α 是 $F(\beta)$ 上代数元，求证：β 是 $F(\alpha)$ 上代数元.

§4.2 代 数 扩 域

定理 2-1 设 E 是 F 的扩域，K 是 E 中所有 F 上代数元的全体组成的集，则 K 是 E 的子域.

证明 设 α, β 是 F 上代数元，只需证明 $\alpha + \beta$，$\alpha\beta$，$\alpha^{-1}(\alpha \neq 0)$ 都属于 K 即可. 由定理 1-1 知：

$$[F(\alpha, \beta) : F] = [F(\alpha, \beta) : F(\alpha)] [F(\alpha) : F],$$

由于 α 是代数元，因此 $[F(\alpha) : F] < \infty$. 另一方面，β 是 E 上的代数元，它适合 F 上的某个多项式 $g(x)$. 由于 $F \subseteq F(\alpha)$，因此 β 也适合 $F(\alpha)$ 上的多项式 $g(x)$，即 β 是 $F(\alpha)$ 上的代数元，因此 $[F(\alpha, \beta) : F(\alpha)] = [F(\alpha)(\beta) : F(\alpha)] < \infty$. 于是 $[F(\alpha + \beta) : F] \leqslant [F(\alpha, \beta) : F] < \infty$，$\alpha + \beta$ 是 F 上代数元. 同理 $\alpha - \beta$，$\alpha\beta$，α^{-1} 都是 F 上代数元，都属于 K. 这就证明了 K 是 E 的子域. 证毕.

推论 2-1 两个代数数的和、差、积、商仍是代数数.

虽然单代数扩域必是有限扩张，但一般来说，代数扩域不必是有限扩张. 比如有理数域上的代数元全体即代数数全体是有理数域的代数扩张，但不是有限扩张. 事实上对任意的 n，由 Eisenstein 判别法知，有理数域上的 n 次多项式 $x^n - 2$ 是不可约的，因此代数数域在有理数域上的维数不可能是有限维的. 如何判断一个代数扩张是有限扩张，我们有下列定理.

定理 2-2　设 E 是 F 的扩域,则下列命题等价:

(1) $[E:F] < \infty$;

(2) 存在 E 中有限个代数元 u_1, u_2, $\cdots$, u_n 使 $E = F(u_1, u_2, \cdots, u_n)$. 此时,$E$ 必是 F 的代数扩域.

证明　(1) $\Rightarrow$ (2):设 $[E:F] = n$ 且 E 作为 F 上线性空间的基为 u_1, u_2, $\cdots$, u_n,由于对每个 i, $F(u_i)$ 是 E 的 F 子空间,因此 $[F(u_i):F] < \infty$, u_i 是 F 上代数元.显然,$F(u_1, u_2, \cdots, u_n) = E$.

不难看出这时 E 中任一元都是 F 上的代数元.

(2) $\Rightarrow$ (1):$[E:F] = [F(u_1, u_2, \cdots, u_n):F(u_1, \cdots, u_{n-1})] [F(u_1, \cdots, u_{n-1}):F(u_1, \cdots, u_{n-2})]\cdots[F(u_1):F]$,对任一 i, u_i 是 F 上的代数元,因此也是 $F(u_1, \cdots, u_{i-1})$ 上的代数元(参见定理 2-1 的证明),故 $[F(u_1, \cdots, u_i):F(u_1, \cdots, u_{i-1})] < \infty$,于是 $[E:F] < \infty$.证毕.

代数扩张有传递性,即下述定理成立.

定理 2-3　若 E 是 F 的代数扩域,K 是 E 的代数扩域,则 K 是 F 的代数扩域.

证明　只要证明 K 中每个元素都是 F 上的代数元即可.设 $\alpha \in K$,则 α 是 E 上的代数元,记 $g(x) = c_0 + c_1 x + \cdots + x^n$ 是 α 作为 E 上代数元的极小多项式,其中 c_0, c_1, $\cdots$, $c_{n-1} \in E$.现作

$$K' = F(c_0, c_1, \cdots, c_{n-1}),$$

则显然 α 也是 K' 上的代数元.但由于 c_0, c_1, $\cdots$, c_{n-1} 都是 F 上的代数元,故由定理 2-2 知 $[K':F] < \infty$, 于是从 $F(\alpha) \subseteq K'(\alpha)$ 即可推出:$[F(\alpha):F] \leqslant [K'(\alpha):F] = [K'(\alpha):K'][K':F] < \infty$. 这就说明了 α 是 F 上的代数元.证毕.

推论 2-2　设 E 是 F 的扩域,K 是 E 中 F 上代数元全体组成的子域,则任何 E 中 K 上的代数元仍属于 K.

定义 2-1　设 E 是 F 的扩域,K 是 E 的子域又是 F 的扩域,若 K 是 F 的代数扩域且任何 K 在 E 中的代数扩域均与 K 重合(即 K 在 E 中无真代数扩张),则称 K 是 F 在 E 中的代数闭包.K 也称为在 E 中是代数封闭的.

由定理 2-1 及定理 2-3 可知,域 F 上代数元全体构成的 E 的子域就是 F 在 E 中的代数闭包.应当注意,上面的代数封闭概念是一个相对的概念,通常我们所说的代数闭域和代数闭包的定义如下所述.

定义 2-2　设 K 是一个域,如果 K 无真代数扩张,则称 K 是一个代数闭域.

定义 2-3 设 K 是 F 的扩域,如果 K 是 F 的代数扩域且 K 是一个代数闭域,则称 K 是 F 的代数闭包.

定理 2-4 设 K 是一个域,下列命题等价:

(1) K 是代数闭域;

(2) $K[x]$ 中任一不可约多项式的次数等于 1;

(3) $K[x]$ 中任一次数大于零的多项式可分解为一次因子的乘积;

(4) $K[x]$ 中任一次数大于零的多项式都在 K 中至少有一个根.

证明 (1) $\Rightarrow$ (2):设 $g(x) \in K[x]$ 是一个不可约多项式,则 $g(x)$ 决定了一个 K 的代数扩域 E 且 $[E:K] = \deg g(x)$. 但 K 是代数闭域,故 $E = K$, $\deg g(x) = [E:K] = 1$.

(2) $\Rightarrow$ (1):设 E 是 K 的代数扩张,令 $a \in E$, a 的极小多项式 $g(x)$ 为一次式,即 $g(x) = x - a$,因此 $a \in K$,即 $E = K$.

其余命题的等价性显然. 证毕.

由代数基本定理知,复数域 $\mathbf{C}$ 是一个代数闭域.

定理 2-5 设 K 是代数闭域,F 是其子域,则 F 在 K 中的代数闭包 $\overline{F}$ 一定是代数闭域,$\overline{F}$ 也是定义 2-3 意义下 F 的代数闭包.

证明 设 $f(x)$ 是 $\overline{F}[x]$ 上的多项式,由于 K 是代数闭域,将 $f(x)$ 看作是 K 上的多项式,它至少有一个根 α 在 K 中. 由于 α 是 $\overline{F}$ 上的代数元,由定理 2-3 的推论可知 $\alpha \in \overline{F}$,于是由定理 2-4 知 $\overline{F}$ 为代数闭域. 证毕.

由此可知,代数数全体是一个代数闭域,它也可以看成是有理数域的代数闭包.

任何一个域的代数闭包是否存在? 从上述定理可以看出,只要我们能够证明任何一个域都是一个代数闭域的子域就可以知道它必存在. 这个事实是对的,但是它的证明要用到集合论中的 Zorn 引理. 我们略去其证明而将命题叙述如下. 有兴趣的读者可参看附录 2.

定理 2-6 任何一个域都有一个代数闭域作为它的扩域,从而任何一个域都有代数闭包.

一个域的代数闭包在同构意义下是唯一的,即有如下定理.

定理 2-7 域 F 的两个代数闭包设为 E_1 及 E_2,则必存在同构映射 $\varphi: E_1 \to E_2$,使 $\varphi(a) = a$ 对一切 $a \in F$ 成立.

习　题

1. 举例说明:若 E 是 F 的扩域,F 在 E 中的代数闭包未必是代数闭域.

2. 求证:若 $\mathbf{Q}$ 表示有理数域,则 $\mathbf{Q}(\sqrt{2}+\sqrt{3}) = Q(\sqrt{2}, \sqrt{3})$.

3. 设 E 是 F 的有限扩域,$g(x)$ 是 F 上不可约多项式且 $\deg g(x) = k$. 如果 k 不能整除 $[E:F]$,求证:不存在 $\alpha \in E$,适合 $g(\alpha) = 0$.

4. 若 $u_1, \cdots, u_n$ 是 F 上的代数元,求证:$F[u_1, \cdots, u_n] = F(u_1, \cdots, u_n)$.

5. 设 E 是 F 的代数扩域,证明:E/F 的任一子环即 E 中包含 F 的子环都是子域.

6. 设 E 是 F 的扩域,S 是 E 中 F 上的代数元集,证明:$F(S)$ 是 F 的代数扩域.

7. 证明:实数域的代数闭包为复数域. 又问:

(1) 代数闭域必定为无限域?

(2) 若 $1 \neq [E:F] < \infty$,E 是否可能是 F 的代数闭包?

8. 设 $E = \mathbf{Q}(\sqrt{2}, \sqrt{3}, \cdots, \sqrt{p}, \cdots)$,即由有理数域 $\mathbf{Q}$ 及所有正素数的平方根生成的实数域 $\mathbf{R}$ 的子域,求证:E 是 $\mathbf{Q}$ 的无限代数扩域. 问:E 的代数闭包是什么?

9. 设 E_1, E_2 都是 F 的扩域且 $E_1 = F(\alpha)$,其中 α 是 F 上的代数元,其极小多项式为 $g(x)$. 如果在 E_2 中有元素 β 的极小多项式也是 $g(x)$,则必存在从 E_1 到 E_2 的单同态,即 E_1 可以嵌入 E_2.

10. 设 E 是 F 的代数扩域,L 是 F 的代数闭包. 求证:存在从 E 到 L 的单同态 φ,且 $\varphi(a) = a$ 对一切 $a \in F$ 成立.

11. 设 E 是实数域 $\mathbf{R}$ 的有限扩域,则 $[E:\mathbf{R}] = 2$.

§4.3 尺规作图问题

在这一节里我们将应用代数扩域的理论来证明古希腊数学中的三大几何作图难题,即三等分一任意角问题、立方倍积问题、化圆为方问题用直尺与圆规作图的不可能性,并给出尺规作图可行性的一般理论.

我们先来分析一下几何作图的过程. 平面上的一根直线由两点完全确定,平面上的一个圆可由圆心以及圆周上一点决定,因此一个已知的几何图形可以用平面上有限个点决定. 这有限个点对应于复平面上有限个复数,记为 z_1, $z_2, \cdots, z_n$. 不失一般性,我们可设 $z_1 = 0$,$z_2 = 1$(通常至少已知两个点). 作图的过程可以用归纳法描写如下:记 $C_1 = \{z_1, z_2, \cdots, z_n\}$,$C_2$ 是复平面 $\mathbf{C}$ 的子集,它包含 C_1 以及由 C_1 中的点经过下列步骤而得到的点:

(1) 经过 C_1 中任意两点的所有直线的交点;

(2) C_1 中任意两点决定的直线与以 C_1 中的点为圆心、C_1 中任两点之间的距离为半径的所有圆的交点;

(3) 以 C_1 中的点为圆心、两点间距离为半径的所有圆的交点.

一般地若已知 C_k,则 C_{k+1} 就是 $\mathbf{C}$ 中包含 C_k 的由 C_k 中的点决定的直线与直线、直线与圆以及圆与圆的所有交点构成的子集. 这样,我们得到一组 $\mathbf{C}$ 的子集链：

$$C_1 \subseteq C_2 \subseteq C_3 \subseteq \cdots.$$

令 $S = \bigcup\limits_{i=1}^{\infty} C_i$，$S$ 就是可从已知集 C_1 出发用尺规作出的所有点. 因此判断一个几何图形是否可用尺规作出, 只要看决定它的点是否落在 S 里面. 这里需要说明的是, 复平面 $\mathbf{C}$ 上的所有形如 $a + b\sqrt{-1}$ 的点 (其中 a, b 是有理数) 都落在 S 中, 即 S 在 $\mathbf{C}$ 中稠密. 在几何作图中, 有时需任取一点或任取一线段, 由于 S 的稠密性, 我们可用取 S 中的点以及 S 中点决定的线段来代替.

现在我们要证明下列结论.

结论 3-1

(1) 集 S 是复数域 $\mathbf{C}$ 的一个子域；

(2) S 在共轭与平方根下封闭, 即 S 中任一元的共轭元及平方根仍在 S 中；

(3) S 是 $\mathbf{C}$ 的包含已知元素 z_1, z_2, $\cdots$, z_n 且在共轭与平方根下封闭的最小子域.

证明 设 z, $z' \in S$, 由于 $S = \bigcup\limits_{i=1}^{\infty} C_i$, $C_i \subseteq C_{i+1}$, 因此我们不妨设它们都属于 C_k. 用平行四边形法可作出 $z + z'$, 即 $z + z' \in S$. 若 $z = r(\cos \theta + \sqrt{-1}\sin \theta)$, $z' = r'(\cos \theta' + \sqrt{-1}\sin \theta')$, 则 $zz' = rr'(\cos(\theta + \theta') + \sqrt{-1}\sin(\theta + \theta'))$, 由于 rr' 可用尺规作出, 角 $\theta + \theta'$ 也可用尺规作出, 因此, $zz' \in S$. 同理可证若 $z \neq 0$, $z^{-1} \in S$, 这表明 S 是 $\mathbf{C}$ 的子域, 这就证明了 (1).

若已知 z, 则其共轭元 $\bar{z}$ 显然也可用尺规作出. 如记 $z = r(\cos \theta + \sqrt{-1}\sin \theta)$, 则 $z^{1/2} = r^{1/2}\left(\cos \dfrac{\theta}{2} + \sqrt{-1}\sin \dfrac{\theta}{2}\right)$. 由 $r^{1/2}$ 可用尺规作出以及一个角可用尺规二等分可知 $z \in S$, 这就证明了 (2).

现设 T 是 $\mathbf{C}$ 的包含元素 z_1, z_2, $\cdots$, z_n 的子域, 且 T 在共轭与平方根下封闭, 我们要证 $S \subseteq T$. 由于 $S = \bigcup\limits_{i=1}^{\infty} C_i$, 故只需归纳地证明每个 $C_i \subseteq T$ 即可. 显然 $C_1 \subseteq T$. 现设 $C_k \subseteq T$, 要证 $C_{k+1} \subseteq T$. 首先我们注意到由于 $-1 \in T$, T 在平方根下封闭, 故 $\sqrt{-1} \in T$. 又因为 T 是域, 所以 $\dfrac{1}{2} \in T$. 若 $z = x + \sqrt{-1}y \in T$, T 在共轭下封闭, 则 $\bar{z} \in T$, 于是 $x = \dfrac{1}{2}(z + \bar{z})$, $y = \dfrac{1}{2\sqrt{-1}}(z - \bar{z})$ 皆属于 T. 这样, C_k 中两点决定的直线如用 Descartes 平面上的方程来表示, 就是一个系数

属于 T 的线性方程式. 两个系数均属于 T 的线性方程式解的坐标也仍属于 T. 这表明由 C_k 中的点决定的直线的交点仍属于 T. 同样, 由 C_k 中的点决定的圆可以用系数在 T 中的二次方程来表示, 这样圆与直线的交点、圆与圆的交点仍在 T 中(注意 T 在平方根下封闭), 这就证明了 $C_{k+1} \subseteq T$, 至此结论 3-1 得证. 证毕.

接下去我们要证明一个尺规作图可能性的判别定理, 为此先引进平方根塔的概念.

定义 3-1　设 F 是复数域的子域, 若 F 的扩域 $F(u_1, u_2, \cdots, u_r)$ 适合条件: $u_1^2 \in F$, $u_i^2 \in F(u_1, u_2, \cdots, u_{i-1})$, 对 $i = 2, \cdots, n$ 成立, 则称 $F(u_1, u_2, \cdots, u_r)$ 为 F 上的一个平方根塔.

换句话说, F 上的平方根塔是由 F 经过有限次添加已知域中元素的平方根得到的扩域.

定理 3-1　设已知点 $z_1, z_2, \cdots, z_n$, 令 $F = \mathbf{Q}(z_1, \cdots, z_n; \bar{z}_1, \cdots, \bar{z}_n)$, 则复数 z 可由 $z_1, z_2, \cdots, z_n$ 用尺规作出的充分必要条件是 z 属于 F 上的某个平方根塔.

证明　设 S 是可用尺规作出的所有点的集合, 另设 T 是 F 上所有平方根塔中所有元素的并集. 设 $z, z' \in T$, 则 z 属于某个平方根塔 $F(u_1, \cdots, u_m)$, z' 属于某个平方根塔 $F(u'_1, \cdots, u'_k)$, 则 $z + z'$, zz', z^{-1}(假定 $z \neq 0$) 均属于平方根塔 $F(u_1, \cdots, u_m; u'_1, \cdots, u'_k)$, 因此 T 是 $\mathbf{C}$ 的子域且包含 $z_1, z_2, \cdots, z_n$. 由 T 的定义知 T 在平方根下封闭. 又因为 $\bar{F} = F$, 故 $\overline{F(u_1, \cdots, u_r)} = F(\bar{u}_1, \cdots, \bar{u}_r)$, 而 $(\bar{u}_i)^2 = (\overline{u_i^2})$, 即 $F(\bar{u}_1, \cdots, \bar{u}_r)$ 也是一个平方根塔, 因此 T 在共轭下封闭. 由前面的结论 3-1 中的(3)可知 $S = T$, 即任一可作出的点必属于 F 上的某个平方根塔. 这就完成了定理的证明. 证毕.

下面的推论给出了判别一个点可用尺规作出的必要条件, 它在实用上是很方便的.

推论 3-1　$F = \mathbf{Q}(z_1, \cdots, z_n; \bar{z}_1, \cdots, \bar{z}_n)$, 若复数 z 可用尺规作出, 则 z 必是 F 上的代数元且其极小多项式的次数等于 2 的幂.

证明　由 z 的可作性, z 必属于 F 上某个平方根塔 $F(u_1, \cdots, u_m)$, $F(z)$ 是 $F(u_1, \cdots, u_m)$ 的子域, 因此 $[F(z):F]$ 是 $[F(u_1, \cdots, u_m):F]$ 的一个因子. 但 $u_i^2 \in F(u_1, \cdots, u_{i-1})$, 因此 $[F(u_1, \cdots, u_i):F(u_1, \cdots, u_{i-1})] \leqslant 2$, 于是 $[F(u_1, \cdots, u_m):F]$ 等于 2 的某个幂, 它的因子 $[F(z):F]$ 当然也是 2 的幂. 而由 §4.1 中的定理 1-2 可知, $[F(z):F]$ 就是 z 的极小多项式的次数. 证毕.

下面我们来讨论几个著名的作图问题, 在这几个问题中只需已知两个点即可. 因此我们不妨设 $z_1 = 0$, $z_2 = 1$, 这时 $F = \mathbf{Q}$.

例 1　三等分一个任意角. 我们只需证明 60°角不可以用尺规三等分就可以

了. 一个 60° 角虽然需要 3 个点来决定, 但点 $\frac{1}{2} + \frac{1}{2}\sqrt{-3}$ 显然可用尺规从已知的两个点 0 与 1 作出, 故仍设 $F = \mathbf{Q}$. 要三等分 60° 角, 相当于作出点 $z = \cos\frac{\pi}{9} + \sqrt{-1}\sin\frac{\pi}{9}$, 或等价于作出点 $\cos\frac{\pi}{9}$. 但由三倍角公式:

$$\cos 3\theta = 4\cos^3\theta - 3\cos\theta$$

知

$$\cos\frac{\pi}{3} = 4\cos^3\frac{\pi}{9} - 3\cos\frac{\pi}{9},$$

即 $\cos\frac{\pi}{9}$ 适合方程式:

$$\frac{1}{2} = 4x^3 - 3x,$$

或

$$8x^3 - 6x - 1 = 0,$$

多项式 $8x^3 - 6x - 1 = (2x)^3 - 3(2x) - 1$, 因此如证明了多项式 $y^3 - 3y - 1$ 是不可约多项式, 则 $8x^3 - 6x - 1$ 也是不可约的. 而 $y^3 - 3y - 1$ 是一个三次多项式, 不难验证它无有理根, 故为不可约, 于是 $x^3 - \frac{3}{4}x - \frac{1}{8}$ 就是 $\cos\frac{\pi}{9}$ 的极小多项式, 它的次数等于 3. 由定理 3-1 的推论 3-1 知它不能用尺规作出, 这就证明了用尺规三等分 60° 角的不可能性.

例 2 立方倍积问题: 要作出正方体使其体积是已知正方体的 2 倍. 若设已知正方体边长为 1, 则要求作出长为 $\sqrt[3]{2}$ 的线段. 显然 $\sqrt[3]{2}$ 在 $\mathbf{Q}$ 上的极小多项式为 $x^3 - 2$, 它的次数等于 3, 不是 2 的幂, 故它不能用尺规作出.

例 3 化圆为方问题: 要作出一个正方形使它的面积等于一个已知圆的面积. 设已知圆的半径为 1, 则要求作出面积等于 π 的正方形, 或等价于要作出数 $\sqrt{\pi}$ 来. 但 π 是一个超越数, 因此 $\sqrt{\pi}$ 也是超越数 (因为任一代数数的平方仍是代数数). 由定理 3-1 的推论 3-1 知也不可能用尺规作出.

例 4 正多边形的作图问题. 我们在这里只讨论素数边形的作图问题. 设 p 是一个素数. 显然一个正 p 边形的作图问题等价于要作出点 $z = \cos\frac{2\pi}{p} + \sqrt{-1}\sin\frac{2\pi}{p}$, z 适合多项式 $x^p - 1 = 0$. 而

$$x^p - 1 = (x - 1)(x^{p-1} + x^{p-2} + \cdots + 1),$$

于是 z 适合一个 $p-1$ 次多项式 $x^{p-1} + x^{p-2} + \cdots + 1$. 由 Eisenstein 判别法不难证明这是 $\mathbf{Q}$ 上的一个不可约多项式,即是 z 的极小多项式. 若这个正 p 边形可用尺规作出,则 $p-1 = 2^k$, 或 $p = 2^k + 1$. 从这个结论我们立即可推出正七边形、正十一边形等均不能用直尺与圆规作出,因为这些素数都不能写成 $2^k + 1$ 的形状.

我们还可以进行更深入一些的讨论,设上述 k 含有一个奇数因子,比如 $k = \mu\nu$, 其中 μ 是奇数,则

$$2^k + 1 = 2^{\mu\nu} + 1 = (2^\nu)^\mu + 1 = (2^\nu + 1)\cdots,$$

即这时 $2^k + 1$ 是一个合数. 因此要使 $2^k + 1$ 是素数,k 必须具有形状 2^t. 形如 $2^{2^t} + 1$ 的素数称为 Fermat 数. Fermat 曾猜测形如 $2^{2^t} + 1$ 的数都是素数,Euler 指出这个猜测不成立,因为 $2^{2^5} + 1$ 是一个合数. 当 $t = 0, 1, 2, 3, 4$ 时,$2^{2^t} + 1$ 确实都是素数,它们依次为:$3, 5, 17, 257, 65\,537$,这是迄今为止人们所知的全部 Fermat 数. 有人猜测这是仅有的 5 个 Fermat 数,但至今未能证实,也未能否定. 现在我们得到了一个正 p 边形可用圆规、直尺作出的必要条件是:p 是一个 Fermat 素数. 事实上,这也是一个充分条件,但我们在本节中不再作进一步的讨论. 我们将在 §4.9 中证明正 n 边形可以用直尺与圆规作出的这个充分条件. 对已知的 5 个 Fermat 数,正多边形的作图都已有人具体地构作出来. 比如正十七边形的作法是 Gauss 19 岁时的惊世之作,而正 257 边形及正 65\,537 边形虽然已有人作了,但因无什么重要价值而只配放进博物馆供人欣赏.

习 题

1. 证明:$\dfrac{2\pi}{5}$ 可用尺规三等分.

2. 证明:54°角可用尺规三等分.

3. 证明:正九边形、正十三边形均不可用尺规作出.

4. 试证:正十七边形可用尺规作出.

§4.4 分 裂 域

在这一节里,我们要研究由某个已知多项式 $f(x) \in F[x]$ 所决定的扩域. 在这一扩域中,$f(x)$ 可以分解成为一次因子的乘积. 也就是说,多项式 $f(x)$ 的根全落在这个扩域之中. 为此,首先要回答这样一个问题:给定多项式 $f(x)$,能否找到一个扩域使 $f(x)$ 在这个扩域中至少有一个根? 这个问题利用我们已经

学过的知识,很容易予以肯定的回答.

引理 4-1 设 $f(x)$ 是域 F 上的多项式且设 $f(x)$ 不可约,则必存在 F 的一个扩域 E,使 $f(x)$ 在 E 中至少有一个根.

证明 令 $F[x]$ 是 F 上多项式环,作商环 $F[x]/(f(x))$. 由于 $f(x)$ 不可约,$F[x]/(f(x))$ 是一个域,记之为 E,作 $F \to E$ 的映射 $j:a \to \bar{a}$,即将 F 中的元 a 映为常值多项式 a 代表的等价类 $a + (f(x))$. 不难验证这是个域同态,故是一个单态. 因此我们可以将 F 看成是 E 的子域,即 E 是 F 的扩域.

令

$$f(x) = a_0 + a_1 x + \cdots + a_n x^n,$$

则 $\overline{f(x)} = 0$(在 E 中),即 $\overline{a_0 + a_1 x + \cdots + a_n x^n} = 0$,亦即 $\bar{a}_0 + \bar{a}_1 \bar{x} + \cdots + \bar{a}_n \bar{x}^n = 0$. 这儿 $\bar{x} = x + (f(x))$,因此 $\bar{x}$ 适合 $a_0 + a_1 \bar{x} + \cdots + a_n \bar{x}^n = 0$,这说明 $\bar{x}$ 是 $f(x)$ 的一个根. 证毕.

推论 4-1(Kronecker 定理) 设 $f(x)$ 是域 F 上的次数不小于 1 的多项式,则必存在 F 的扩域 E,使 $f(x)$ 在 E 中至少有一个根.

定义 4-1 设 $f(x)$ 是域 F 上的首一多项式,E 是 F 的扩域,适合条件:

(1) $f(x)$ 在 $E[x]$ 中可以分解为一次因子的乘积,即存在 $r_i \in E(i = 1, 2, \cdots, n)$,使得 $f(x) = (x - r_1)(x - r_2) \cdots (x - r_n)$;

(2) $E = F(r_1, r_2, \cdots, r_n)$,

则称 E 是多项式 $f(x)$ 的分裂域. E 可以看成是 F 添加了 $f(x)$ 的根 $r_1, \cdots, r_n$ 的扩域.

由定义我们可以看出 E 是使 $f(x)$ 分裂为一次因子之积的 F 的"最小"扩域.

用数学归纳法及 Kronecker 定理即可证明分裂域的存在性.

定理 4-1 $F[x]$ 中任一非零首一多项式均有分裂域.

证明 设 $f(x)$ 是 $F[x]$ 中非零首一多项式,现将 $f(x)$ 分解成不可约因子之积:

$$f(x) = f_1(x) f_2(x) \cdots f_k(x),$$

设 $\deg f(x) = n$,现对 $n - k$ 用数学归纳法.

若 $n - k = 0$,则 $k = n$, 每个 $f_i(x)$ 必是线性因子,于是 F 就是 $f(x)$ 的分裂域.

对 $n - k > 0$, 这时至少有一个 $f_i(x)$,不妨就设 $f_1(x)$ 是次数大于 1 的不可约多项式,由 Kronecker 定理,存在 F 的扩域 K, $f_1(x)$ 在 K 中有根,记为 r,则 $f_1(x) = (x - r)h(x)$,其中 $h(x) \in K[x]$,于是在 $K[x]$ 中,

$$f(x) = (x-r)h(x)f_2(x)\cdots f_k(x).$$

这时如将 $f(x)$ 作不可约分解,并设不可约分解的长度为 l,则 $n-l < n-k$,于是由归纳假设(将 $f(x)$ 看成是域 K 上的多项式),存在 K 的扩域 E,它是 $f(x)$ 作为 K 上多项式的分裂域.设在 E 中

$$f(x) = (x-r_1)(x-r_2)\cdots(x-r_n),$$

由于 r 是 $f(x)$ 的根,因此必有某个 r_i,不妨设 $r_1 = r$.下面只需证明 $E = F(r_1, r_2, \cdots, r_n)$ 即可.

因为 E 是 $f(x)$ 作为 K 上多项式的分裂域,故有

$$E = K(r_1, r_2, \cdots, r_n),$$

从引理 4-1 的证明以及 §4.1 开头的说明我们知道 $K = F(r)$,于是利用 $r = r_1$ 可得:

$$E = K(r_1, r_2, \cdots, r_n) = F(r)(r_1, r_2, \cdots, r_n)$$
$$= F(r_1, r_2, \cdots, r_n).$$

证毕.

注 任一多项式 $f(x)$ 的分裂域 E/F(即表示 $f(x)$ 是 F 上多项式)必是有限维的.事实上,这时 $E = F(r_1, r_2, \cdots, r_n)$,其中每个 r_i 都是 F 上的代数元,当然也是 $F(r_1, \cdots, r_{i-1})$ 上的代数元,于是

$$[F(r_1, \cdots, r_i):F(r_1, \cdots, r_{i-1})] < \infty,$$

由维数公式即得:

$$[F(r_1, \cdots, r_n):F] = [F(r_1, \cdots, r_n):F(r_1, \cdots, r_{n-1})]$$
$$\cdots[F(r_1):F] < \infty.$$

定理 4-1 肯定了多项式分裂域的存在性,接下来一个很自然的问题是:它是否唯一? 我们将证明,在同构的意义下它是唯一的.从唯一性的证明中还可以得到一个重要的结论,它将在以后几节中起着重要的作用.为了证明下面的定理 4-2,我们先证明几个引理.

引理 4-2 设 η 是域 F 到域 $\overline{F}$ 上的同构,则 η 可以唯一地扩张为 $F[x] \to \overline{F}[x]$ 上的环同构 $\tilde{\eta}$,使 $\tilde{\eta}(a) = \eta(a)$ 对一切 $a \in F$ 成立且 $\tilde{\eta}(x) = x$,其中 $F[x]$ 与 $\overline{F}[x]$ 分别是 F, $\overline{F}$ 上的多项式环.

证明 记 $\eta(a) = \bar{a}$,作 $F[x] \to \overline{F}[x]$ 的映射 $\tilde{\eta}$:

$$a_0 + a_1 x + \cdots + a_n x^n \to \bar{a}_0 + \bar{a}_1 x + \cdots + \bar{a}_n x^n, \tag{1}$$

不难验证这就是所需之同构. 由于 $F[x]$ 由 F 及 x 生成, 因此 $\tilde{\eta}$ 的唯一性是显而易见的. 证毕.

引理 4-3 F, $\bar{F}$, η 同上引理, 设 $g(x)$ 是 $F[x]$ 中的不可约多项式, 记 $\tilde{\eta}(g(x)) = \bar{g}(x)$, 则存在 $F[x]/(g(x)) \rightarrow \bar{F}[x]/(\bar{g}(x))$ 的同构 $\bar{\eta}$, 且 $\bar{\eta}$ 可看成是 $F \rightarrow \bar{F}$ 的同构 η 的扩张.

证明 由上面的引理知 η 可诱导出 $\tilde{\eta}: F[x] \rightarrow \bar{F}[x]$. 作 $F[x] \rightarrow \bar{F}[x]/(\bar{g}(x))$ 的环同态 $\varphi: f(x) \rightarrow \bar{f}(x) + (\bar{g}(x))$, 这里

$$f(x) = a_0 + a_1 x + \cdots + a_n x^n,$$

$$\bar{f}(x) = \tilde{\eta}(f(x)) = \bar{a}_0 + \bar{a}_1 x + \cdots + \bar{a} x^n,$$

显然 φ 是映上的且 $\mathrm{Ker}\, \varphi = (g(x))$, 于是 φ 导出同构 $\bar{\eta}$:

$$F[x]/(g(x)) \rightarrow \bar{F}[x]/(\bar{g}(x)),$$

$$\bar{\eta}(f(x) + (g(x))) = \bar{f}(x) + (\bar{g}(x)).$$

不难看出, 如果 $f(x)$ 取常值多项式, 即 $f(x) = a \in F$ (我们将 F 按定理 4-1 的方式看成是 $F[x]/(\bar{g}(x))$ 的子域), 则

$$\bar{\eta}(a + (g(x))) = \eta(a) + (\bar{g}(x)),$$

即 $\bar{\eta}$ 可看成是 η 的扩张. 证毕.

引理 4-4 设 η 是域 F 到 $\bar{F}$ 的同构, E 与 $\bar{E}$ 分别是 F 与 $\bar{F}$ 的扩域, 又设 $u \in E$ 是 F 上代数元且其极小多项式为 $g(x)$, 则 η 可以扩张为 $F(u)$ 到 $\bar{E}$ 内的单同态的充要条件是 $\bar{g}(x)$ 在 $\bar{E}$ 中有一个根. 这种扩张的个数等于 $\bar{g}(x)$ 在 $\bar{E}$ 中不同根的个数.

证明 若 η 的扩张存在, 不妨记为 ξ. 因为 $g(u) = 0$, 故 $\bar{g}(\xi(u)) = 0$, 即 $\xi(u)$ 是 $\bar{g}(x)$ 的根, 这就证明了必要性.

现设 $\bar{u}$ 是 $\bar{g}(x)$ 在 $\bar{E}$ 中的一个根. 显然 $\bar{g}(x)$ 也不可约 (注意它是 $g(x)$ 的同构像), 于是有同构 $F(u) \cong F[x]/(g(x))$, $\bar{F}(\bar{u}) \cong \bar{F}[x]/(\bar{g}(x))$. 再由引理 4-3 中的同构即可得同构 $F(u) \cong \bar{F}(\bar{u})$ (参见图 1), 图中虚箭头即为三个同构映射的合成. 但 $\bar{F}(\bar{u})$ 是 $\bar{E}$ 的子域, 我们得到了域 $F(u) \rightarrow \bar{E}$ 内的同态 ξ. 又因为 $F(u)$ 是域, $\mathrm{Ker}\, \xi$ 只能为 $\{0\}$, 所以 ξ 必是单同态. 映射 $F(u) \rightarrow F[x]/(g(x))$ 将 F 中的元 a 映为 $a + (g(x))$; 映射 $F[x]/(g(x)) \rightarrow \bar{F}[x]/(\bar{g}(x))$ 将 $a + (g(x))$ 映为 $\bar{a} + (\bar{g}(x)) = \eta(a) + (\bar{g}(x))$; 映射 $\bar{F}[x]/(\bar{g}(x)) \rightarrow \bar{F}(\bar{u})$ 将 $\eta(a) + (\bar{g}(x))$ 映到 $\eta(a)$, 因此 $\xi(a) = \eta(a)$, 即 ξ 是 η 的扩张. 读者不难看出

对任意的 $f(u) \in F(u)$, $f(u) = a_0 + a_1 u + \cdots + a_n u^n$ (注意由于 u 是 F 上代数元, $F(u) = F[u]$), $\xi(f(u)) = \bar{f}(\bar{u}) = \eta(a_0) + \eta(a_1)\bar{u} + \cdots + \eta(a_n)\bar{u}^n$. 特别, $\xi(u) = \bar{u}$. 因为 $F(u)$ 由 F 及 u 生成, 故将 u 变到 $\bar{u}$ 的 η 的扩张是唯一的. 不同的 $\bar{g}$ 的根给出了不同的扩张, 因此 η 的扩张数正好等于 $\bar{g}(x)$ 在 $\bar{E}$ 内不同的根的个数. 证毕.

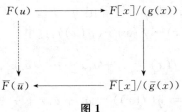

图 1

现在我们可以证明如下的重要定理了.

定理 4-2 设 $\eta: a \to \bar{a}$ 是 $F \to \bar{F}$ 的域同构, $f(x)$ 是 $F[x]$ 中的首一多项式, $\bar{f}(x)$ 是 $f(x)$ 在 $\bar{F}[x]$ 中相应的多项式(意义同上). E 与 $\bar{E}$ 分别是 $f(x)$ 及 $\bar{f}(x)$ 的分裂域, 则 η 可以扩张为 $E \to \bar{E}$ 的域同构, 而且, 这种扩张的数目不超过 $[E:F]$, 当 $\bar{f}(x)$ 在 $\bar{E}$ 中无重根时, 正好等于 $[E:F]$.

证明 对分裂域在基域上的维数用数学归纳法.

若 $[E:F] = 1$, 则 $E = F$, $f(x) = (x - r_1) \cdots (x - r_n)$, $r_i \in F$, 于是 $\bar{f}(x) = (x - \bar{r}_1) \cdots (x - \bar{r}_n)$, 即 $\bar{r}_1, \cdots, \bar{r}_n$ 是 $\bar{f}(x)$ 在 $\bar{F}$ 中的根, 故 $\bar{E} = \bar{F}$, η 的扩张就是自身, 显然必唯一.

现设 $[E:F] > 1$. 这时 $f(x)$ 在 $F[x]$ 中不能分解成为一次因子的乘积, 故不妨设 $g(x)$ 是 $f(x)$ 的一个次数大于 1 的不可约因子. 由于引理 4-2 中的 $\tilde{\eta}$ 是环同构, 故 $\bar{g}(x)$ 也是 $\bar{f}(x)$ 的不可约因子. 又设

$$g(x) = (x - r_1) \cdots (x - r_m),$$

$$f(x) = (x - r_1) \cdots (x - r_m)(x - r_{m+1}) \cdots (x - r_n),$$

$$\bar{g}(x) = (x - t_1) \cdots (x - t_m),$$

$$\bar{f}(x) = (x - t_1) \cdots (x - t_m)(x - t_{m+1}) \cdots (x - t_n),$$

其中 $r_i \in E$, $t_i \in \bar{E}$, $i = 1, 2, \cdots, n$. 令 $K = F(r_1)$, 由于 $g(x)$ 在 F 上不可约, 故 $g(x)$ 是 r_1 在 F 上的极小多项式且由定理 1-2 知 $[K:F] = \deg g(x) = m$. 由引理 4-4 知存在 k 个从 K 到 $\bar{E}$ 内的单同态 $\xi_1, \xi_2, \cdots, \xi_k$, 它们都是 η 的扩

张,其中 k 是 $\bar{g}(x)$ 在 $\bar{E}$ 中不同根的个数,故 $k \leqslant m$. 当 $\bar{g}(x)$ 的根全是单根时 $k = m$. 由分裂域的定义知道,E 也可看成是 $K[x]$ 中的多项式 $f(x)$ 的分裂域. 同样,对每个 $i (i = 1, 2, \cdots, k)$,$\bar{E}$ 也是 $\bar{f}(x)$ 作为 $\xi_i(K)$(它是 ξ_i 的像,是 $\bar{E}$ 的子域)上的多项式的分裂域,显然 $[E:K] < [E:F]$,故可用归纳假设,每个 ξ_i 可以扩张为 $E \to \bar{E}$ 的同构且这些扩张的数目不超过 $[E:K]$,而当 $\bar{f}(x)$ 在 $\bar{E}$ 中的根都是单根时正好等于 $[E:K]$. 显然,任何一个这样的同构都是 η 的扩张. 又因为 η 的这些扩张作为不同的 ξ_i 的扩张也互不相同,故它们的总数必不超过 $m[E:K] = [K:F][E:K] = [E:F]$,当 $\bar{f}(x)$ 的根全是单根时正好等于 $[E:F]$. 最后,由于 η 的任一扩张限制在 K 上时是 $K \to \bar{E}$ 内的单同态,故这个限制必是某个 ξ_i,$1 \leqslant i \leqslant k$,这说明我们已将所有 η 的扩张都考虑在内了. 证毕.

上面定理的特殊情况之一是当 $\bar{F} = F$,η 为恒等映射时多项式 $f(x)$ 的 F 上分裂域 E 与 $\bar{E}$ 必同构,这就证明了分裂域的唯一性. 更为特殊的是若 $\bar{E} = E$,则 F 上的恒等同态可以扩张为 E 的自同构的数目至多等于 $[E:F]$. 由于这个结论的重要性,我们把它写成如下定理.

定理 4-3 E 是 F 上多项式 $f(x)$ 的分裂域,则 E/F 的自同构(即保持 F 中元不动的 E 的自同构)数目 $\leqslant [E:F]$,当 $f(x)$ 无重根时恰为 $[E:F]$.

下面我们将举例说明如何来求一个多项式的分裂域. 由于分裂域理论是 Galois 理论的基础,读者务必弄懂其含义.

例 1 $F = \mathbf{Q}$,$f(x) = x^2 - 2$.

由于 $f(x)$ 在实数域内有根 $\sqrt{2}$,故 $\mathbf{Q}(\sqrt{2})$ 就是 $f(x)$ 的分裂域.

例 2 $F = \mathbf{Q}$,$f(x) = (x^2 + 1)(x^2 - 2)$.

这时 $f(x)$ 不是不可约的. 我们先取其一个不可约因子 $x^2 - 2$,由例 1 知它的分裂域为 $\mathbf{Q}(\sqrt{2})$. 再来看 $x^2 + 1$,它在 $\mathbf{Q}(\sqrt{2})$ 上必不可约. 事实上由于 $x^2 + 1$ 为二次多项式,如可约,则必在 $\mathbf{Q}(\sqrt{2})$ 中有根,设为 $a + b\sqrt{2}$,其中 a, b 都是有理数,于是 $(a + b\sqrt{2})^2 + 1 = 0$,即 $(a^2 + 2b^2 + 1) + 2ab\sqrt{2} = 0$. 显然 $ab = 0$,即或 $a = 0$ 或 $b = 0$. 若 $a = 0$,则 $2b^2 + 1 = 0$,这不可能;若 $b = 0$,则 $a^2 + 1 = 0$,也不可能,从而 $x^2 + 1$ 在 $\mathbf{Q}(\sqrt{2})$ 上不可约. 引进虚单位 i,显然 $f(x)$ 在 $\mathbf{Q}(\sqrt{2}, \text{i})$ 上可分裂为一次因子的乘积,因此 $f(x)$ 的分裂域为 $\mathbf{Q}(\sqrt{2}, \text{i})$.

例 3 $F = \mathbf{Q}$,$f(x) = x^p - 2$,其中 p 是素数.

由 Eisenstein 判别法知道 $f(x)$ 在 $\mathbf{Q}$ 上不可约. $f(x)$ 有一个实根 $\sqrt[p]{2}$,故 $f(x)$ 是 $\sqrt[p]{2}$ 的极小多项式,于是 $[\mathbf{Q}(\sqrt[p]{2}):\mathbf{Q}] = p$. 设 α 是 $f(x)$ 的任一在复数域 $\mathbf{C}$ 中的

根,则

$$\left(\frac{\alpha}{\sqrt[p]{2}}\right)^p = \frac{\alpha^p}{2} = 1,$$

因此 $\alpha = \sqrt[p]{2}\omega^k$, $\omega = \cos\frac{2\pi}{p} + i\sin\frac{2\pi}{p}$ 是 $x^p - 1 = 0$ 的一个复根. 多项式 $x^p - 1$ 在 $\mathbf{Q}$ 上可分解为

$$x^p - 1 = (x - 1)(x^{p-1} + x^{p-2} + \cdots + 1),$$

其中 $x^{p-1} + x^{p-2} + \cdots + 1$ 是不可约的,故是 ω 的极小多项式,于是 $[\mathbf{Q}(\omega):\mathbf{Q}] = p - 1$. 多项式 $x^p - 2$ 的根可以写为

$$\sqrt[p]{2}, \sqrt[p]{2}\omega, \sqrt[p]{2}\omega^2, \cdots, \sqrt[p]{2}\omega^{p-1},$$

因此在 $\mathbf{Q}(\sqrt[p]{2}, \omega)$ 上 $f(x)$ 可分解为一次因子之积. 而

$$\omega = \sqrt[p]{2}\omega / \sqrt[p]{2},$$

因此 $\mathbf{Q}(\sqrt[p]{2}, \omega) = \mathbf{Q}(\sqrt[p]{2}, \sqrt[p]{2}\omega, \cdots, \sqrt[p]{2}\omega^{p-1})$, 即 $\mathbf{Q}(\sqrt[p]{2}, \omega)$ 是 $f(x)$ 的分裂域.

现在来求 $[\mathbf{Q}(\sqrt[p]{2}, \omega):\mathbf{Q}]$.

$$[\mathbf{Q}(\sqrt[p]{2}, \omega):\mathbf{Q}] = [\mathbf{Q}(\sqrt[p]{2}, \omega):\mathbf{Q}(\sqrt[p]{2})][\mathbf{Q}(\sqrt[p]{2}):\mathbf{Q}]$$

$$= [\mathbf{Q}(\sqrt[p]{2}, \omega):\mathbf{Q}(\omega)][\mathbf{Q}(\omega):\mathbf{Q}].$$

$[\mathbf{Q}(\sqrt[p]{2}, \omega):\mathbf{Q}]$ 含有一个素因子 p 及另一个因子 $p - 1$. 另一方面 ω 适合 $\mathbf{Q}(\sqrt[p]{2})$ 上的多项式 $x^{p-1} + x^{p-2} + \cdots + 1 = 0$, 因此 ω 在 $\mathbf{Q}(\sqrt[p]{2})$ 上极小多项式的次数 $\leqslant p - 1$, 于是 $[\mathbf{Q}(\sqrt[p]{2}, \omega):\mathbf{Q}(\sqrt[p]{2})] \leqslant p - 1$. 同理 $[\mathbf{Q}(\sqrt[p]{2}, \omega):Q(\omega)] \leqslant p$. 综上所述我们有 $[\mathbf{Q}(\sqrt[p]{2}, \omega):\mathbf{Q}] = p(p - 1)$.

例 4　设 $F = \mathbf{Z}_p$, $f(x) = x^p - 1$.

注意这时 $x^p - 1 = (x - 1)^p$, 因此 $f(x)$ 的分裂域就是 Z_p.

例 5　设 $F = \mathbf{Z}_2$, $f(x) = x^3 + x + 1$.

因为 $f(x)$ 是三次多项式,如在 F 上可约必有一个一次因子,从而 $f(x)$ 在 $\mathbf{Z}_2$ 中有根. 但 $\mathbf{Z}_2$ 共有两个元素,代入后知皆不是 $f(x)$ 的根,因此 $f(x)$ 在 $\mathbf{Z}_2$ 上不可约. 作 $\mathbf{Z}_2[x]/(f(x))$, 令 $r = x + (f(x))$, 则 $\mathbf{Z}_2[x]/(f(x))$ 中的元素为: $0, 1, r, 1+r, r^2, 1+r^2, r+r^2, 1+r+r^2$, 共 8 个. 不难验证,$r, r^2$ 是 $f(x)$ 在 $\mathbf{Z}_2[x]/(f(x))$ 中的根,因此 $f(x)$ 在这个域中可以分解为一次因子之积,即它是 $f(x)$ 的分裂域. 显然 $\mathbf{Z}_2[x]/(f(x)) = F(r)$.

习　题

1. 求 $\mathbf{Q}$ 上多项式 $f(x) = x^6 - 1$ 的分裂域.

2. 求 $\mathbf{Q}$ 上多项式 $f(x) = x^4 + 2$ 的分裂域.

3. 求 $\mathbf{Q}$ 上多项式 $f(x) = (x^2 - 2)(x^3 - 3)$ 的分裂域.

4. 求多项式 $x^3 - 2$ 在实数域上的分裂域.

5. 证明:域 $\mathbf{Q}(\sqrt{2})$ 和域 $\mathbf{Q}(\sqrt{3})$ 不可能同构.

6. 设 E 是 F 的扩域,若 $[E:F] = 2$,则 E 是 F 上的分裂域.

7. 设 $f(x) = x^4 - 2x^3 + 7x^2 - 6x + 12$ 是有理数域上多项式且已知 $\sqrt{-3}$ 和 $1 + \sqrt{-3}$ 是其根,证明:$\mathbf{Q}(\sqrt{-3})$ 是 $f(x)$ 的分裂域. 又问:是否存在 $\mathbf{Q}(\sqrt{-3})$ 的自同构 σ 适合 $\sigma(\sqrt{-3}) = 1 + \sqrt{-3}$?

8. 求 $\mathbf{Z}_2$ 上多项式 $f(x) = x^2 + x + 1$ 的分裂域.

9. 求 $\mathbf{Z}_3$ 上多项式 $f(x) = x^3 + 2x + 1$ 的分裂域.

10. 当有理数 a, b 满足什么条件时,多项式 $f(x) = x^3 + ax + b$ 在 $\mathbf{Q}$ 上的分裂域在 $\mathbf{Q}$ 上的维数等于 3?

11. 设 E 是域 F 上多项式 $f(x)$ 的分裂域且 $\deg f(x) = n$,求证:$[E:F] \leqslant n!$.

§4.5　可分扩域

我们在上一节得到了一个重要结论:若 E 是 F 上多项式 $f(x)$ 的分裂域,则 E/F 的自同构个数不超过 $[E:F]$. 当 $f(x)$ 在 E 中无重根时,恰为 $[E:F]$. 现在的问题是,若 $f(x)$ 有重根,E/F 的自同构个数是否仍有可能等于 $[E:F]$? 我们来详细地讨论这个问题.

首先我们设 $f(x)$ 有两个分裂域,分别记为 E 与 $\overline{E}$. 若 $f(x)$ 在 $E(x)$ 中分解为

$$f(x) = (x - r_1)^{k_1}(x - r_2)^{k_2} \cdots (x - r_m)^{k_m},$$

其中 r_i 是 E 中互不相同的元,这时称 r_i 为 $f(x)$ 的 k_i 重根. 由定理4-2知,存在 $E \to \overline{E}$ 的同构 ξ,使 $f(x)$ 在 $\overline{E}[x]$ 中可分解为

$$f(x) = (x - \xi(r_1))^{k_1}(x - \xi(r_2))^{k_2} \cdots (x - \xi(r_m))^{k_m},$$

这表明 $f(x)$ 的重根性质,即诸 k_i 不随具体分裂域的不同而改变. 因此,我们可选择某一特定的分裂域来讨论问题.

另外,若设 $f(x) = f_1^{l_1}(x) f_2^{l_2}(x) \cdots f_k^{l_k}(x)$ 是 $f(x)$ 在 $F[x]$ 中的一个不可

约分解,且当 $i \neq j$ 时,$f_i(x)$ 与 $f_j(x)$ 互素,令

$$f_0(x) = f_1(x) f_2(x) \cdots f_k(x),$$

显然 $f(x)$ 与 $f_0(x)$ 有相同的分裂域,因此我们可以将求 $f(x)$ 的分裂域归结为求 $f_0(x)$ 的分裂域.

再看 $f_0(x)$ 的任意两个不相同的不可约因子 $f_1(x)$,$f_2(x)$. 由于 $(f_1(x),$ $f_2(x)) = 1$,故存在 $s(x)$,$t(x) \in F[x]$,使

$$f_1(x)s(x) + f_2(x)t(x) = 1.$$

显然 $f_1(x)$ 与 $f_2(x)$ 在 $f(x)$ 的分裂域中不可能有公共根,否则将出现 $0 = 1$ 的矛盾. 这个事实说明 $f_0(x)$ 如有重根,当且仅当它的不可约因子有重根.

从上面的讨论我们可以看到,若 $f(x)$ 的不可约因子无重根,则 $f_0(x)$ 无重根.若设 $f_0(x)$ 的分裂域即 $f(x)$ 的分裂域为 E,则 E/F 自同构的个数恰为 $[E:F]$.

定义 5-1 设 $f(x)$ 是 $F[x]$ 的多项式,若 $f(x)$ 的每个不可约因子在 $f(x)$ 的分裂域中均无重根,则称 $f(x)$ 是一个可分多项式.

定义 5-2 设 E 是 F 的扩域,$u \in E$,若 u 在 F 上的极小多项式是可分多项式,则称 u 是 F 上的可分元.

定义 5-3 设 E 是 F 的代数扩域,若 E 中的每个元都是 F 上的可分元,则称 E 是 F 上的可分扩域或可分扩张.

上面的讨论用可分性语言来表示即为下述定理.

定理 5-1 设 $f(x)$ 是域 F 上的多项式,若 $f(x)$ 可分,E 是 $f(x)$ 的分裂域,则 E/F 的自同构数等于 $[E:F]$.

我们稍后将看到,确实存在着不可分多项式 $f(x) \in F[x]$,它的分裂域 E/F 的自同构数小于 $[E:F]$. 一般来说,不可分多项式的分裂域在 F 上的维数总比它的保持 F 中元不动的自同构数要大,但我们在本课程中不对此作进一步的讨论.这方面的内容可参看 O. Zariski, P. Samual 撰写的《Commutative Algebra》第一卷或 N. Jacobson 撰写的《Lectures in Abstract Algebra》第三卷.

我们现在转而来考虑多项式的重根问题.如同高等代数教程中的做法,我们可以定义一个多项式的导数并借助于导数来判别一个多项式的重根.

定义 5-4 设 $f(x) \in F[x]$,$f(x) = a_0 + a_1 x + \cdots + a_n x^n$,定义 $f(x)$ 的导数为下面的多项式:

$$f'(x) = a_1 + a_2 x + \cdots + n a_n x^{n-1},$$

显然导数具有下列性质:

(1) $(f+g)' = f' + g'$;

(2) $(af)' = af'$ 其中 $a \in F$;

(3) $(fg)' = f'g + fg'$.

对特征为零的域,从 $f'(x) = 0$ 可推出 $f(x) = a \in F$. 但对特征为 $p \neq 0$ 的域,从 $f'(x) = 0$ 不能推出 $f(x) = a \in F$, 这点需特别注意. 事实上,若 $f(x) = x^p$, 则 $f'(x) = 0$, 但 $f(x) \neq a \in F$.

域 F 上的多项式何时有重根? 我们有如下的判定定理.

定理 5-2　设 $f(x)$ 是域 F 上的非零首一多项式,则 $f(x)$ 在其分裂域 E 中无重根的充要条件是 $(f(x), f'(x)) = 1$, 即 $f(x)$ 与 $f'(x)$ 互素.

证明　类似于高等代数的证明,从略.

推论 5-1　设 F 是特征为零的域,则 $F[x]$ 上的任一不可约多项式都是可分多项式.

证明　设 $g(x)$ 不可约,若 $g(x)$ 有重根,则 $(g(x), g'(x)) \neq 1$. 但 $g(x)$ 不可约,故 $(g(x), g'(x)) = g(x)$, 于是 $g(x) | g'(x)$. 但任一不可约多项式的次数都大于零,F 的特征为零,故 $g'(x) \neq 0$. 而 $\deg g'(x) < \deg g(x)$, 于是就出现了矛盾. 证毕.

推论 5-2　设 F 是特征为 $p \neq 0$ 的域,则 F 上的不可约多项式 $g(x)$ 为不可分多项式的充要条件是 $g'(x) = 0$.

证明　设 $g'(x) = 0$, 则 $(g(x), g'(x)) = g(x) \neq 1$, 故 $g(x)$ 有重根,即为不可分多项式. 逆命题是显然的. 证毕.

推论 5-3　设 F 是特征为 $p \neq 0$ 的域,则不可约多项式 $f(x) \in F[x]$ 为不可分多项式的充要条件是 f 具有形状:

$$f(x) = a_0 + a_1 x^p + a_2 x^{2p} + \cdots + a_n x^{np}.$$

证明　充分性很显然,因为这时 $f'(x) = 0$.

反之,设 $f(x) = c_0 + c_1 x + c_2 x^2 + \cdots + c_m x^m$, 求导得:

$$f'(x) = c_1 + 2c_2 x + \cdots + mc_m x^{m-1}.$$

要使 $f'(x) = 0$, 必须 $kc_k = 0$ 对一切 $k = 1, 2, \cdots, m$ 成立,于是除了 c_p, c_{2p}, $\cdots$ 这些系数外,其余 $c_i = 0$. 即 $f(x)$ 具有所需之形状. 证毕.

下面我们要举一个不可分多项式的例子. 由推论 5-1 知,只有特征为 p 的域上才可能有不可分多项式.

首先我们来看特征为 p 的域 F 上的映射 $\varphi: \varphi(a) = a^p$. 由于 $\varphi(a+b) = (a+b)^p = a^p + b^p = \varphi(a) + \varphi(b)$ (由二项式展开,中间的那些项的系数都是 p

的倍数,故等于 0);$\varphi(ab)^p = a^p b^p = \varphi(a)\varphi(b)$;$\varphi(a^{-1}) = (a^{-1})^p = (a^p)^{-1} = \varphi(a)^{-1}$,故 φ 是域 F 到自身内的自同态. 因为 F 是域,所以 φ 必是单同态. 这个同态通常称为 Frobenius 同态,其同态像记为 F^p,即 $F^p = \{a^p \mid a \in F\}$. 显然 F^p 是 F 的子域.

其次我们需要一个引理,如下所述.

引理 5-1　设 F 是特征为 p 的域,$a \in F$,则多项式 $x^p - a$ 或在 F 上不可约,或等于 $(x-b)^p$,$b \in F$.

证明　设 $x^p - a$ 在 F 上可约,则存在 F 上多项式 $g(x)$,$h(x)$ 使得 $(x^p - a) = g(x)h(x)$. 令 E 是 $x^p - a$ 的分裂域,b 是其一个根,则 $b^p - a = 0$,即 $a = b^p$,从而

$$x^p - a = x^p - b^p = (x-b)^p.$$

由 $g(x)h(x) = (x-b)^p$ 得 $g(x) = (x-b)^k$,$0 < k < p$,将 $(x-b)^k$ 展开,并利用 $g(x) \in F[x]$ 立即得 $b^k \in F$. 但 p 是素数,故 $(k, p) = 1$,即存在整数 s,t,使 $ks + pt = 1$,于是

$$b = b^{ks+pt} = (b^k)^s (b^p)^t = (b^k)^s a^t \in F.$$

证毕.

例 1　$F = \mathbf{Z}_p(t)$,即域 $\mathbf{Z}_p$ 上以 t 为未定元的有理函数域,$f(x) = x^p - t$.

现来证明 $f(x)$ 是不可分多项式,先证明它是不可约的. 由引理 5-1 可知,只需证明 t 不是 F 中某个元的 p 次幂就可以了. 假设不然,$t = \left(\dfrac{g(t)}{h(t)}\right)^p$,其中 $g(t)$,$h(t)$ 是 $\mathbf{Z}_p$ 上的多项式,则 $t(h(t))^p = g(t)^p$. 不妨设 $g(t) = a_0 + a_1 t + \cdots + a_n t^n$,$h(t) = b_0 + b_1 t + \cdots + b_m t^m$,得:

$$th(t)^p = b_0^p t + b_1^p t^{p+1} + \cdots + b_k^p t^{mp+1},$$

$$g(t)^p = a_0^p + a_1^p t^p + \cdots + a_h^p t^{np},$$

代入等式比较系数即知 $h(t) = 0$,而这是不可能的,因此 $f(x)$ 不可约. 另一方面显然 $f'(x) = 0$,故由推论 5-2 知 $f(x)$ 是一个不可分多项式.

定义 5-5　若一个域 F 上的任一多项式都是可分多项式,则称 F 是完全域.

显然,完全域的代数扩域必是可分扩域. 特征为零的域,如有理数域、实数域、复数域等都是完全域.

对特征为 p 的域,有如下判定定理.

定理 5-3　设 F 是特征为 p 的域,则 F 为完全域的充要条件是 $F^p = F$.

证明　设 $F^p \neq F$,则存在 $a \in F$,但 $a \in F^p$,因此 a 不是 F 中元素的 p 次

幂.由引理 5-1 知多项式 $x^p - a$ 不可分,故 F 不是完全域.

反之,若 F 不是完全域,则存在 F 上不可分的不可约多项式,由推论 5-3 知其形状为 $f(x) = a_0 + a_1 x^p + \cdots + a_n x^{np}$,这时若每个 a_i 都是 F 中元素的某个 p 次幂,比如 $a_i = b_i^p$,则 $f(x) = (b_0 + b_1 x + \cdots + b_n x^n)^p$ 与 $f(x)$ 不可约矛盾.因此必存在某个 a_i 使 a_i 不属于 F^p,即 $F^p \neq F$. 证毕.

推论 5-4 有限域 F 必是完全域.

证明 由于 Frobenins 映射是单的,而对一个有限集映内的单映射必定是满映射,故 $F^p = F$,由定理 5-3 可知 F 是一个完全域.证毕.

习 题

1. 设 E 是 F 的可分扩域,K 是中间域,即 $E \supseteq K \supseteq F$,求证:$K$ 是 F 的可分扩域,E 是 K 的可分扩域.

2. 设 $F(\alpha)$ 是 F 的单代数扩域,且 $[F(\alpha):F] = n$,又 α 在 F 上的极小多项式为 $g(x)$,$g(x)$ 的分裂域为 E,记 j 为 F 到 E 内的包含同态,如果 α 不是 F 上可分元,求证:j 可扩张为 $F(\alpha) \rightarrow E$ 内的单同态个数必小于 n.

3. 设 α 是域 F 上的可分元,则 $F(\alpha)$ 是 F 的可分扩域.

4. 设 α 是域 F 上的可分元,β 是 $F(\alpha)$ 上的可分元,$E = F(\alpha, \beta)$,L 是 F 的代数闭包,则 F 到 L 的包含同态可以扩张为 $[E:F]$ 个从 E 到 F 的单同态.

5. 设 E 是 F 的有限扩域,L 是 F 的代数闭包,则 F 到 L 的包含同态可以扩张为 $[E:F]$ 个单同态的充要条件是 E 是 F 的可分扩域.

6. 设 α 是 F 上的可分元,β 是 $F(\alpha)$ 上的可分元,则 $F(\alpha, \beta)$ 是 F 的可分扩域,从而 β 是 F 上的可分元.

7. 若 K 是 F 的可分扩域,E 是 K 的可分扩域,则 E 是 F 的可分扩域.

8. 设 $f(x)$ 是 F 上的多项式,次数为 n,又设 F 的特征为 0 或大于 n,证明:r 是 $f(x)$ 的 k 重根($k \leqslant n$)的充要条件是:

$$f(\alpha) = f'(\alpha) = \cdots = f^{(k-1)}(\alpha) = 0,\text{但 } f^{(k)}(\alpha) \neq 0.$$

9. 设 φ 是域 F(特征为 p)上的 Frobenius 映射,证明:在 φ 下不动的元素全体正好是 F 的素子域.

10. 证明:域 F 是完全域的充要条件是 F 的任一有限扩张都是可分扩域.

11. 设 F 是特征为 p 的域,$f(x)$ 是 F 上不可约多项式,证明:f 必可写为如下形式:$f(x) = g(x^{p^e})$,其中 g 是一个不可约的可分多项式,e 是非负整数.利用这个结论证明:多项式 $f(x)$ 的每个根都有相同的重数(在 $f(x)$ 的分裂域中)(提示:反复利用推论 5-3).

12. 设 F 是特征为 p 的域,u 是 F 上代数元,求证:必存在非负整数 e,使 u^{p^e} 是 F 上的可分元(提示:利用第 11 题).

§4.6 正 规 扩 域

我们首先来看多项式分裂域的一个性质.

引理 6-1 设 $f(x)$ 是域 F 上的多项式,E 是 $f(x)$ 的分裂域,若 $u \in E$,它在 F 上的极小多项式为 $g(x)$,则 $g(x)$ 在 E 中必分裂,即 $g(x)$ 在 $E[x]$ 中可分解为一次因子的乘积.

证明 我们只需证明 $g(x)$ 的所有根均落在 E 中即可. 将 $g(x)$ 看成是 E 上的多项式,设 K 是 $g(x)$ 作为 E 上多项式的分裂域,$r \in K$ 是 $g(x)$ 的一个根,现要证明 $r \in E$. 作 $E(r)$,我们便得到下面的图(见图 2),其中箭头表示包含映射.

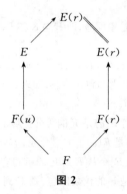

图 2

因为 r 是 $g(x)$ 的根,由引理 4-4,存在 $F(u) \to F(r)$ 的同构 σ,σ 限制在 F 上,是 F 的恒等映射,于是 $\sigma(f(x)) = f(x)$(引理 4-3). 又显然 E 与 $E(r)$ 分别是 $f(x)$ 在 $F(u)$ 与 $F(r)$ 上的分裂域,由定理 4-2,我们得到 $E \to E(r)$ 的同构 η,η 是 σ 的扩张,因此 $[E:F(u)] = [E(r):F(r)]$. 但另一方面,$[F(u):F] = [F(r):F]$,由维数公式得:

$$[E:F] = [E:F(u)][F(u):F] = [E(r):F(r)][F(r):F]$$
$$= [E(r):F].$$

但 $E \subseteq E(r)$,故必有 $E = E(r)$,即 $r \in E$. 证毕.

引理 6-1 表明 $f(x)$ 的分裂域 E/F 具有这样的性质:若 F 上一个不可约多项式 $g(x)$ 在 E 中有根,则它的所有根均在 E 中.

定义 6-1 设 E 是 F 的代数扩域,若 F 上的任一不可约多项式在 E 中或者无根或者根都在 E 中,则称 E 是 F 的正规扩域或正规扩张.

引理 6-1 表明一个多项式的分裂域必是正规扩域. 这个命题之逆也是正确

的. 我们只对有限扩张来证明它.

定理 6-1　设 E 是 F 的有限扩张,则 E 是 F 的正规扩域当且仅当 E 是 F 上某个多项式的分裂域.

证明　充分性即引理 6-1,现来证明必要性. 由于 $[E{:}F]<\infty$, 不妨设 u_1, u_2, $\cdots$, u_n 是 E 作为 F 上线性空间的基,令 $g_i(x)$ 是 u_i 在 F 上的极小多项式 $(i=1,2,\cdots,n)$,则由正规性显然 E 是多项式 $f(x)=g_1(x)g_2(x)\cdots g_n(x)$ 的分裂域. 证毕.

推论 6-1　域 F 的任一有限扩张必含于 F 的某个正规扩张之中.

证明　若 $[E{:}F]=n$, E 是 F 的扩张,如同定理 6-1 的证明,令 K 是 $f(x)=g_1(x)g_2(x)\cdots g_n(x)$ 的分裂域,则 K 必是 F 的正规扩域且包含 E. 证毕.

定义 6-2　设 E 是 F 的代数扩域,若 K 是 F 的正规扩域且包含 E,又若 $K\supseteq M\supseteq E$, M 是 F 的正规扩域,则必有 $K=M$,则称 K 是 E/F 的正规闭包.

正规闭包即是包含 E 的最小的 F 的正规扩域.

由定理 6-1 的推论可知,对 F 的任一有限扩张 E, E/F 的正规闭包必存在. 事实上就是推论中的 K. 这一结论对一般的(不一定是有限扩张)代数扩张也对,但这里不再予以证明.

从定理 6-1 的证明还可以看出,F 的有限扩张 E/F 的正规闭包在同构的意义下唯一(这对一般的代数扩张 E/F 也对). 事实上,E/F 的正规闭包必是定理证明中多项式 $f(x)$ 的分裂域,由分裂域在同构意义下唯一即得结论.

例 1　有理数域 $\mathbf{Q}$ 上的扩域 $\mathbf{Q}(\sqrt{2})$ 是正规扩域,因为它是多项式 x^2-2 的分裂域.

例 2　$\mathbf{Q}$ 上的扩域 $\mathbf{Q}(\sqrt[3]{2},\omega)$ 是正规扩域,这儿 $\omega=-\dfrac{1}{2}+\dfrac{\sqrt{-3}}{2}$,因此它是多项式 $f(x)=x^3-2$ 的分裂域. 但 $\mathbf{Q}(\sqrt[3]{2})$ 不是 $\mathbf{Q}$ 的正规扩域,因为 $f(x)$ 的根不全在其中.

例 3　$F=\mathbf{Q}(\sqrt{2})$, $E=\mathbf{Q}(\sqrt[4]{2})$,显然 F 是 $\mathbf{Q}$ 的正规扩域,E 也是 F 的正规扩域,因为 E 是 F 上多项式 $x^2-\sqrt{2}$ 的分裂域. 但 E 不是 $\mathbf{Q}$ 的正规扩域,因为 x^4-2 在 E 中有根,但其两个复根不在 E 内.

例 3 说明正规扩域没有传递性,这一点正如群论中正规子群没有传递性一样. 我们很快就会看到上面两个事实之间的内在联系. 作为比较,有限扩张、代数扩张以及可分扩张都有传递性.

正规扩域有一些比较好的性质,下面的定理表明正规扩域具有某种不变性.

定理 6-2　设 E 是 F 的有限维正规扩域,K 是 E 与 F 的中间域,则下列 3

个命题等价:

(1) K 是 F 的正规扩域;

(2) 若 σ 是 E/F 的自同构,即为 E 的保持 F 中元不动的自同构,则 $\sigma(K) \subseteq K$;

(3) 若 σ 是 E/F 的自同构,则 $\sigma(K) = K$.

证明 (1) $\Rightarrow$ (2). 设 K 是 F 的正规扩域,$u \in K$ 是 K 中任一元素,u 在 F 上的极小多项式为 $g(x)$,则 $\sigma(g(u)) = g(\sigma(u))$,但 $g(u) = 0$,故 $\sigma(u)$ 是 $g(x)$ 的根. 但 K 是 F 的正规扩域,因此 $\sigma(u) \in K$.

(2) $\Rightarrow$ (3). 因为 $[K:F] = [\sigma(K):F]$,而 $\sigma(K) \subseteq K$,故 $K = \sigma(K)$.

(3) $\Rightarrow$ (1). 设 $u \in K$,u 在 F 上的极小多项式记为 $g(x)$,现要证明 $g(x)$ 的根全在 K 中. 因为 E 是 F 的正规扩域,所以 $g(x)$ 的根全在 E 中. 现设 r 是 $g(x)$ 的另一根,要证明 $r \in K$. 由引理 4-4 可知,存在 $F(u)$ 到 $F(r)$ 的同构 φ 且 $\varphi(a) = a$ 对一切 $a \in F$ 成立. 从引理 4-4 的证明还可以看出,$\varphi(u) = r$. 由于 E 是 F 的有限正规扩域,由定理 6-1 可知 E 是某个 F 上多项式 $f(x)$ 的分裂域. $f(x)$ 也可看成是 $F(u)$ 与 $F(r)$ 上的多项式,且 E 是 $f(x)$ 在 $F(u)$ 及 $F(r)$ 上的分裂域,应用定理 4-2 即知 φ 可扩张为 E/F 的一个自同构 σ,显然 $\sigma(u) = r$. 但 $\sigma(K) = K$,因此 $r \in K$. 证毕.

作为定理 6-1 的应用,我们来证明可分多项式分裂域的可分性.

定理 6-3 设 E 是 F 上可分多项式 $f(x)$ 的分裂域,则 E 必是 F 的可分扩张.

证明 只需证明 E 中任一元 u 都是 F 上的可分元. 由于 E 是 F 的正规扩域,u 的极小多项式 $g(x)$ 的根全在 E 中,我们只需证明 $g(x)$ 在 E 中的不同根的个数等于 $\deg g(x)$ 即可. 现设 $\deg g(x) = m$,$g(x)$ 在 E 中不同根的个数为 k,又设 $[E:F] = n$,作 $F(u)$,则 $[F(u):F] = \deg g(x) = m$. 由于 $f(x)$ 是可分多项式,故 E/F 的自同构数目正好等于 n. 另一方面,由引理 4-4 知道 $F \to F$ 的恒等同态可扩张为 $F(u) \to E$ 的单同态个数等于 k,不妨设这些单同态为 η_1,η_2,$\cdots$,η_k. 对每个 η_i,由于 E 也可以看成是 $F(u)$ 及 $\eta_i(F(u))$ 上多项式 $f(x)$ 的分裂域,故 η_i 可扩张为 E 的自同构. 由于 $f(x)$ 在 $F(u)$ 上可分,这些扩张的个数恰为 $[E:F(u)]$,于是一共恰有 $k \cdot [E:F(u)]$ 个 E/F 的自同构. 又由于任一这样的自同构限制在 $F(u)$ 上便是 $F(u)/F \to E/F$ 的单同态,因此必是某个 η_i. 由此得 $n = k \cdot [E:F(u)]$. 但 $n = [E:F(u)][F(u):F] = m \cdot [E:F(u)]$,所以 $k = m$,即 $g(x)$ 无重根. 证毕.

习 题

1. 设 F 是特征为 p 的域,α 是 F 上多项式 $f(x) = x^p - x - c$ 的根,求证:$F(\alpha)$ 必是 F 的

正规扩域.

2. 证明:若 $[E{:}F] = 2$, 则 E 必是 F 的正规扩域.

3. 判断下列域是否是 **Q** 上的正规扩域:

(1) $\mathbf{Q}(\sqrt{-2})$; (2) $\mathbf{Q}(5\sqrt[3]{7})$; (3) $\mathbf{Q}(\sqrt{-1})$.

4. 设 E 是 F 的正规扩域, K 是中间域, 证明:E 必是 K 的正规扩域. 举例说明 K 不一定是 F 的正规扩域.

5. 设 E 是 F 的有限正规扩域, K 是中间域, 证明:$K/F \rightarrow E/F$ 的单同态均可扩张为 E/F 的自同构.

6. 设 E 是 F 的有限正规扩域, $g(x)$ 是 F 上的不可约多项式, u, v 是 $g(x)$ 在 E 中的两个根, 证明:必存在 E/F 的自同构, 使 $\sigma(u) = v$.

7. 设 E 是 F 的扩域, $\alpha \in E$ 是 F 上的可分元, 求证:$F(\alpha)$ 是 F 的可分扩域.

8. 证明:任意有限域的有限扩张必是正规的.

9. 设 E 是 F 的扩域, 证明:E 中所有 F 上可分元组成 E/F 上的中间域.

10. 设 E 是 F 的有限扩域, L 是 F 的代数闭包. 假定 F 到 L 的包含同态有 n 个扩张, 即从 E 到 L 的单同态限制在 F 上是包含映射. 记这些扩张为 σ_1, $\cdots$, σ_n. 又设 $E'_i = \sigma_i(E)$ ($i = 1$, $\cdots$, n), 求证:L 中包含 E'_1, $\cdots$, E'_n 的最小子域同构于 E/F 的正规闭包.

§4.7　Galois 扩域与 Galois 对应

这一节我们将研究一个域的 Galois 扩域, 即有限维可分正规扩张. 我们将证明 Galois 理论的基本定理, 它是 Galois 理论的核心. 这一基本定理现已被推广到各种更广泛的情形并在数学各分支中找到了重要的应用.

定义 7-1　设 E 是 F 的扩域, 若 $[E{:}F] < \infty$, E 又是 F 的可分正规扩域, 则称 E 是 F 的 Galois 扩域.

定义 7-2　设 E 是 F 的扩域, 则 E 的保持 F 中元不动的全体自同构构成一群(在映射合成下), 称之为 E/F 的 Galois 群, 记为 Gal E/F.

显然 E 的恒等映射就是 Gal E/F 中的恒等元. 由定理 5-1 知, 若一个 F 上可分多项式 $f(x)$ 的分裂域为 E, 则 $|$ Gal E/F $| = [E{:}F]$.

设 E 是一个域, Aut E 是 E 的自同构群, 又设 G 是 Aut E 的子群, 令 Inv G $= \{a \in E \mid \eta(a) = a$ 对任一 $\eta \in G\}$, 则对任意的 $\eta \in G$, 及 a, $b \in$ Inv G, $\eta(a+b) = \eta(a) + \eta(b) = a + b$; $\eta(ab) = \eta(a)\eta(b) = ab$; $\eta(1) = 1$; $\eta(a^{-1}) = \eta(a)^{-1} = a^{-1}$, 因此 Inv G 是 E 的一个子域, 称为 E 的 G 不变子域.

引理 7-1(Artin 引理)　设 G 是域 E 上自同构群的有限子群, $F =$ Inv G, 则 $[E{:}F] \leqslant |G|$.

证明 设 $|G|=n$，现只需证明 E 中任意 $n+1$ 个元素必 F 线性相关就可以了. 设 $G=\{\eta_1=1,\ \eta_2,\ \cdots,\ \eta_n\}$，$u_1,\ u_2,\ \cdots,\ u_{n+1}\in E$，作线性方程组：

$$\begin{cases} \eta_1(u_1)x_1+\eta_1(u_2)x_2+\cdots+\eta_1(u_{n+1})x_{n+1}=0, \\ \eta_2(u_1)x_1+\eta_2(u_2)x_2+\cdots+\eta_2(u_{n+1})x_{n+1}=0, \\ \cdots\quad\cdots\quad\cdots\quad\cdots \\ \eta_n(u_1)x_1+\eta_n(u_2)x_2+\cdots+\eta_n(u_{n+1})x_{n+1}=0, \end{cases} \tag{1}$$

这是一个 $n+1$ 个未知数、n 个方程式的齐次线性方程组. 根据域上线性方程组的理论知道，它必有非零解. 在所有这些非零解中，至少存在一组解 $(b_1,\ b_2,\ \cdots,\ b_{n+1})$，它的非零元素最少. 又经过未知数的适当置换，不妨设 $b_1\neq 0$，由于齐次线性方程组解的线性组合仍是该齐次线性方程组的解，故 $(b_1^{-1}b_1,\ b_1^{-1}b_2,\ \cdots,\ b_1^{-1}b_{n+1})$ 仍是方程组(1)的解，且其非零元素的个数与 $(b_1,\ b_2,\ \cdots,\ b_{n+1})$ 的一样多. 这样，我们不妨设 $(1,\ b_2,\ \cdots,\ b_{n+1})$ 是方程组(1)的一组解，现要证明 $b_i\in F$. 一旦得证，由于 $\eta_1(u_i)=u_i(\eta_1$ 是 G 的恒等元)，因此由方程组(1)的第一个方程式即得：

$$u_1+b_2u_2+\cdots+b_{n+1}u_{n+1}=0,$$

也就是说 $\{u_1,\ u_2,\ \cdots,\ u_{n+1}\}$ F 线性相关.

现来证 $b_i\in F(i=1,2,\cdots,n+1)$. 若否，则必存在某个 b_i，不妨设 $b_2\in F$. 由于 $F=\operatorname{Inv}G$，因此必存在 $\eta\in G$ 使 $\eta(b_2)\neq b_2$，即 $b_2-\eta(b_2)\neq 0$. 将此 η 作用于方程组(1)并将 $(b_1,\ b_2,\ \cdots,\ b_{n+1})$（注意 $b_1=1$）代入得：

$$\begin{cases} (\eta\eta_1)(u_1)\eta(b_1)+(\eta\eta_1)(u_2)\eta(b_2)+\cdots+(\eta\eta_1)(u_{n+1})\eta(b_{n+1})=0, \\ (\eta\eta_2)(u_1)\eta(b_1)+(\eta\eta_2)(u_2)\eta(b_2)+\cdots+(\eta\eta_2)(u_{n+1})\eta(b_{n+1})=0, \\ \cdots\quad\cdots\quad\cdots\quad\cdots \\ (\eta\eta_n)(u_1)\eta(b_1)+(\eta\eta_n)(u_2)\eta(b_2)+\cdots+(\eta\eta_n)(u_{n+1})\eta(b_{n+1})=0. \end{cases} \tag{2}$$

注意到 $\{\eta\eta_1,\ \eta\eta_2,\ \cdots,\ \eta\eta_n\}$ 实际上是 G 中元素的一个置换，因此方程组(2)表明 $(\eta(b_1),\ \eta(b_2),\ \cdots,\ \eta(b_{n+1}))$ 也是方程组(1)的解. 于是 $(b_1,\ b_2,\ \cdots,\ b_{n+1})-(\eta(b_1),\ \eta(b_2),\ \cdots,\ \eta(b_{n+1}))=(0,\ b_2-\eta(b_2),\ \cdots,\ b_{n+1}-\eta(b_{n+1}))$ 也是方程组(1)的解（注意 $b_1=1$，$\eta(b_1)=\eta(1)=1$）. 由于 $b_2-\eta(b_2)\neq 0$，故这是一组非零解. 但它的非零元的个数比 $(1,\ b_2,\ \cdots,\ b_{n+1})$ 的少，这就引出了矛盾. 证毕.

定理 7-1 设 E 是 F 的扩域，则下列 3 个命题等价：

(1) E 是 F 的 Galois 扩域；

(2) E 是 F 上某个可分多项式的分裂域；

(3) $F = \mathrm{Inv}\, G$，其中 G 是 $\mathrm{Aut}\, E$ 的有限子群.

若上述等价命题成立,则对 $\mathrm{Aut}\, E$ 的任意有限子群 G,

$$\mathrm{Gal}\, E/\,\mathrm{Inv}\, G = G;\quad F = \mathrm{Inv}\,\mathrm{Gal}\, E/F.$$

证明 $(1) \Rightarrow (2)$. 由定理 6-1 可知 E 是 F 上某个多项式 $f(x)$ 的分裂域. 又 E 是 F 的可分扩域,即 E 中元在 F 上皆可分,当然 $f(x)$ 的根也是 F 上可分元,故 $f(x)$ 是 F 上可分多项式.

$(2) \Rightarrow (3)$,设 E 是 F 上可分多项式 $f(x)$ 的分裂域,令 $G = \mathrm{Gal}\, E/F$, $F' = \mathrm{Inv}\, G$. 由于 F 中元素在 G 作用下不动,故 $F' \supseteq F$. 又显然对任意的 $\eta \in \mathrm{Gal}\, E/F$, $\eta(a') = a'$ 对任意 $a' \in F'$ 成立,故 $\eta \in \mathrm{Gal}\, E/F'$. 反之若 $\xi \in \mathrm{Gal}\, E/F'$,则由 $F' \supseteq F$ 可知 $\xi(a) = a$ 对任意的 $a \in F$ 成立,于是 $\xi \in \mathrm{Gal}\, E/F$. 总之,我们有 $G = \mathrm{Gal}\, E/F' = \mathrm{Gal}\, E/\,\mathrm{Inv}\, G$. 又因为 $f(x)$ 是 F 上可分多项式,故 $|G| = [E:F]$. 同样,$f(x)$ 也可以看成是 F' 上的可分多项式,故 $|G| = [E:F']$. 于是 $[E:F] = [E:F']$,但 $F \subseteq F'$,因此只可能 $F = F'$.

$(3) \Rightarrow (1)$. 首先由引理 7-1 可知,$[E:F] \leqslant |G| < \infty$,故 E 是 F 的有限维扩域. 要证明 E 是 F 的正规可分扩域,只须证明 E 中任一元 u 的极小多项式 $g(x)$ 的所有根都在 E 中且无重根即可. 设 $G = \{\eta_1, \eta_2, \cdots, \eta_n\}$,$g(x)$ 的次数等于 m,显然 $\{\eta_1(u), \eta_2(u), \cdots, \eta_n(u)\}$ 仍是 $g(x)$ 在 E 中的一组根. 设其中不相同的元共 k 个,不妨设为 $\{\eta_1(u), \cdots, \eta_k(u)\}$,现只须证明 $k = m$ 即可. 作多项式 $h(x) = (x - \eta_1(u)) \cdots (x - \eta_k(u))$,将 G 中任一元 η 作用在 $h(x)$ 上,由于 $\{\eta\eta_1(u), \cdots, \eta\eta_k(u)\}$ 是 $\{\eta_1(u), \cdots, \eta_k(u)\}$ 的一个置换,故 $\eta(h(x)) = h(x)$. 也就是说 $h(x)$ 的系数是 G 不变的,因此 $h(x)$ 是 $F = \mathrm{Inv}\, G$ 上的多项式. 但是 $g(x)$ 是 F 上不可约多项式,故只可能 $h(x) = g(x)$,即 $k = m$. 也就是 $g(x)$ 在 E 中有 $m = \deg g(x)$ 个不同的根. 这就证明了 (1).

最后,等式 $G = \mathrm{Gal}\, E/\,\mathrm{Inv}\, G$ 及 $F = \mathrm{Inv}\,\mathrm{Gal}\, E/F$ 在 $(2) \Rightarrow (3)$ 中已给出证明. 证毕.

注 任何一个域 E 的素子域是 $\mathrm{Aut}\, E$ 不变的. 事实上,若 $\eta \in \mathrm{Aut}\, E$,则 $\eta(1) = 1$,这里 1 是 E 的恒等元. 再由 η 是域同构可知 E 的素子域中任一元在 η 作用下不动.

现设 E 是 F 的扩域,$G = \mathrm{Gal}\, E/F$,令集合 $\Sigma = \{H \mid H$ 是 G 的子群$\}$；$\Omega = \{K \mid K$ 是 E, F 的中间域$\}$,定义 Σ 到集 Ω 中的映射 φ 如下:

$$H \to \mathrm{Inv}\, H,$$

定义 Ω 到 Σ 中的映射 ψ 如下:

$$K \to \mathrm{Gal}\, E/K.$$

显然 $\mathrm{Inv}\, H = \{a \in E \mid \eta(a) = a \text{ 对任意的 } \eta \in H\}$ 是 E/F 的中间域,而 $\mathrm{Gal}\, E/K = \{\eta \in \mathrm{Aut}\, E \mid \eta(k) = k \text{ 对一切 } k \in K\}$ 是 G 的子群. 这两个映射有下列明显的性质:

(1) $H_1 \supseteq H_2 \Rightarrow \mathrm{Inv}\, H_1 \subseteq \mathrm{Inv}\, H_2$;

(2) $K_1 \supseteq K_2 \Rightarrow \mathrm{Gal}\, E/K_1 \subseteq \mathrm{Gal}\, E/K_2$;

(3) $\mathrm{Gal}(E/\mathrm{Inv}\, H) \supseteq H$;

(4) $\mathrm{Inv}(\mathrm{Gal}\, E/K) \supseteq K$.

这些性质读者不难验证.

有了上面的准备,我们现在来证明下述 Galois 理论的基本定理.

定理 7-2　设 E 是 F 的 Galois 扩域,$G = \mathrm{Gal}\, E/F$,Σ,Ω,φ,ψ 同上,则

(1) φ,ψ 是互逆的一一对应;

(2) $H_1 \supseteq H_2$ 当且仅当 $\mathrm{Inv}\, H_1 \subseteq \mathrm{Inv}\, H_2$;

(3) $|H| = [E : \mathrm{Inv}\, H]$,$[G : H] = [\mathrm{Inv}\, H : F]$;

(4) H 是 G 的正规子群当且仅当 $\mathrm{Inv}\, H$ 是 F 的正规扩域,这时还有 $\mathrm{Gal}(\mathrm{Inv}\, H/F) \cong G/H$.

证明　首先我们注意到这样两个事实:一是若 K 是 E/F 的中间域,则 $[E : K] < \infty$ 且 E 也是 K 的可分、正规扩域(参见 §4.5 习题 1),于是 E 是 K 的 Galois 扩域;二是 $G = \mathrm{Gal}\, E/F$ 是一个有限群,因此 G 的任一子群 H 也是有限群,这样定理 7-1 的结论对 E/K 及 H 皆适用.

(1) 由定理 7-1 最后的结论可知:$H = \mathrm{Gal}\, E/\mathrm{Inv}\, H$,$K = \mathrm{Inv}\, \mathrm{Gal}\, E/K$ 对任一 G 的子群 H 及 E/F 的中间域 K 成立,这表明 φ,ψ 是互逆的一一对应.

(2) 由(1)及 φ,ψ 的性质即得.

(3) 由于 E 是 $\mathrm{Inv}\, H$ 上的可分扩域,$H = \mathrm{Gal}\, E/\mathrm{Inv}\, H$,故 $|H| = [E : \mathrm{Inv}\, H]$ 成立. 又 $[E : F] = |G|$,但 $[E : F] = [E : \mathrm{Inv}\, H][\mathrm{Inv}\, H : F]$,$|G| = |H| [G : H]$,因此从前面的等式即知 $[G : H] = [\mathrm{Inv}\, H : F]$ 成立.

(4) 设 H 是 G 的子群,$K = \mathrm{Inv}\, H$,$\eta \in G$,现来求 H 的共轭子群 $\eta H \eta^{-1}$ 在 φ 下的像,即 $\mathrm{Inv}\, \eta H \eta^{-1}$. 我们注意到对任意的 $k \in K$,及任意的 $h \in H$,$\eta h \eta^{-1}(\eta(k)) = \eta h(k) = \eta(k)$,这表明 $\eta(K)$(它也是 E/F 的中间域)是 $\eta H \eta^{-1}$ 不变的. 反之若 $a \in E$,且 $\eta h \eta^{-1}(a) = a$,则 $h \eta^{-1}(a) = \eta^{-1}(a)$,即 $\eta^{-1}(a) \in \mathrm{Inv}\, H = K$,故 $a \in \eta(K)$. 上述事实表明 $\mathrm{Inv}\, \eta H \eta^{-1} = \eta(K)$.

现设 H 是 G 的正规子群,则 $\eta H \eta^{-1} = H$ 对任意的 $\eta \in G$ 成立,于是 $\eta(K) = K$. 由定理 6-2 可知 K 是 F 的正规扩域. 反之若 K 是 F 的正规扩域,则再由

定理 6-2 可知 $\eta(K) = K$，于是 $\eta H \eta^{-1} = H$ 对一切 $\eta \in G$ 成立，即 H 是 G 的正规子群.

最后，由于 $\eta(K) = K$，故 η 限制在 K 上是 K/F 的自同构，令 ξ 是 $G \to \mathrm{Gal}\, K/F$ 的映射：$\xi(\eta)$ 等于 η 在 K 上的限制，容易看出 ξ 是一个群同态且 $\mathrm{Ker}\, \xi = H$. 由同态基本定理可知 G/H 同构于 $\mathrm{Gal}\, K/F$ 的一个子群. 但 $K = \mathrm{Inv}\, H$ 且由 (3) 可知 $[G:H] = [\mathrm{Inv}\, H:F]$，又因为 K 是 F 的可分扩域 (参见 §4.5 习题1)，故 $|\mathrm{Gal}\, K/F| = [K:F]$，由此即知 $\mathrm{Im}\, \xi = \mathrm{Gal}\, K/F$，也就是 $\mathrm{Gal}(\mathrm{Inv}\, H/F) \cong G/H$. 证毕.

以上定理中的对应 φ, ψ 通常称为 Galois 对应.

例 1 求 $\mathrm{Gal}\, \mathbf{Q}(\sqrt{2})/\mathbf{Q}$.

解 $\mathbf{Q}(\sqrt{2})$ 是 $x^2 - 2$ 的分裂域，因此 $|\mathrm{Gal}\, \mathbf{Q}(\sqrt{2})/\mathbf{Q}| = 2$，即这是一个 2 阶循环群. 不难验证它的非平凡自同构为

$$\eta : a + b\sqrt{2} \to a - b(\sqrt{2}).$$

例 2 求 $\mathbf{Q}$ 上多项式 $(x^2 - 2)(x^2 - 3)$ 的分裂域在 $\mathbf{Q}$ 上的 Galois 群.

解 多项式 $(x^2 - 2)(x^2 - 3)$ 的分裂域为 $\mathbf{Q}(\sqrt{2}, \sqrt{3})$. 因为 $[\mathbf{Q}(\sqrt{2}, \sqrt{3}):\mathbf{Q}] = 4$，故 $|G| = 4$，这儿 $G = \mathrm{Gal}\, \mathbf{Q}(\sqrt{2}, \sqrt{3})/\mathbf{Q}$. 由于 $\mathbf{Q}(\sqrt{2}, \sqrt{3})$ 由 $\mathbf{Q}$ 及 $\sqrt{2}$, $\sqrt{3}$ 生成而 $\mathbf{Q}$ 是 G 不变的，我们不难求出 G 的 4 个元分别是

$$\eta_1 = 1 : \sqrt{2} \to \sqrt{2},\ \sqrt{3} \to \sqrt{3};$$
$$\eta_2 : \quad \sqrt{2} \to -\sqrt{2},\ \sqrt{3} \to \sqrt{3};$$
$$\eta_3 : \quad \sqrt{2} \to \sqrt{2},\ \sqrt{3} \to -\sqrt{3};$$
$$\eta_4 : \quad \sqrt{2} \to -\sqrt{2},\ \sqrt{3} \to -\sqrt{3}.$$

由于 $\mathbf{Q}(\sqrt{2}, \sqrt{3}) = \mathbf{Q}[\sqrt{2}, \sqrt{3}, \sqrt{6}] = \{a + b\sqrt{2} + c\sqrt{3} + d\sqrt{6} \mid a, b, c, d \in \mathbf{Q}\}$，我们不难写出 η_i 的一般形状，比如

$$\eta_2(a + b\sqrt{2} + c\sqrt{3} + d\sqrt{6}) = a - b\sqrt{2} + c\sqrt{3} - d\sqrt{6}.$$

例 3 试求 $\mathrm{Gal}\, \mathbf{Q}(\sqrt[3]{2})/\mathbf{Q}$.

解 我们首先要注意 $\mathbf{Q}(\sqrt[3]{2})$ 不是 $\mathbf{Q}$ 的正规扩域，因此 $\mathrm{Gal}\, \mathbf{Q}(\sqrt[3]{2})/\mathbf{Q}$ 的阶未必等于 3. 现设 η 是 $\mathbf{Q}(\sqrt[3]{2})/\mathbf{Q}$ 的一个自同构，则 $\eta(\sqrt[3]{2})$ 也应是 $\sqrt[3]{2}$ 的极小多项式 $x^3 - 2$ 的根. 但 $\eta(\sqrt[3]{2})$ 又必须在 $\mathbf{Q}(\sqrt[3]{2})$ 中，因此只有一种可能：即 $\eta(\sqrt[3]{2}) = \sqrt[3]{2}$，这说明 $\mathrm{Gal}\, \mathbf{Q}(\sqrt[3]{2})/\mathbf{Q}$ 是只含一个元素的平凡群.

作为比较，我们来看下面的例子.

例 4 求多项式 $x^3 - 2$ 的分裂域 $\mathbf{Q}(\sqrt[3]{2}, \omega)/\mathbf{Q}$ 的 Galois 群(参见 § 4.4 例 3),这里 $\omega = -\dfrac{1}{2} + \dfrac{\sqrt{-3}}{2}$.

解 显然 $[\mathbf{Q}(\sqrt[3]{2}, \omega):\mathbf{Q}] = [\mathbf{Q}(\sqrt[3]{2}, \omega):\mathbf{Q}(\omega)][\mathbf{Q}(\omega):\mathbf{Q}] = 3 \times 2 = 6$, 因此 $G = \mathrm{Gal}\, \mathbf{Q}(\sqrt[3]{2}, \omega)/\mathbf{Q}$ 是一个 6 阶群. $x^3 - 2 = 0$ 的 3 个根分别为 $\sqrt[3]{2}$, $\sqrt[3]{2}\,\omega$, $\sqrt[3]{2}\,\omega^2$, 而且

$$\mathbf{Q}(\sqrt[3]{2}, \omega) = \mathbf{Q}(\sqrt[3]{2}, \sqrt[3]{2}\,\omega, \sqrt[3]{2}\,\omega^2),$$

利用 G 中元将 $x^3 - 2$ 的根变为根的性质不难写出 G 的 6 个元如下:

$$\eta_1 = 1: \sqrt[3]{2} \to \sqrt[3]{2},\ \sqrt[3]{2}\,\omega \to \sqrt[3]{2}\,\omega,\ \sqrt[3]{2}\,\omega^2 \to \sqrt[3]{2}\,\omega^2;$$

$$\eta_2: \quad \sqrt[3]{2} \to \sqrt[3]{2}\,\omega,\ \sqrt[3]{2}\,\omega \to \sqrt[3]{2},\ \sqrt[3]{2}\,\omega^2 \to \sqrt[3]{2}\,\omega^2;$$

$$\eta_3: \quad \sqrt[3]{2} \to \sqrt[3]{2}\,\omega^2,\ \sqrt[3]{2}\,\omega \to \sqrt[3]{2}\,\omega,\ \sqrt[3]{2}\,\omega^2 \to \sqrt[3]{2};$$

$$\eta_4: \quad \sqrt[3]{2} \to \sqrt[3]{2},\ \sqrt[3]{2}\,\omega \to \sqrt[3]{2}\,\omega^2,\ \sqrt[3]{2}\,\omega^2 \to \sqrt[3]{2}\,\omega;$$

$$\eta_5: \quad \sqrt[3]{2} \to \sqrt[3]{2}\,\omega,\ \sqrt[3]{2}\,\omega \to \sqrt[3]{2}\,\omega^2,\ \sqrt[3]{2}\,\omega^2 \to \sqrt[3]{2};$$

$$\eta_6: \quad \sqrt[3]{2} \to \sqrt[3]{2}\,\omega^2,\ \sqrt[3]{2}\,\omega \to \sqrt[3]{2},\ \sqrt[3]{2}\,\omega^2 \to \sqrt[3]{2}\,\omega.$$

读者不难看出这个群是一个非交换群,且同构于对称群 S_3.

例 5 设 $F = Z_p(t)$, $f(x) = x^p - t$, 由 § 4.5 知 $f(x)$ 是一个不可分的不可约多项式,记 E 为 $f(x)$ 的分裂域,求 $\mathrm{Gal}\, E/F$.

解 设 $\eta \in \mathrm{Gal}\, E/F$, $r \in E$ 是 $f(x)$ 的一个根,则 $\eta(r)$ 也是 $f(x)$ 的根. 由 $r^p - t = 0$ 得 $t = r^p$, 故 $f(x) = x^p - r^p = (x - r)^p$, 因此 $f(x)$ 在 E 中有 p 重根 r, 于是 $\eta(r) = r$. 另一方面显然 $E = F(r)$, 因此 $\mathrm{Gal}\, E/F$ 是平凡群.

例 6 $f(x) = x^4 - 2$ 是 $\mathbf{Q}$ 上的多项式,E 是其分裂域,试求:$G = \mathrm{Gal}\, E/\mathbf{Q}$, 并求出 G 的子群集与 $E/\mathbf{Q}$ 的中间域集之间的 Galois 对应.

解 不难看出 $E = \mathbf{Q}(\sqrt[4]{2}, \mathrm{i})$, 这里 $\mathrm{i} = \sqrt{-1}$. $f(x)$ 的 4 个根为

$$\sqrt[4]{2}, -\sqrt[4]{2}, \sqrt[4]{2}\,\mathrm{i}, -\sqrt[4]{2}\,\mathrm{i},$$

$$[E:\mathbf{Q}] = [\mathbf{Q}(\sqrt[4]{2}, \mathrm{i}):\mathbf{Q}(\mathrm{i})][\mathbf{Q}(\mathrm{i}):\mathbf{Q}] = 4 \times 2 = 8,$$

于是 $|G| = 8$. 我们将 $f(x)$ 的 4 个根标在复平面上,其中 $\alpha_1 = \sqrt[4]{2}$, $\alpha_2 = i\sqrt[4]{2}$, $\alpha_3 = -\sqrt[4]{2}$, $\alpha_4 = -i\sqrt[4]{2}$ (参见图 3).这 4 个点恰构成一个正方形,而任一 $\eta \in G$ 对 $\{\alpha_1, \alpha_2, \alpha_3, \alpha_4\}$ 的作用恰好构成了 $\{\alpha_1, \alpha_2, \alpha_3, \alpha_4\}$ 的一个置换.通过实际计算:

$$\eta: \sqrt[4]{2} \to i\sqrt[4]{2}, \ i\sqrt[4]{2} \to -\sqrt[4]{2}, \ -\sqrt[4]{2} \to -i\sqrt[4]{2}, \ -i\sqrt[4]{2} \to \sqrt[4]{2}$$

看出,η 是 $E/\mathbf{Q}$ 的一个自同构且周期等于 4.又

$$\xi: \sqrt[4]{2} \to -\sqrt[4]{2}, \ i\sqrt[4]{2} \to i\sqrt[4]{2}, \ -\sqrt[4]{2} \to \sqrt[4]{2}, \ -i\sqrt[4]{2} \to -i\sqrt[4]{2}$$

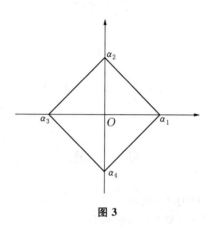

图 3

是 $E/\mathbf{Q}$ 的自同构且周期等于 2. 读者不难计算出其余元,于是 $G = \{1, \eta, \eta^2, \eta^3, \xi, \xi\eta, \xi\eta^2, \xi\eta^3\} \cong D_4$,即为 4 阶二面体群. 下面来求 Galois 对应. 由于 $|G| = 2^3$,因此 G 的非平凡子群的阶为 4 与 2. G 的 4 阶子群的指数为 2,故都是 G 的正规子群. 利用我们已学过的群论知识不难计算出 G 的所有子群,并可根据隶属关系画成下图(见图 4),其中 $N_1 = \{1, \xi, \eta^2, \xi\eta^2\}$, $N_2 = \{1, \eta, \eta^2, \eta^3\}$, $N_3 = \{1, \eta^2, \xi\eta, \xi\eta^3\}$, $N_4 = \{1, \eta^2\}$, $H_1 = \{1, \xi\}$, $H_2 = \{1, \xi\eta^2\}$, $H_3 = \{1, \xi\eta\}$, $H_4 = \{1, \xi\eta^3\}$. 现在来计算 Inv N_1. 由 Galois 理论基本定理知道,$[\text{Inv } N_1 : \mathbf{Q}] = [G : N_1] = 2$,故 Inv N_1 中只可能含有有理数的平方根. 由 $\xi(\sqrt{2}) = \xi(\sqrt[4]{2})^2 = (-\sqrt[4]{2})^2 = \sqrt{2}$, $\eta^2(\sqrt{2}) = \eta\eta(\sqrt[4]{2})^2 = \eta(i\sqrt[4]{2}) = (-\sqrt[4]{2})^2 = \sqrt{2}$ 即知 $\sqrt{2} \in \text{Inv } N_1$. 但 $[\mathbf{Q}(\sqrt{2}) : \mathbf{Q}] = 2$,故 Inv $N_1 = \mathbf{Q}(\sqrt{2})$. 用类似的方法计算得 Inv $N_2 = \mathbf{Q}(i)$, Inv $N_3 = \mathbf{Q}(i\sqrt{2})$, Inv $N_4 = \mathbf{Q}(\sqrt{2}, i)$, Inv $H_1 = \mathbf{Q}(i\sqrt[4]{2})$, Inv $H_2 = \mathbf{Q}(\sqrt[4]{2})$, Inv $H_3 = \mathbf{Q}(\sqrt[4]{2} + i\sqrt[4]{2})$, Inv $H_4 = \mathbf{Q}(\sqrt[4]{2} - i\sqrt[4]{2})$. 最后显然

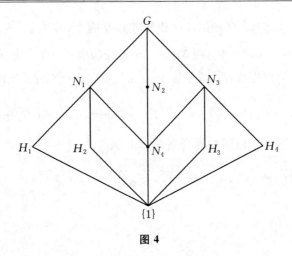

图 4

$\mathrm{Inv}\,G = \mathbf{Q}$, $\mathrm{Inv}\,\{e\} = E$, 读者不难验证 $\mathrm{Inv}\,N_1$, $\mathrm{Inv}\,N_2$, $\mathrm{Inv}\,N_3$, $\mathrm{Inv}\,N_4$ 都是 $\mathbf{Q}$ 的正规扩域.

习 题

1. 求出所有 $\mathbf{Q}(\sqrt{2}+\sqrt{3})/\mathbf{Q}$ 的中间域.

2. 求 $\mathbf{Q}$ 上多项式 x^4+1 在 $\mathbf{Q}$ 上的 Galois 群.

3. 设 $\omega = \cos\dfrac{2}{5}\pi + \mathrm{i}\sin\dfrac{2}{5}\pi$, 求证:$\mathbf{Q}(\omega)$ 是 $\mathbf{Q}$ 上多项式 x^5-1 的分裂域并求其 Galois 群.

4. 设 $\omega = \cos\dfrac{2}{5}\pi + \mathrm{i}\sin\dfrac{2}{5}\pi$, 求多项式 x^5-2 在数域 $\mathbf{Q}(\omega)$ 上的 Galois 群.

5. 求 $\mathbf{Z}_3$ 上多项式 x^4+2 的分裂域 E 及 $\mathrm{Gal}\,E/\mathbf{Z}_3$.

6. 设 F 是特征为 p 的域,$a \in F$ 且 a 不具有 $b^p-b(b \in F)$ 的形状,又设 E 是 x^p-x-a 在 F 上的分裂域,试求 $\mathrm{Gal}\,E/F$.

7. 设 F_1, F_2 是 E 的子域且 E 是 F_1 同时也是 F_2 的 Galois 扩域且 $G_1 = \mathrm{Gal}\,E/F_1$, $G_2 = \mathrm{Gal}\,E/F_2$, 又设 $G = \mathrm{Gal}\,E/F_1 \cap F_2$, 将 G_1, G_2 视为 G 的子群并记 H 为由 G_1, G_2 生成的子群, 求证:E 是子域 $F_1 \cap F_2$ 的 Galois 扩域的充要条件为 H 是一个有限群. 若这个条件成立, 则 $G = H$.

8. 证明:若 E 是 F 的有限维可分扩域,则 E 是 F 的单扩域(提示:利用 E/F 的正规闭包及 Galois 对应证明 E/F 只有有限个中间域).

9. 设 $E_i(i = 1, 2)$ 是域 F 的扩域且都含于域 L 中,用 E_1E_2 表示由 E_1, E_2 生成的 L 的子域,即 $E_1E_2 = F(E_1 \bigcup E_2)$. 若 E_1 是 F 的 Galois 扩域,求证:E_1E_2 是 E_2 的 Galois 扩域且其 Galois 群同构于 E_1/F 的 Galois 群的子群.

10. 设 E_1 是 F 的 Galois 扩域,E_2 是 F 的任意扩域,E_1, E_2 含于域 L 中. 求证:$[E_1E_2 : E_2]$

是 $[E_1:F]$ 的一个因子. 特别, 若 $E_1 \bigcap E_2 = F$, 则 $[E_1E_2:E_2] = [E_1:F]$, 由此可推出当条件 $E_1 \bigcap E_2 = F$ 成立时上题中的单同态是同构.

§4.8 有 限 域

有限域通常又称 Galois 域(注意别与 Galois 扩域混淆起来). 在这一节中我们将利用前面学过的知识, 证明有关有限域的基本结果.

定理 8-1 设 F 是特征为 p 的有限域, 则 F 的元素个数等于 p^n, 这里 n 是某个自然数. 反之, 任给一自然数 n, 必有一个有限域, 其元素个数等于 p^n(p 是素数), 且在同构的意义下唯一, 即元素个数相等的有限域必同构.

证明 任何一个特征为 p 的域必含有一个素子域同构于 $\mathbf{Z}_p$, 因此 F 可以看成为 $\mathbf{Z}_p$ 的扩展. 设 $[F:\mathbf{Z}_p] = n$, 则由于 $\mathbf{Z}_p$ 有 p 个元, 故 F 的元素个数为 p^n.

反之, 给定 n, 令 $q = p^n$, 作 $\mathbf{Z}_p$ 上的多项式 $f(x) = x^q - x$, 它的分裂域记为 F, 由于 $f'(x) = -1 \neq 0$, 故 $f(x)$ 在 F 中无重根. 但由于任一多项式的分裂域必是正规扩展, 故 $f(x)$ 的根全在 F 中. 而 $\deg f(x) = p^n$, 因此 $f(x)$ 的 p^n 个根全在 F 中. 记 $f(x)$ 的 p^n 个根组成的集合为 K, φ 为 F 上的 Frobenius 映射: $\varphi(a) = a^p$, 则

$$\varphi^n(r) = r \text{ 对任意的 } r \in K.$$

反之, 若 $\varphi^n(a) = a$, 即 $a^{p^n} - a = 0$, 则 $a \in K$. 因为 φ^n 是 E 的自同构, 在自同构下不动的元素全体构成 F 的一个子域, 所以可知 K 是 F 的子域. 但 $f(x)$ 在 K 上分裂, 由假设 F 是 $f(x)$ 的分裂域, 因而只可能 $F = K$, 于是 $|F| = p^n$.

最后设 F, F' 为元素个数都等于 $q = p^n$ 的两个域, F, F' 的素子域都同构, 因此不妨设它们都是 $\mathbf{Z}_p$ 上的扩展. 作 $\mathbf{Z}_p$ 上多项式 $f(x) = x^q - x$, 由于 F^* 是一个阶为 $q - 1$ 的循环群(见第三章), 因此对 F^* 中任一元 a 必有 $a^{q-1} = 1$, 或 $a^q = a$. 显然 $0^q = 0$, 故 F 中所有元都是 $f(x)$ 的根, 从而 F 就是 $f(x)$ 的分裂域, 同理 F' 也是 $f(x)$ 的分裂域, 因此 F 与 F' 必同构. 证毕.

推论 8-1 若 E 是 F 的扩展且 E 是有限域, 则 E 必是 F 的 Galois 扩展.

证明 设 F 的素子域为 $\mathbf{Z}_p$, 则由上述定理的证明知道 E 是 $\mathbf{Z}_p$ 上某个多项式的分裂域, 因此 E 是 $\mathbf{Z}_p$ 的有限正规扩展, 自然也是 F 的有限正规扩展. 再由有限域必是完全域(推论 5-4)可知 E 是 F 的可分扩展. 证毕.

定理 8-2 设 E 是 F 的扩展, E, F 皆为有限域且 $[E:F] = m$, 则 $\mathrm{Gal}\, E/F$ 是一个阶为 m 的循环群, 其生成元为 E 的自同构 $\eta: a \to a^q$, 这里 $q = |F|$.

证明 先求 E 在其素子域 $\mathbf{Z}_p$ 上的 Galois 群. 由定理 8-1 的证明知道 E 是 $f(x) = x^{p^n} - x$ 的分裂域, 这里假定 $|E| = p^n$, 因此 $|\mathrm{Gal}\, E/\mathbf{Z}_p| = n$. 由于 E

上的 Frobenius 映射 φ 是自同构且一个域的自同构总保持素子域中元不动,故 $\varphi \in \mathrm{Gal}\, E/\mathbf{Z}_p$. 现来求 φ 的周期 k. 显然

$$a^{p^k} = \varphi^k(a) = a, \text{对任意的 } a \in E,$$

即有 $a^{p^k-1} = 1(a \neq 0)$. 而 E^* 是个循环群,其阶为 $p^n - 1$,因而 $p^n - 1 \leqslant p^k - 1$,即有 $n \leqslant k$. 另一方面 k 是 φ 的周期,$\varphi \in \mathrm{Gal}\, E/\mathbf{Z}_p$ 而 $|\mathrm{Gal}\, E/\mathbf{Z}_p| = n$,故 $k|n$. 由此可见 $k = n$. 这表明 $\mathrm{Gal}\, E/\mathbf{Z}_p$ 是一个阶为 n 的循环群且 φ 是其生成元.

利用 Galois 对应知道 $\mathrm{Gal}\, E/F$ 是 $\mathrm{Gal}\, E/\mathbf{Z}_p$ 的子群且 $|\mathrm{Gal}\, E/F| = m$. 由于循环群的子群仍是循环群,故 $\mathrm{Gal}\, E/F$ 是 m 阶循环群. 若 $q = p^r$,容易算出对任意的 $a \in F$,$\varphi^r(a) = a^{p^r} = a^q = a$,因此 $\varphi^r \in \mathrm{Gal}\, E/F$. 由 $n = [E:\mathbf{Z}_p] = [E:F][F:\mathbf{Z}_p] = mr$ 及循环群的性质即知 φ^r 是 $\mathrm{Gal}\, E/F$ 的生成元. 证毕.

推论 8-2　设 E 是元素个数等于 p^n 的域,且 $m|n$,则 E 有且只有一个子域 F,F 的元素个数为 p^m.

证明　任一 n 阶循环群有且只有一个阶为 $m(m|n)$ 的子群,由 Galois 对应即得结论. 证毕.

习　　题

1. 设 F 是特征为 p 的有限域,则 F 中任意一个元素在 F 中可以开 p 次方.

2. 设 F 是有 q 个元素的有限域,$f(x)$ 是 F 上 n 次不可约多项式,求证:$f(x)$ 可以整除多项式 $x^{q^{n-1}} - 1$.

3. 求证:无限域的非零元素乘法群必不是循环群.

4. 试求含 8 个元素的有限域 F 的非零元素循环群的全部生成元.

5. 证明:在有限域 F 中,任意一个元素 c 都可以写为两个元素的平方和.

6. 设 F 是一个有限域,特征为 p,元素个数为 p^n. 求证:若 $f(x) = x^{-1}(x \neq 0)$, $f(0) = 0$ 是 F 上自同构,则 $p = 2$, $n \leqslant 2$.

7. 设 F 是有限域,证明:必存在 F 上的次数为任意自然数 n 的不可约多项式.

8. 举例说明对无限域 F,$[E:F] = [E':F] < \infty$,未必有 $E \cong E'$.

9. 设 E 是一个特征为 p 的有限域且 $|E| = q$,证明:在 E 上恰有 $(q^p - q)/p$ 个次数等于 p 的首一不可约多项式.

10. 设 F 是有限域,$f(x)$ 是 F 上的 n 次不可约多项式,E 是其分裂域,$G = \mathrm{Gal}\, E/F$,η 是 G 的生成元,证明:只需将 $f(x)$ 的 n 个根 r_1, r_2, $\cdots$, r_n 作适当的排列,$\eta(r_1, r_2, \cdots, r_{n-1}, r_n) = (r_2, r_3, \cdots, r_n, r_1)$,即 η 作用在 n 个根上形成根的一个 n-循环.

§4.9　分　圆　域

设 F 是域,现来研究 F 上多项式 $x^n - 1$ 的分裂域. 为简单起见,我们假定 F

的特征为零. 我们称上述分裂域为 F 上的 n 阶分圆域.

由于 $(x^n-1)' = nx^{n-1} \neq 0$, $(nx^{n-1}, x^n-1) = 1$, 因此 x^n-1 在其分裂域中有 n 个不同的根, 这 n 个根组成的集合记为 R, 则 R 是 F 上分圆域的一个 n 阶乘法子群, 因此是一个循环群. R(作为循环群)的生成元称为 1 的 n 次本原根. 由第二章的内容知道 R 中生成元的个数为 $\varphi(n)$, 这里 φ 是 Euler φ 函数. 我们还知道 R 的自同构群是一个阶为 $\varphi(n)$ 的 Abel 群.

引理 9-1　设 F 是特征为零的域, E 是 F 上 n 阶分圆域, 则 $\mathrm{Gal}\,E/F$ 是一个 Abel 群.

证明　作 $\mathrm{Gal}\,E/F \to \mathrm{Aut}\,R$ 的映射(这里 $\mathrm{Aut}\,R$ 表示 R 的自同构群)如下: $\eta \to \eta|_R$, 则 $\eta|_R \in \mathrm{Aut}\,R$. 不难验证这是个群同态. 又若 $\eta|_R$ 是恒等自同构, 则 $\eta(z) = z$ 对任意的 $z \in R$ 成立. 但 E 由 F 及 R 生成, 故 $\eta = 1$. 于是我们得到了从 $\mathrm{Gal}\,E/F \to \mathrm{Aut}\,R$ 的单同态. $\mathrm{Gal}\,E/F$ 同构于 $\mathrm{Aut}\,R$ 的子群, 而 $\mathrm{Aut}\,R$ 是 Abel 群, 因此 $\mathrm{Gal}\,E/F$ 也是 Abel 群. 证毕.

定义 9-1　E 是 F 关于 d 的 Galois 扩域, 若 $\mathrm{Gal}\,E/F$ 是一个 Abel 群, 则称 E 是 F 的 Abel 扩域或 Abel 扩张. 又若 $\mathrm{Gal}\,E/F$ 是一个循环群, 则称 E 是 F 的循环扩域(扩张).

引理 9-1 表明特征为零的分圆域 E/F 是一个 Abel 扩张.

若 $E = F(d)$, $d^n \in F$($n > 1$ 且是使 $d^n \in F$ 的最小自然数), 则称 E 是 F 关于 d 的 n 次根扩张(根扩域), 根扩张与循环扩张有着密切的关系.

定理 9-1　设 F 含有 1 的 n 次本原根(从而含有 1 的所有 n 次根), 则

(1) F 的 n 次根扩张必是循环扩张且这个扩域在 F 上的维数是 n 的一个因子;

(2) 若 E 是 F 的 n 维循环扩域, 则存在 $d \in E$ 使 $E = F(d)$, $d^n \in F$.

证明　(1) 设 $E = F(d)$, $d^n \in F$, 1 的 n 次根集为 R, 则多项式 $x^n - d^n$ 的根为 $\{zd \mid z \in R\}$, 因此 E 是 $x^n - d^n$ 的分裂域. 作 $\mathrm{Gal}\,E/F \to R$ 的映射 φ 如下: 若 $\eta \in \mathrm{Gal}\,E/F$, $\eta(d) = zd$, 则令 $\varphi(\eta) = z$. 容易验证 φ 是一个群同态. 又若 $\varphi(\eta) = 1$, 则 $\eta(d) = d$, 但 $E = F(d)$, 故 η 为恒等自同构. 这一事实表明 φ 是单同态. 于是 $\mathrm{Gal}\,E/F$ 同构于 R 的一个子群, 因此(1)的结论成立.

(2) 由于 F 的循环扩域 E 必是 F 的 Galois 扩域, 又因为一个有限群只有有限多个子群, 因此根据 Galois 对应知道 E/F 只有有限个中间域. 再由定理 1-3 知道, E 是 F 的单扩张, 故可设 $E = F(c)$. 设 $\mathrm{Gal}\,E/F = (\eta)$, 作 $c_i = \eta^{i-1}(c)$, $1 \leqslant i \leqslant n$. 显然有 $c_1 = c$, $c_{i+1} = \eta(c_i)$ $(1 \leqslant i < n)$, $\eta(c_n) = c_1$. 设 $R = \{z_1, z_2, \cdots, z_n\}$, z 是其中的一个本原根, 令

$$d = c_1 + c_2 z + \cdots + c_n z^{n-1}, \tag{1}$$

则 $\eta(d) = c_2 + c_3 z + \cdots = z^{-1}(c_1 + c_2 z + \cdots) = z^{-1}d$, $\eta(d^n) = \eta(d)^n = z^{-n}d^n$ $= d^n$. 由于 $\mathrm{Gal}\, E/F = (\eta)$, 故 $d^n \in F$. 因为(1)式中 z 取为本原根,且 $\eta^k(d) = z^{-k}d$,所以可知 $\{\eta^k(d) \mid k = 0, 1, \cdots, n-1\}$ 为 n 个互不相同的元素,$f(x) = \prod_{k=0}^{n-1}(x - \eta^k(d)) \in F[x]$, $\deg f(x) = n$. 又 η 作用在根上引起一个 n 循环,故 $f(x)$ 不可约,因而 $[F(d):F] = n$,于是 $E = F(d)$, $d^n \in F$. 证毕.

　　注　如果定理 9-1 中(1)的条件满足,则可以证明 $\mid \mathrm{Gal}\, E/F \mid = n$,证明如下:

　　若 $\eta \in \mathrm{Gal}\, E/F$,则 $\eta(d) = zd$. 若 z 是 1 的 n 次本原根,则 $\eta^k(d) = z^k d$,对 $k < n$, $\eta^k(d) \neq d$,故只有当 $k = n$ 时 $\eta^k(d) = d$,即 $\mid \mathrm{Gal}\, E/F \mid = n$. 若 z 不是本原根,设 $z^m = 1$, $m < n$, $m \mid n$,则 $\eta(d^m) = \eta(d)^m = z^m d^m = d^m$. 而 η 是 $\mathrm{Gal}\, E/F$ 的生成元,故 $d^m \in \mathrm{Inv}\, G = F$,此与 $d^n \in F$ 且 n 为最小矛盾.

　　现在我们回到分圆域的讨论上来,我们将主要讨论 $\mathbf{Q}$ 上的分圆域.

　　设 R 是 1 的 n 次根集,令

$$\varphi_n(x) = \prod (x - z), \quad z \text{ 跑遍 } R \text{ 中的本原根},$$

$\mathbf{Q}$ 上 1 的本原根为形如 $\cos\dfrac{2k\pi}{n} + \mathrm{i}\sin\dfrac{2k\pi}{n}$ $(0 \leqslant k \leqslant n$ 且 $(k, n) = 1)$ 的复数. 现设 $\mathbf{Q}$ 上的 n 次分圆域为 E, $\eta \in \mathrm{Gal}\, E/\mathbf{Q}$,则 $\eta|_R$ 是 R 的自同构,故若 z 是本原根,则 $\eta(z)$ 也是本原根. 将 η 作用在 $\varphi_n(x)$ 上,显然 $\varphi_n(x)$ 保持不变,因此 $\varphi_n(x) \in \mathbf{Q}[x]$,这表明 $\varphi_n(x) \mid (x^n - 1)$. 我们称 $\varphi_n(x)$ 是 $\mathbf{Q}$ 上的 n 阶分圆多项式. 我们还可以归纳地算出 $\varphi_n(x)$ 来. 事实上,由于 1 的任一 n 次根的周期都是 n 的一个因子,又对任一 d, $d \mid n$, 1 的 d 次根也是 1 的 n 次根,故有等式:

$$x^n - 1 = \prod_{\substack{d \mid n \\ 1 \leqslant d \leqslant n}} \varphi_d(x), \tag{2}$$

由(2)式,$\varphi_n(x) = (x^n - 1)/\prod_{\substack{d \mid n \\ d < n}} \varphi_d(x)$. 作为例子我们不难算出:

$$\varphi_1(x) = x - 1,$$

$$\varphi_2(x) = x + 1,$$

$$\varphi_3(x) = x^2 + x + 1,$$

$$\varphi_4(x) = x^2 + 1,$$

$$\varphi_6(x) = x^2 - x + 1,$$

$$\varphi_{12}(x) = x^4 - x^2 + 1.$$

$\varphi_n(x)$ 实际上是一个整系数多项式,这一点不难归纳地予以证明.事实上若对 $d < n$,$\varphi_d(x)$ 都是整系数多项式且 $g(x) = \prod\limits_{\substack{d\mid n \\ d<n}} \varphi_d(x)$,则 $x^n - 1 = g(x)\varphi_n(x)$.由 $x^n - 1$,$g(x)$ 都是整系数多项式易证 $\varphi_n(x)$ 也是整系数多项式.

定理 9-2　$\varphi_n(x)$ 是 **Q** 上的不可约多项式.

证明　假设 $\varphi_n(x) = g(x)h(x)$,且不妨设 $g(x)$,$h(x)$ 都是整系数首一多项式,并假定 $g(x)$ 是 $\varphi_n(x)$ 的不可约因子(注:由第三章整环上的多项式理论知 **Z**$[x]$ 中多项式的不可约性等价于它作为 **Q**$[x]$ 中多项式的不可约性,因此我们可作上述假定).现设 z 是 1 的 n 次本原根,p 是与 n 互素的素数,显然 z^p 仍是 1 的 n 次本原根.假定 z 是 $g(x)$ 的根,如果 z^p 不是 $g(x)$ 的根,则必是 $h(x)$ 的根,于是 z 是多项式 $k(x) = h(x^p)$ 的根.注意到 $g(x)$ 不可约,故 $g(x)$ 是 z 在 **Q** 上的极小多项式,从而有 $g(x)\mid k(x)$ 成立.令 $k(x) = g(x)\cdot l(x)$,$l(x) \in$ **Z**$[x]$,现考虑 **Z**$\to$**Z**$_p$ 的自然同态:$i \to \bar{i}$,它导出 **Z**$[x] \to$ **Z**$_p[x]$ 的映上同态:$f(x) \to \bar{f}(x)$,于是 $\bar{k}(x) = \bar{g}(x)\bar{l}(x)$.但 $\bar{k}(x) = \bar{h}(x^p) = \overline{h(x)^p}$,故 $\bar{g}(x)\bar{l}(x) = \overline{h(x)^p}$,这表明 $(\bar{g}(x), \bar{h}(x)) \neq 1$.又 $x^n - 1 = m(x)\varphi_n(x) = m(x)g(x)h(x)$,$m(x) \in$ **Z**$[x]$,由此可导出 $x^n - \bar{1} = \bar{m}(x)\bar{g}(x)\bar{h}(x)$.但 $\bar{g}(x)$,$\bar{h}(x)$ 有非平凡公因子,故 $x^n - \bar{1}$ 在 **Z**$_p$ 的某个扩域中有重根.然而因为 $(n, p) = 1$,$(x^n - 1)' = nx^{n-1} \neq 0$,这就导出了矛盾.产生矛盾的根源在于假设了 z^p 不是 $g(x)$ 的根,因此对任意与 n 互素的素数 p,z^p 也是 $g(x)$ 的根.现设 r 是任一与 n 互素的整数,则 z^r 也是 1 的 n 次本原根且当 r 跑遍小于 n 且与 n 互素的正整数时,z^r 跑遍 1 的 n 次本原根.令 $r = p_1 \cdots p_s$,其中各个 p_i 均为素数,显然 $(p_i, n) = 1$.由上面证明的结论不难看出 z^r 也必是 $g(x)$ 的根,这样,$g(x)$ 包含了 1 的所有 n 次本原根,即 $g(x) = \varphi_n(x)$.证毕.

推论 9-1　$\varphi_n(x)$ 是 1 的 n 次本原根的极小多项式,其次数为 $\varphi(n)$(Euler φ 函数).

由引理 9-1 及上述定理,我们很容易证明如下结论.

定理 9-3　有理数域上 n 阶分圆域在有理数域上的 Galois 群同构于 n 阶循环群的自同构群.

证明   显然 n 阶分圆域为 $\mathbf{Q}(z)$，z 是 1 的 n 次本原根．$[\mathbf{Q}(z):\mathbf{Q}] = \deg \varphi_n = \varphi(n)$，因此 $|\operatorname{Gal} E/\mathbf{Q}| = \varphi(n)$，其中 E 为 n 阶分圆域．但另一方面，由引理 9-1 的证明知 $\operatorname{Gal} E/\mathbf{Q}$ 同构于 n 阶循环群自同构群的子群，而后者的阶也是 $\varphi(n)$，因而结论成立．证毕．

若 p 是素数，则 p 阶循环群的自同构群为 $p-1$ 阶循环群，于是我们有如下推论．

推论 9-2 $\mathbf{Q}$ 上 p 阶分圆域的 Galois 群是 $p-1$ 阶循环群．

作为分圆域理论的应用，我们再来讨论正 n 边形的尺规作图问题．

引理 9-2   设 E 是 F 的扩域且 $[E:F] = 2$，则 E 是 F 的二次根扩域．

证明   显然 E 与 F 之间无中间域，设 $c \in F$，则 $E = F(c)$．令 c 在 F 上的极小多项式为 $x^2 + 2ax + b(a, b \in F)$，则 $c^2 + 2ac + b = 0$．配方得 $(c+a)^2 - a^2 + b = 0$．令 $u = c + a$，则 $u^2 = a^2 - b \in F$，$u \in F$，于是 $E = F(u)$ 是一个平方根扩张．证毕．

引理 9-3   设 $n = 2^t p_1^{e_1} \cdots p_r^{e_r}$，$p_i$ 为不同的奇素数，则正 n 边形可用尺规作出的充要条件是正 $p_i^{e_i}(i = 1, \cdots, r)$ 边形都可用尺规作出．

证明   设 m, k 是互素的正整数，若正 mk 边形可作，显然正 m 边形、正 k 边形也可作出．反之，若正 m 边形及正 k 边形皆可作，则角 $\dfrac{2\pi}{m}$ 及 $\dfrac{2\pi}{k}$ 皆可作出．由于 $(m, k) = 1$，存在整数 u, v，使 $mu + kv = 1$，于是 $\dfrac{2\pi}{mk} = \dfrac{2\pi}{mk}(mu + kv) = u \cdot \dfrac{2\pi}{k} + v \cdot \dfrac{2\pi}{m}$，即角 $\dfrac{2\pi}{mk}$ 也可作出，因此正 mk 边形可作．证毕．

引理 9-4   设 p 是奇素数，则正 p^e 边形可作的充要条件是 $e = 1$，且 p 是 Fermat 数，即 $p = 2^k + 1$（事实上这时 $k = 2^t$）．

证明   设正 p^e 边形可作，记 $z = \cos \dfrac{2\pi}{p^e} + \mathrm{i} \sin \dfrac{2\pi}{p^e}$，则 $\mathbf{Q}(z)$ 是 $x^{p^e} - 1$ 的分裂域，$[\mathbf{Q}(z):\mathbf{Q}] = \varphi(p^e) = p^{e-1}(p-1)$，这也是 z 的极小多项式的次数．由推论 3-1 可知 $p^{e-1}(p-1)$ 须为 2 的幂，但 p 是奇素数，只有 $e = 1$，p 为 $2^k + 1$ 形的素数才行．

反之，若 p 是一个 Fermat 数，$|\operatorname{Gal} \mathbf{Q}(z)/\mathbf{Q}| = p - 1 = 2^k$，$2$ 是素数，则 $G = \operatorname{Gal} \mathbf{Q}(z)/\mathbf{Q}$ 是可解群且有一个合成群列：

$$G = G_1 \supseteq G_2 \supseteq \cdots \supseteq G_k \supseteq G_{k+1} = \{1\}, \tag{3}$$

其中 G_i/G_{i+1} 是 2 阶群．由 Galois 对应，相应的中间域为

$$F = E_1 \subseteq E_2 \subseteq \cdots \subseteq E_k \subseteq E_{k+1} = \mathbf{Q}(z), \tag{4}$$

其中 $[E_{i+1}:E_i] = 2$ 对一切 $i = 1, 2, \cdots, k$. 由引理 9-2 知道 E_{i+1} 是 E_i 的平方根扩张,故(4)式是一个平方根塔,即 z 可用尺规作出,于是正 p 边形可作. 证毕.

由引理 9-3 及引理 9-4,我们立即得到如下定理.

定理 9-4(Gauss 定理)　　正 n 边形可用尺规作出的充分必要条件是 $n = 2^t p_1 p_2 \cdots p_r$,其中 $t \geqslant 0$,p_i 为互不相同的 Fermat 数.

习　　题

1. 设域 F 含有 1 的 n 次本原根,则 F 的特征或为零或为素数 p 而 p 不能整除 n.

2. 设 K 是 E/F 的中间域,若 E/F 是 Abel 扩张,则 K/F 和 E/K 都是 Abel 扩张.

3. 设 K 是 E/F 的中间域,若 E/F 是循环扩张,则 K/F 和 E/K 都是循环扩张.

4. 证明:若 n 是大于 1 的奇数,则 $\varphi_{2n}(x) = \varphi_n(-x)$.

5. 若 p 是一素数,则 $\varphi_{p^e}(x) = 1 + x^{p^{e-1}} + x^{2p^{e-1}} + \cdots + x^{(p-1)p^{e-1}}$.

6. 试求 12 阶分圆域在 $\mathbf{Q}$ 上的 Galois 群.

7. 若域 F 含有 1 的 n 个不同的 n 次根,则 F 的特征或为零,或等于 p,其中 p 不能整除 n.

8. 设 F 是任一数域,$a \in F$,m, n 为互素的正整数,证明:$x^{mn} - a$ 在 F 上不可约的充要条件是 $x^n - a$ 及 $x^m - a$ 均在 F 上不可约.

9. 设 p 是素数,F 为域,$a \in F$,求证:$x^p - a$ 在 F 上不可约的充要条件是 $a \in F^p$.

10. 设 m, n 是互素的自然数,E 是 mn 阶分圆域,$E_i(i = 1, 2)$ 分别是 n, m 阶分圆域. 证明:

(1) E 等于多项式 $(x^n - 1)(x^m - 1)$ 的分裂域;

(2) E 在 $\mathbf{Q}$ 上的 Galois 群 G 同构于 E_1 在 $\mathbf{Q}$ 上的 Galois 群 G_1 和 E_2 在 $\mathbf{Q}$ 上的 Galois 群 G_2 的直积.

§4.10　一元方程式的根式求解

在这一节里,我们将讨论一元 n 次方程的根式解问题. 所谓根式解,就是经过有限次的加、减、乘、除及开方运算,把一个一元 n 次方程的根求出来. 对一元一次方程及一元二次方程,读者在中学时代已经学会如何求解了. 对于一元三次方程及一元四次方程,也可以用根式求解,也有所谓的求根公式. 人们原以为对五次及五次以上方程也可以用根式求解,但经过长达几百年的努力,这种企图终归失败. 1824 年挪威青年数学家 Abel 证明了一般五次方程根式解的不可能性,但是他的证明有漏洞而且没有解决什么时候一个 n 次方程可用根式求解、什么时候不可能用根式求解这样一个重要问题. Abel 于 1828 年去世. 1830 年前后,法国天才的青年数学家 Galois 借助于由他创立的群的理论彻底地解决了这个问题. Galois 的工作不仅非常漂亮地解决了一元 n 次方程的求根问题, 更重要的是他开创了代数学的新纪元. 一门全新的并在现代数学中起着极其重要作用的数学分支——抽象代数学从此诞生了. 现在让我们来具体地分析一下用根式求解一个代数方程的具体含义是什么.

定义 10-1 设 $f(x) \in F[x]$ 是域 F 上的非零首一多项式, 方程 $f(x) = 0$ 称为在 F 上可用根式求解, 若存在 F 的一个扩张 K/F 适合如下条件: 存在 F 与 K 之间的有限个中间域组成的"塔":

$$F = F_1 \subseteq F_2 \subseteq \cdots \subseteq F_{r+1} = K, \tag{1}$$

其中 $F_{i+1} = F_i(d_i)$, $d_i^{n_i} = a_i \in F_i$, 且 K 包含多项式 $f(x)$ 的一个分裂域.

形如(1)式的子域塔通常称为 K 在 F 上的一个"根塔". 我们还注意到 F_{i+1} 是 F_i 的根扩张, 即 F_{i+1} 可通过 F_i 添加 F_i 中某个元的 n_i 次根得到. 因此上述定义就等价于说 $f(x) = 0$ 的根可通过有限次加、减、乘、除及开方得到.

为了证明 Galois 判别定理, 我们还需要做一些准备工作. 为叙述方便, 本节下面涉及的域其特征均设为零.

定义 10-2 设 $f(x)$ 是域 F 上的多项式, E 是 $f(x)$ 在 F 上的分裂域, 则称 Gal E/F 为多项式 $f(x)$ 在 F 上的 Galois 群, 简记为 $G_F(f)$.

引理 10-1 设 $f(x) \in F[x]$, K 是 F 的扩域, 若将 $f(x)$ 看成是 K 上的多项式, 则 $G_K(f)$ 同构于 $G_F(f)$ 的子群.

证明 设 E 是 $f(x)$ 在 F 上的分裂域, L 是 $f(x)$ 在 K 上的分裂域, 若 $f(x)$ 在 L 中分裂为 $f(x) = (x - r_1) \cdots (x - r_n)$, 则

$$L = K(r_1, \cdots, r_n) \supseteq F(r_1, \cdots, r_n),$$

因此可令 $E \subseteq L$. 现来作 Gal $L/K \to$ Gal E/F 的映射 φ 如下: 令 $\eta \in$ Gal L/K, η 将根集 $R = \{r_1, \cdots, r_n\}$ 映到自身, 因此 $\eta|_E$ 是 E/F 的自同构. 令 $\varphi(\eta) = \eta|_E$, 不难验证这是个群同态. 如 $\eta|_E$ 为 E 的恒等自同构, 则 $\eta(r_i) = r_i (i = 1, \cdots, n)$. 而 $L = K(r_1, \cdots, r_n)$, 故 η 也是 L 上的恒等自同构, 这就证明了 φ 是一个单同态. 证毕.

引理 10-2 设 E/F 有一个根塔: $F = F_1 \subseteq F_2 \subseteq \cdots \subseteq F_{r+1} = E$, $F_{i+1} = F_i(d_i)$, $d_i^{n_i} \in F_i$, 则 E/F 的正规闭包 K/F 也有一个根塔, 且该根塔中互不相同的根指数 n_i 与原根塔相同.

证明 令 $K' = \langle \eta(E) \mid \eta \in$ Gal $K/F \rangle$, 即由诸 $\eta(E)$ 生成的 K 的子域, 显然 $\eta(K') \subseteq K'$, 由定理 6-2 知 K' 是 F 的正规扩域且包含 E, 因此 $K' = K$. 这说明

K 可由诸 $\eta_j(E)$ 生成. 现设 Gal $K/F = \{\eta_1, \eta_2, \cdots, \eta_k\}$, 将 η_j 作用在原根塔上得:

$$F = \eta_j(F_1) \subseteq \eta_j(F_2) \subseteq \cdots \subseteq \eta_j(F_{r+1}) = \eta_j(E),$$

显然

$$\eta_j(d_i)^{n_i} = \eta_j(d_i^{n_i}) \in \eta_j(F_i),$$

$$\eta_j(F_{i+1}) = \eta_j(F_i(d_i)) = \eta_j(F_i)(\eta_j(d_i)).$$

现作一个 K/F 的根塔:

$$F \subseteq F(\eta_1(d_1)) \subseteq F(\eta_1(d_1), \eta_1(d_2)) \subseteq \cdots$$

$$\subseteq F(\eta_1(d_1), \cdots, \eta_1(d_{r-1}), \eta_1(d_r))$$

$$\subseteq F(\eta_1(d_1), \cdots, \eta_1(d_r))(\eta_2(d_1)) \subseteq \cdots \subseteq \cdots$$

$$\subseteq F(\eta_1(d_1), \cdots, \eta_1(d_r); \eta_2(d_1), \cdots, \eta_2(d_r); \cdots, \eta_k(d_1), \cdots,$$

$$\eta_k(d_r)) = K,$$

这就是所要求的 K/F 的根塔. 证毕.

有了上述准备, 我们现在可以证明如下的 Galois 判别定理.

定理 10-1(Galois 判别定理)　域 F 上一元 n 次方程 $f(x)$ 可以用根式求解的充分必要条件是 $f(x)$ 的 Galois 群 $G_F(f)$ 是一个可解群.

证明　充分性. 设 $G_F(f)$ 为可解群且其阶为 m, E 是 $f(x)$ 在 F 上的分裂域, z 是 1 的 m 次本原根. 令 $F_1 = F$, $F_2 = F(z)$, $K = E(z)$, 则 K 是 $f(x)$ 在 F_2 上的分裂域. 由引理 10-1 知 Gal K/F_2 同构于 $G_F(f)$ 的一个子群, 因此也是一个可解群. 设 $H = $ Gal K/F_2, H 的合成群列为

$$H = H_1 \supseteq H_2 \supseteq \cdots \supseteq H_{r+1} = 1,$$

则 H_i/H_{i+1} 是素数 p_i 阶循环群. 由 Galois 对应得 K/F_2 的子域链:

$$F_2 \subseteq F_3 \subseteq \cdots \subseteq F_{r+2} = K,$$

这里 $[F_{i+1}:F_i] = p_i$ 且 F_{i+1} 是 F_i 的正规扩域且 $|$ Gal $F_{i+1}/F_i| = p_i$. 注意到 F_2 含有 1 的 m 次本原根而由于 $p_i|m$, F_i 也含有 1 的 p_i 次本原根, 由定理 9-1 知道 F_{i+1} 是 F_i 的根扩张, 即存在 $d_i \in F_{i+1}$ 使 $F_{i+1} = F_i(d_i)$ 且 $d_i^{p_i} \in F_i$. 另一方面 $F_2 = F(z)$, $z^m = 1 \in F$, 因此 K 有一个根塔, 而 K 包含 $f(x)$ 的分裂域 E, 故 $f(x) = 0$ 可用根式求解.

必要性. 假定 $f(x) = 0$ 可用根式求解, 这时存在 F 的扩域 K/F 的一个根塔:

$$F = F_1 \subseteq F_2 \subseteq \cdots \subseteq F_{r+1} = K, \tag{2}$$

其中 $F_{i+1} = F_i(d_i)$，$d_i^{n_i} \in F_i$，且 K 包含 $f(x)$ 在 F 上的分裂域 E. 设 n 是诸 n_i 的最小公倍数，z 是 1 的 n 次本原根. 首先注意到由引理 10-2，可设 K 是 F 的正规扩域(否则用其正规闭包代替). 由假定 F 的特征为零，故 K 是 F 的 Galois 扩域. 由定理 7-1 可设 K 是 F 上某个多项式 $g(x)$ 的分裂域，作 K 的扩域 $K(z)$，显然 $K(z)$ 是 $g(x)(x^n - 1)$ 的分裂域，故是 F 的正规扩张. 由于 $z^n = 1 \in F$，我们可以将(2)式变动一下使之成为

$$F = F_1' \subseteq F_2' = F(z) \subseteq F_3' = F_2'(d_1) \subseteq \cdots \subseteq K(z), \tag{3}$$

则(3)式是 $K(z)$ 的一个根塔. 设 $H = \mathrm{Gal}\, K(z)/F$，同时设 H_i 是 H 的子群且在 Galois 对应中它相应的中间域为 F_i'. 注意到 F'_{i+1} 是 F_i' 的正规扩域(事实上对 $i \geqslant 2$，由于 F_2' 含有 1 的 n_i 次根，F'_{i+1} 是 $x^{n_i} - d_i^{n_i} \in F_i'[x]$ 的分裂域，而另一方面 F_2' 显然是 F 的正规扩域)，故 H_{i+1} 是 H_i 的正规子群，且 $\mathrm{Gal}\, F'_{i+1}/F_i' \cong H_i/H_{i+1}$. 但由定理 9-1 及引理 9-1 可知 $\mathrm{Gal}\, F'_{i+1}/F_i'$ 是 Abel 群，故 H_i/H_{i+1} 也是 Abel 群，于是 H 含有一个正规群列，其商因子皆为 Abel 群，即知 H 是可解群. 再由于 $K/F \supseteq E/F$，E 是正规扩域，由 Galois 理论基本定理知 $\mathrm{Gal}\, E/F$ 同构于 $H = \mathrm{Gal}\, K(z)/F$ 的一个商群，因此 $\mathrm{Gal}\, E/F$ 是可解群. 证毕.

Galois 判别定理解决了判别一个一元 n 次方程是否可用根式求解的充要条件. 这涉及求一个多项式的 Galois 群并判别它是否可解，一般来说这仍不是一件容易的事情，现在还没有一个有效通用的办法来求一个多项式的 Galois 群. 尽管如此，我们仍可针对一些具体情况，找出求多项式 Galois 群的方法. 下面的定理提供了求一类多项式 Galois 群的简便方法.

定理 10-2 设 $f(x)$ 是一个次数为素数 p 的有理数域上的不可约多项式，假定 $f(x)$ 恰好有两个非实根，则 $f(x)$ 的 Galois 群为 S_p，即为 p 次对称群.

证明 设 E 是 $f(x)$ 的分裂域，α 是 $f(x)$ 的一个根，由于 $f(x)$ 不可约，故 $[\mathbf{Q}(\alpha):\mathbf{Q}] = p$. 但

$$|G_{\mathbf{Q}}(f)| = [E:\mathbf{Q}] = [E:\mathbf{Q}(\alpha)][\mathbf{Q}(\alpha):\mathbf{Q}],$$

因此 $p \mid G_{\mathbf{Q}}(f)$. 由 Sylow 定理及 Cauchy 引理可知 $G_{\mathbf{Q}}(f)$ 有一个 p 阶元.

因为 $f(x)$ 是不可约可分多项式，故 $f(x)$ 在 E 中有 p 个不同的根，记为 $R = \{\alpha_1, \cdots, \alpha_p\}$. 作 $G_{\mathbf{Q}}(f) \to S_p$ 的映射 φ 如下：若 $\eta \in G_{\mathbf{Q}}(f)$，则 $\eta|_R$ 是 R 的一个置换，记之为 σ，令 $\varphi(\eta) = \sigma$. 不难验证这是个群同态且由于 E 由 $\mathbf{Q}$ 及 $\alpha_1, \cdots, \alpha_p$ 生成，φ 还是个单同态. 经过将 R 中的元适当的排列，可设 $G_{\mathbf{Q}}(f)$ 中 p 阶元在 φ 下的像为 p-循环 $(1, 2, \cdots, p)$.

又设 α_1，α_2 是 $f(x)$ 的两个非实根，则由于 $f(x) \in \mathbf{Q}[x]$，α_1 与 α_2 必共轭．又 $E = \mathbf{Q}(\alpha_1, \alpha_2, \cdots, \alpha_p)$，故复数域的共轭变换限制在 E 上导出了 $E/\mathbf{Q}$ 的一个自同构 ξ，显然 $\xi^2 = 1$，即 ξ 是周期等于 2 的元．记 $\varphi(\xi) = \tau$，则 τ 是 S_p 中的一个对合，即 $\tau^2 = 1$，这样 $\operatorname{Im} \varphi$ 含有对合 τ 及 p-循环 $(1, 2, \cdots, p)$，由对称群的理论知 $\operatorname{Im} \varphi = S_p$．这就证明了 $G_{\mathbf{Q}}(f) \cong S_p$．证毕．

例 1　设 $f(x) = x^5 - 5x + 2$，则 $f(x) = 0$ 不能用根式求解．

证明　作变换 $x = y - 2$，利用 Eisenstein 判别法即知 $f(x)$ 是不可约多项式．另一方面，$f'(x) = 5x^4 - 5$，令 $f'(x) = 0$，则 $f'(x)$ 有两个实根 $x = \pm 1$．这表明 $f(x)$ 有两个极值点 $x = 1$，$x = -1$，因此 $f(x)$ 有且只有 3 个实数根，即它恰有两个非实根．由上面的定理知道 $f(x)$ 的 Galois 群同构于 S_5．但 S_5 是不可解群，因此 $f(x)$ 不能用根式求解．

例 1 表明确实存在不能用根式求解的五次方程．事实上对任意的 n，我们都可以找到一个有理系数的代数方程，其 Galois 群等于 S_n．而当 $n \geqslant 5$ 时 S_n 不是可解群，因此该代数方程不能用根式求解．当 $n < 5$ 时，S_n 是可解群，S_n 的任一子群也是可解群．另一方面，用定理 10-2 证明中类似的方法可证明一个一元 n 次方程的 Galois 群必同构于 S_m（$m \leqslant n$，m 为方程的不同根的个数）的子群，因此小于五次的代数方程的 Galois 群必是可解群，故这类代数方程必可用根式求解．

最后我们来考虑所谓的求根公式问题．我们可以证明，对不超过四次的一元代数方程，求根公式总是存在的．而对五次及五次以上的方程，求根公式不存在．

首先我们要搞清楚什么叫求根公式．事实上求根公式就是用根式求解一般文字系数的代数方程：

$$f(x) = x^n - t_1 x^{n-1} + t_2 x^{n-2} - \cdots + (-1)^n t_n = 0, \tag{4}$$

这里首项系数取 1 不影响所讨论问题的实质．这时我们可以设 $t_1, t_2, \cdots, t_n$ 是 $\mathbf{Q}$ 上的未定元，因此可将 $f(x)$ 看成是域 $\mathbf{Q}(t_1, t_2, \cdots, t_n)$ 上的多项式．这里 $\mathbf{Q}(t_1, t_2, \cdots, t_n)$ 是 n 元多项式环 $\mathbf{Q}[t_1, t_2, \cdots, t_n]$ 的分式域．现在我们要证明如下定理．

定理 10-3　方程(4)的 Galois 群同构于 n 次对称群 S_n．

证明　设 E 是 $f(x) \in \mathbf{Q}[t_1, \cdots, t_n][x]$ 的分裂域，设 $f(x)$ 在 $E[x]$ 中分解为

$$f(x) = (x - x_1)(x - x_2)\cdots(x - x_n), \tag{5}$$

则 $E = \mathbf{Q}(t_1, \cdots, t_n)(x_1, \cdots, x_n)$．由 Vieta 定理知道：

$$
\begin{cases}
t_1 = x_1 + x_2 + \cdots + x_n, \\
t_2 = \sum_{i<j} x_i x_j, \\
\quad\cdots\cdots \\
t_n = x_1 x_2 \cdots x_n,
\end{cases}
\tag{6}
$$

因此 $E = \mathbf{Q}(x_1, \cdots, x_n)$.

我们首先要证明 $\{x_1, x_2, \cdots, x_n\}$ 是 $\mathbf{Q}$ 上代数无关元,用反证法.设有非零多项式 $h(y_1, \cdots, y_n) \in \mathbf{Q}[y_1, \cdots, y_n]$,使得 $h(x_1, \cdots, x_n) = 0$.设 σ 是 $\{y_1, \cdots, y_n\}$ 的一个置换,作

$$
\prod_{\sigma \in S_n} h(y_{\sigma(1)}, y_{\sigma(2)}, \cdots, y_{\sigma(n)}),
\tag{7}
$$

这是一个 $\mathbf{Q}[y_1, \cdots, y_n]$ 上的对称多项式且将 x_i 代入 y_i 后等于 0.应用高等代数的知识,知道任一对称多项式都可表示为初等对称多项式的多项式,这一事实说明存在一个 $\mathbf{Q}$ 上的非零 n 元多项式 g,使 $g(t_1, t_2, \cdots, t_n) = 0$.但这与 t_1, $t_2, \cdots, t_n$ 是 $\mathbf{Q}$ 上未定元的假定相矛盾,因此 $\{x_1, x_2, \cdots, x_n\}$ 在 $\mathbf{Q}$ 上代数无关.特别 $x_i \neq x_j (i \neq j)$.

如同以前所做,作 $f(x)$ 的 Galois 群 $G \to S_n$ 的映射 φ:对 $\eta \in G$,$\varphi(\eta)$ 为 η 限制在根集 $\{x_1, x_2, \cdots, x_n\}$ 上引起的置换 σ,则 φ 是单同态,现要证明它也是一个满同态.设 $\tau \in S_n$,将 τ 看成是 $\{x_1, x_2, \cdots, x_n\}$ 的一个置换.因为 $\{x_1, x_2, \cdots, x_n\}$ 是 $\mathbf{Q}$ 上代数无关元,可作 $\mathbf{Q}[x_1, x_2, \cdots, x_n]$ 的自同构 η 如下:$\eta(x_i) = x_{\tau(i)}$,$\eta(a) = a$ 对一切 $a \in \mathbf{Q}$,η 诱导出 $\mathbf{Q}(x_1, x_2, \cdots, x_n)$ 的一个自同构,仍记为 η.再看 t_i 在 η 下的像.由(6)式可知 t_i 是 $\{x_i \mid i = 1, \cdots, n\}$ 的对称多项式,因此 $\eta(t_i) = t_i$.这表明 $\eta \in \mathrm{Gal}\, \mathbf{Q}(x_1, \cdots, x_n)/\mathbf{Q}(t_1, \cdots, t_n) = G$.显然 $\varphi(\eta) = \tau$,这就证明了 φ 是满同态,于是我们证明了 $G \cong S_n$.证毕.

推论 10-1(Abel-Ruffini 定理)　当 $n \geqslant 5$ 时,一元 n 次代数方程没有求根公式.

对 $n \leqslant 4$,由于这时 S_n 为可解群,故求根公式存在.

至此,我们运用 Galois 理论圆满地解决了一元 n 次方程是否可用根式求解的问题.然而需要指出的这个理论并没有因此而终结,Galois 理论仍然是代数学中活跃的一个分支,即使是有限 Galois 理论也有许多至今仍未解决的难题.比如给定任意一个有限群,是否必有一个有理系数的多项式,它的 Galois 群同构于给定的群? 这个问题的提出已有 100 多年的历史.已经知道对对称群、交错群以及可解群的回答是肯定的,但对一般情况还没有令人满意的答案.

习 题

1. 求证下列方程不能用根式求解：

(1) $x^5 - 9x + 3$；　　(2) $x^5 - 8x + 6$；　　(3) $2x^5 - 5x^4 + 5$；　　(4) $x^5 - 4x + 2$.

2. 试构造一个有理系数不能用根式求解的不可约 7 次方程.

3. 求证：给定一个有限群，必存在特征为零的两个域 $F \subseteq E$，使 $\mathrm{Gal}\, E/F$ 同构于给定的群.

4. S_n 的一个子群 H 称为可迁群，若对任意的 $1 \leqslant i, j \leqslant n$，总存在 $\tau \in H$ 使 $\tau(i) = j$，已知有理系数 n 次多项式 $f(x)$ 在其分裂域中无重根，求证：$f(x)$ 不可约的充要条件是它的 Galois 群同构于 S_n 的一个可迁子群.

5. 设有 $\mathbf{Q}(t_1, \cdots, t_n)$ 上的一般代数方程 $f(x)$，它的分裂域为 E，若 $c_1, \cdots, c_n$ 是 $\mathbf{Q}$ 中 n 个不同的有理数，$x_1, \cdots, x_n$ 是 $f(x)$ 的 n 个根，$\theta = c_1 x_1 + \cdots + c_n x_n$，求证：$E = \mathbf{Q}(t_1, \cdots, t_n)(\theta)$.

*§4.11　正规基定理

设 E 是 F 的扩域，$G = \mathrm{Gal}\, E/F$，假定 $G = \{\eta_1, \eta_2, \cdots, \eta_n\}$，当 E 是 F 的 Galois 扩域时，$|G| = [E:F]$，我们要问是否存在 E 中的一个元素 α，它在 G 的作用下得到的 n 个元 $\{\eta_i(\alpha) \mid i = 1, \cdots, n\}$ 恰好构成 E 作为 F 线性空间的基？如果这样的基存在，我们就称之为 E/F 的正规基. 我们在这一节中主要证明当 E 是 F 的 Galois 扩域时，E/F 的正规基必存在.

为了证明正规基存在定理，我们需要引进一个概念——特征标.

定义 11-1 设 F 是一个域，G 是一个群，φ 是 $G \to F^*$（即 F 非零元素组成的乘法群）的群同态，则称 φ 为 G 到 F 内的一个特征标（或称 φ 为 G 的一个 F-特征标）.

设群 G 的 F-特征标全体组成的集合为 T，称 T 中 m 个元素 $\varphi_1, \varphi_2, \cdots, \varphi_m$ 为 F-线性无关，若对任意的 $g \in G$，从等式

$$a_1 \varphi_1(g) + a_2 \varphi_2(g) + \cdots + a_m \varphi_m(g) = 0,$$

其中 $a_i \in F$，必可推出 $a_1 = a_2 = \cdots = a_m = 0$.

定理 11-1（Dedekind 定理） 群 G 的不同的 F-特征标必 F-线性无关.

证明 对特征标的个数用数学归纳法. 设 $n = 1$，则由 $a\varphi(g) = 0$，及 $\varphi(g) \neq 0$ 立即得 $a = 0$.

假定对小于 n 的一切自然数结论成立. 设 $\varphi_1, \varphi_2, \cdots, \varphi_n$ 是 n 个不同的特

征标,存在 a_1, a_2, $\cdots$, $a_n \in F$,使对一切 $g \in G$,成立

$$a_1\varphi_1(g) + a_2\varphi_2(g) + \cdots + a_n\varphi_n(g) = 0, \tag{1}$$

不妨设所有的 $a_i \neq 0$(不然可立即归结为小于 n 的情形),由于 $\varphi_1 \neq \varphi_2$,故必存在 $h \in G$,使 $\varphi_1(h) \neq \varphi_2(h)$. 但(1)式对任意的 $g \in G$ 成立,故

$$a_1\varphi_1(gh) + a_2\varphi_2(gh) + \cdots + a_n\varphi_n(gh) = 0. \tag{2}$$

因为 φ_i 是群同态,所以(2)式可化为

$$a_1\varphi_1(g)\varphi_1(h) + a_2\varphi_2(g)\varphi_2(h) + \cdots + a_n\varphi_n(g)\varphi_n(h) = 0, \tag{3}$$

将(1)式两端乘以 $\varphi_1(h)$ 并减去(3)式得:

$$(a_2\varphi_1(h) - a_2\varphi_2(h))\varphi_2(g) + (a_3\varphi_1(h) - a_3\varphi_3(h))\varphi_3(g) + \cdots$$
$$+ (a_n\varphi_1(h) - a_n\varphi_n(h))\varphi_n(g) = 0, \tag{4}$$

(4)式对一切 $g \in G$ 成立,由归纳假设得:$a_2\varphi_1(h) - a_2\varphi_2(h) = 0$,但 $\varphi_1(h) \neq \varphi_2(h)$,必使 $a_2 = 0$,这与 $a_i \neq 0$ 的假定矛盾. 证毕.

推论 11-1 设 E 是 F 的扩域,η_1, η_2, $\cdots$, η_n 是 E/F 的自同构,则 η_1, η_2, $\cdots$, η_n 必 F-线性无关.

证明 将 η_i 限制在 E^* 上,则得到 $E^* \to E^*$ 的群同态,由定理知 η_1, $\cdots$, η_n 必 E-线性无关,当然也 F-线性无关. 证毕.

现在我们来证明正规基定理.

定理 11-2 设 E 是 F 的 Galois 扩域,则必存 E/F 的一组正规基.

证明 我们分两种情形来证明:(1)F 为有限域;(2)F 为无限域.

(1) 因为有限域上的 Galois 扩域的 Galois 群必是循环群(参见定理 8-2),故可设 $G = \mathrm{Gal}\,E/F = (\eta)$ 且 $[E:F] = |G| = n$,于是 $\eta^n = 1$ 且 $\{1, \eta, \eta^2, \cdots, \eta^{n-1}\}$ 是 E/F 的不同的自同构. 显然 E/F 的任一自同构均可看成是 F-线性空间 E 上的线性变换. 由 $\eta^n = 1$ 可知 η 作为 E 的线性变换适合多项式

$$f(x) = x^n - 1. \tag{5}$$

另外因为 $\{1, \eta, \eta^2, \cdots, \eta^{n-1}\}$ 是不同的自同构,由定理 11-1 的推论 11-1 知道它们是 F-线性无关的. 这表明(5)式是 η 作为 E 上的线性变换适合的极小多项式,它的次数恰为 $n = [E:F]$,于是 η 的极小多项式就是它的特征多项式,由线性代数知存在 $\alpha \in E$,$\{\alpha, \eta(\alpha), \cdots, \eta^{n-1}(\alpha)\}$ 线性无关,它们就是所要求的正规基.

(2) 设 $G = \mathrm{Gal}\,E/F = \{\eta_1, \eta_2, \cdots, \eta_n\}$. 因为 G 是一个有限群,只有有限个

子群,因而由 Galois 对应知道 E/F 只有有限个中间域. 由本章定理 1-3 知道 E 必是 F 的单扩张,即存在 $u \in E$ 使 $E = F(u)$. 现假定 u 在 F 上的极小多项式为 $f(x)$. 由于 E 是 F 的可分扩域,故 $f(x)$ 是一个次数为 n 的可分的不可约多项式,也就是说 $f(x)$ 在 E 中无重根(从 E 的正规性知道 $f(x)$ 的根全在 E 中),因此 $f'(u) \neq 0$. 再设 $u_i = \eta_i(u)$, $i = 1, 2, \cdots, n$, 则 u_i 也是 $f(x)$ 的根且由于 $E = F(u)$,从 $u_i = u_j$ 可推出 $\eta_i = \eta_j$, 故 $u_1, \cdots, u_n$ 是 $f(x)$ 的 n 个不同的根. 作

$$g(x) = \frac{f(x)}{(x-u)f'(u)},$$

$$g_i(x) = \frac{f(x)}{(x-u_i)f'(u_i)},$$

则 $g(x)$, $g_i(x)$ 是 E 上的多项式且 $g_i(x) = \eta_i(g(x))$. 显然若 $k \neq i$, 则 u_k 是 $g_i(x)$ 的根,因此

$$f(x) \mid g_i(x)g_k(x) \quad (i \neq k). \tag{6}$$

作 E 上的多项式 $h(x) = g_1(x) + g_2(x) + \cdots + g_n(x) - 1$,则 $\deg h(x) \leqslant n-1$. 但另一方面由 $g_i(u_k) = 0$, $g_i(u_i) = 1$ 知道 $h(u_i) = 0$, $i = 1, 2, \cdots, n$,因此 $h(x) = 0$, 即

$$g_1(x) + g_2(x) + \cdots + g_n(x) = 1. \tag{7}$$

在(7)式两端乘以 $g_i(x)$ 并利用(6)式可得:

$$f(x) \mid (g_i(x)^2 - g_i(x)). \tag{8}$$

现考虑下列 n 阶行列式:

$$D(x) = \mid \eta_i\eta_k(g(x)) \mid \quad (1 \leqslant i, k \leqslant n),$$

$D(x)$ 是 E 上的多项式,则 $D(x)^2 = \mid \eta_i\eta_k(g(x)) \mid^t \mid \eta_i\eta_k(g(x)) \mid$,其中 t 表示行列式的转置. 用行列式乘法及(6)式不难算出当 $i \neq k$ 时 $f(x) \mid c_{ik}$,这里 c_{ik} 表示 $(D(x))^2$ 这一行列式的第 (i, k) 项. 而当 $i = k$ 时第 (i, k) 项为 $c_{ii} = (\eta_i(g_1(x)))^2 + \cdots + (\eta_i(g_n(x)))^2$. 由(7)式及(8)式可知 $f(x) \mid c_{ii} - 1$,于是

$$(D(x))^2 \equiv 1(\mathrm{mod}\, f(x)), \tag{9}$$

这表明 $D(x) \neq 0$. 由于这时 E 是无限域,故必存在 $v \in E$ 使得 $D(v) \neq 0$. 令 $\alpha = g(v)$, 则

$$D(v) = \mid \eta_i\eta_k(\alpha) \mid \neq 0.$$

最后要证$\eta_1(\alpha)$，$\eta_2(\alpha)$，$\cdots$，$\eta_n(\alpha)$是F-线性无关的. 设a_1，a_2，$\cdots$，$a_n \in F$，使得

$$a_1\eta_1(\alpha) + a_2\eta_2(\alpha) + \cdots + a_n\eta_n(\alpha) = 0, \tag{10}$$

G中的元素依次作用于(10)式便得到一个齐次线性方程组(将a_i看成是未知数)，其系数行列式等于$|\eta_i\eta_k(\alpha)| \neq 0$，因此只有唯一解$a_1 = a_2 = \cdots = a_1 = 0$. 由于$[E:F] = n$，因此$\eta_1(\alpha)$，$\eta_2(\alpha)$，$\cdots$，$\eta_n(\alpha)$就是所要求的正规基. 证毕.

习　　题

1. 设E是F的Galois扩域且其Galois群$G = \{\eta_i \mid i = 1, \cdots, n\}$，求证:$E$上$n$个元素$u_1, \cdots, u_n$ F-线性无关的充要条件是$\det(\eta_i(u_i))$不为零.

2. 求$\mathbf{Q}(\sqrt{2}, \sqrt{3})/\mathbf{Q}$的一组正规基.

*§4.12　域的超越扩张

迄今为止,我们已详细地讨论了代数扩域的各种性质及结构,我们将在本节中简要地介绍域的超越扩张理论.

假定E是F的超越扩张且存在有限个元α_1，α_2，$\cdots$，α_n使$E = F(\alpha_1, \alpha_2, \cdots, \alpha_n)$，则称$E$是$F$的有限生成超越扩张,否则称$E$为$F$的无限生成超越扩张. 这一节将主要研究有限生成超越扩张.

定理 12-1　设E是F的扩域，α_1，α_2，$\cdots$，$\alpha_n \in E$，令$F_0 = F$，$F_i = F(\alpha_1, \cdots, \alpha_i)(1 \leqslant i \leqslant n)$，则$\{\alpha_1, \alpha_2, \cdots, \alpha_n\}$是$F$上的代数无关元当且仅当对每个$i$，$\alpha_i$是$F_{i-1}$上的超越元.

证明　设对某个i，α_i是F_{i-1}上的代数元,则存在F_{i-1}上多项式$f(x)$，使

$$f(\alpha_i) = c_0 + c_1\alpha_i + \cdots + c_r\alpha_i^r = 0, \tag{1}$$

其中每个$c_j = p_j(\alpha_1, \cdots, \alpha_{i-1})/q_j(\alpha_1, \cdots, \alpha_{i-1})$，$p_j$，$q_j$为$F[x_1, \cdots, x_{i-1}]$中的多项式且$q_j \neq 0$. 将$c_j$代入$f$并去分母便得到一个$F[x_1, \cdots, x_i]$中的非零多项式$g$,适合$g(\alpha_1, \cdots, \alpha_i) = 0$. 这表明$\{\alpha_1, \alpha_2, \cdots, \alpha_n\}$是代数相关的.

反之,设$\{\alpha_1, \cdots, \alpha_n\}$代数相关,则存在$j$使$\{\alpha_1, \cdots, \alpha_{j-1}\}$是$F$上代数无关元而$\{\alpha_1, \cdots, \alpha_j\}$是代数相关的,于是存在$F[x_1, \cdots, x_j]$中的非零多项式$g$,使$g(\alpha_1, \cdots, \alpha_j) = 0$. 不难将$g$变成系数在$F[x_1, \cdots, x_{j-1}]$上的以$x_j$为不定元的多项式,再将$\alpha_1, \cdots, \alpha_{j-1}$代入系数便得域$F_{j-1}$上的以$x_j$为未定元的多项式,记之为$h(x_j)$. 显然$h(\alpha_j) = 0$,即$\alpha_j$是$F_{j-1}$上的代数元. 证毕.

定义 12-1　设E是F的扩域,若存在E的子集S，S中的任一有限子集都

在 F 上代数无关,而 E 是 $F(S)$ 的代数扩域,则称 S 是 E 在 F 上的一组超越基.

可以证明 F 的任一超越扩张必有超越基,但我们在这里仅对有限生成的情形予以证明.

定理 12-2　设 E 是 F 的有限生成超越扩张,$E = F(\alpha_1, \cdots, \alpha_n)$,则必存在 $\{\alpha_1, \cdots, \alpha_n\}$ 的一个子集使之成为 E 的一组超越基. 又,E 在 F 上的任何两组超越基中的元素个数相等.

证明　对 n 用数学归纳法. $n = 1$ 时结论显然成立,设对 $n - 1$ 结论成立. 现来看 $E = F(\alpha_1, \cdots, \alpha_n)$. 若 $\{\alpha_1, \cdots, \alpha_n\}$ 在 F 上代数相关,则由定理 12-1,存在某个 α_i 是 $F(\alpha_1, \cdots, \alpha_{i-1})$ 上的代数元. 由归纳假设知道存在 $\{\alpha_1, \cdots, \alpha_{i-1}, \alpha_{i+1}, \cdots, \alpha_n\}$ 的子集 S_0,它在 F 上代数无关且 $F(\alpha_1, \cdots, \alpha_{i-1}, \alpha_{i+1}, \cdots, \alpha_n)$ 是 $F(S_0)$ 上的代数扩域. 但代数扩域的代数扩域仍是代数扩域,因此 E 是 $F(S_0)$ 的代数扩域.

现设 $\{\alpha_1, \cdots, \alpha_m\}$,$\{\beta_1, \cdots, \beta_k\}$ 是 E 在 F 上的两组超越基. 我们先证明这样一个事实:在集合 $\{\alpha_1, \cdots, \alpha_m\}$ 中任意去掉一个元,比如说为 α_1,则必可在 $\{\beta_1, \cdots, \beta_k\}$ 中找到一个元 β_i,使它加入 $\{\alpha_2, \cdots, \alpha_m\}$ 后,$\{\beta_i, \alpha_2, \cdots, \alpha_m\}$ 仍在 F 上代数无关. 一旦这一结论获证,不断地重复这一过程,可将 $\{\alpha_1, \cdots, \alpha_m\}$ 中的元都换掉,于是必有 $m \leqslant k$. 同理可证 $k \leqslant m$,于是即可证明 $m = k$. 现在来证明上述结论. 假定任一 β_i 加入 $\{\alpha_2, \cdots, \alpha_m\}$ 后都是代数相关的,则 β_i 是 $F(\alpha_2, \cdots, \alpha_m)$ 上的代数元,于是 $F(\alpha_2, \cdots, \alpha_m)(\beta_1, \cdots, \beta_k)$ 是 $F(\alpha_2, \cdots, \alpha_m)$ 的代数扩域. 另一方面 E 是 $F(\beta_1, \cdots, \beta_k)$ 的代数扩域,故 E 是 $F(\alpha_2, \cdots, \alpha_m)(\beta_1, \cdots, \beta_k)$ 的代数扩域. 由此将推出 E 是 $F(\alpha_2, \cdots, \alpha_m)$ 的代数扩域,与 α_1 在 $F(\alpha_2, \cdots, \alpha_m)$ 上超越矛盾. 证毕.

定义 12-2　F 上有限生成超越扩张的超越基的元数称为 E 关于 F 的超越次数,记为 **tr. d.** E/F.

超越次数是超越扩张的不变量. 若一个超越扩张的超越基含有无限多个元素,通常称之为具有无限超越次数,比如实数域关于有理数域的超越次数为无限.

超越次数具有"可加性",这可由下列定理导出.

定理 12-3　设 $K \supseteq E \supseteq F$,$A$ 是 E 的子集且 A 在 F 上代数独立(即代数无关),$B \subseteq K$,B 在 E 上代数独立,则 $A \cup B$ 在 F 上代数独立.

证明　设 C 是 $A \cup B$ 的任一有限子集,则 C 可表示为:$C = \{\alpha_1, \cdots, \alpha_m;$ $\beta_1, \cdots, \beta_k\}$,其中 $\alpha_i \in A$,$\beta_j \in B$. 由定理 12-1,α_i 在 $F(\alpha_1, \cdots, \alpha_{i-1})$ 上超越,β_j 在 $E(\beta_1, \cdots, \beta_{j-1})$ 上超越,从而 β_j 也在 $F(\alpha_1, \cdots, \alpha_m, \beta_1, \cdots, \beta_{j-1})$ 上超越. 再由定理 12-1 可知 C 在 F 上代数独立. 证毕.

推论 12-1   设 $K \supseteq E \supseteq F$，$\{\alpha_1, \cdots, \alpha_m\}$ 是 E/F 的超越基，$\{\beta_1, \cdots, \beta_k\}$ 是 K/E 的超越基，则 $\{\alpha_1, \cdots, \alpha_m; \beta_1, \cdots, \beta_k\}$ 是 K/F 的超越基，从而 K/F 的超越次数等于 E/F 与 K/E 的超越次数之和.

证明   由上述定理，只需证明 K 是 $F(\alpha_1, \cdots, \alpha_m; \beta_1, \cdots, \beta_k)$ 的代数扩域即可. 因为 E 是 $F(\alpha_1, \cdots, \alpha_m)$ 的代数扩域，故 $E(\beta_1, \cdots, \beta_k)$ 是 $F(\alpha_1, \cdots, \alpha_m; \beta_1, \cdots, \beta_k)$ 的代数扩域. 再由 K 是 $E(\beta_1, \cdots, \beta_k)$ 的代数扩域即知 K 是 $F(\alpha_1, \cdots, \alpha_m; \beta_1, \cdots, \beta_k)$ 的代数扩域. 证毕.

若 E 是 F 的超越扩张，S 是 E/F 的超越基，如果 $E = F(S)$，则称 E 是 F 的纯超越扩张. 由超越基的存在性知道，F 的任一扩域或是代数扩域，或可分解为一个纯超越扩张及一个代数扩张的合成. 即若 E 是 F 的超越扩张，则存在超越基 S 使 $E \supseteq F(S) \supseteq F$，其中 E 是 $F(S)$ 的代数扩张，$F(S)$ 是 F 的纯超越扩张.

纯超越扩张，特别是有限生成的纯超越扩张是比较简单的超越扩张. 设 $\{\alpha_1, \cdots, \alpha_n\}$ 是 E/F 的超越基，这时 $E = F(\alpha_1, \cdots, \alpha_n) \cong F(x_1, \cdots, x_n)$，即为 n 个未定元的有理函数域. 但即使是这样的域研究它们仍很不容易，比如设 A_n 是 n 次交错群，$\sigma \in A_n$，令 $\sigma(x_i) = x_{\sigma(i)}$，则 σ 导出 E/F 的一个自同构. 记 $K = \mathrm{Inv}\, A_n$，K 是 E/F 的中间域，现在问 K 是否是 F 上的纯超越扩张？这个问题至今仍未解决. 但是对于 $n = 1$ 的情形，即对单超越扩张有下列著名的 Lüroth 定理.

定理 12-4(Lüroth 定理)   设 $E = F(\alpha)$，α 是 F 上超越元，则 E/F 的任一不等于 F 的中间域 K 仍是 F 上的单超越扩张，即存在 F 上超越元 β，使 $K = F(\beta)$.

为了证明 Lüroth 定理，我们需要做些准备工作.

设 $E = F(\alpha)$，α 是 F 上的超越元，β 是 E 中元但不属于 F，令 $\beta = f(\alpha)/g(\alpha)$，其中 f, g 是 F 上的互素多项式. 又设

$$f(\alpha) = a_0 + a_1\alpha + \cdots + a_n\alpha^n,$$

$$g(\alpha) = b_0 + b_1\alpha + \cdots + b_n\alpha^n,$$

这里 $a_n \neq 0$ 或 $b_n \neq 0$，即 $n = \max\{\deg f, \deg g\}$. 由 $\beta = f(\alpha)/g(\alpha)$ 得到 $f(\alpha) - \beta g(\alpha) = 0$，即

$$(a_n - \beta b_n)\alpha^n + (a_{n-1} - \beta b_{n-1})\alpha^{n-1} + \cdots + (a_0 - \beta b_0) = 0.$$

由于 β 不属于 F，而 a_n 和 b_n 属于 F 且两者不全为零，故 $a_n - \beta b_n$ 不等于零，α 适合一个 $F(\beta)$ 上的 n 次多项式：

$$(a_n - \beta b_n)x^n + (a_{n-1} - \beta b_{n-1})x^{n-1} + \cdots + (a_0 - \beta b_0) = 0.$$

现在先来证明下列引理.

引理 12-1 E, F, α, β, f, g 同上，$n = \max\{\deg f,\ \deg g\}$，则 α 是域 $F(\beta)$ 上的代数元且 $f(x) - \beta g(x)$ 是 $F(\beta)$ 上的不可约多项式，从而 $[E{:}F(\beta)] = n$.

证明 由上述说明知 α 是 $F(\beta)$ 上的代数元，现证明 $f(x) - \beta g(x)$ 不可约. 注意到 β 必是 F 上的超越元，因为否则 E 是 $F(\beta)$ 的代数扩张将导致 E 是 F 的代数扩张而与已知矛盾. 考虑环 $F[\beta, x] = F[\beta][x]$，由 §3.8 中的引理 8-4 知若一个 x 的多项式在 $F[\beta]$ 上不可约，则它必在 $F(\beta)$ 上不可约，因此我们只须证明 $f(x) - \beta g(x)$ 是 $F[\beta, x]$ 中的不可约多项式就可以了.

多项式 $f(x) - \beta g(x)$ 中 β 的次数为 1，如果它可约，其中必有一个因子不含 β，记之为 $d(x)$，于是

$$f(x) - \beta g(x) = d(x)[q(x) + \beta t(x)].$$

比较 β 的次数即知 $d(x)$ 是 $f(x)$ 和 $g(x)$ 的公因子，与假定矛盾，结论成立. 证毕.

现在可以来证明 Lüroth 定理了.

证明 设 K 是 $E = F(\alpha)$ 与 F 的中间域且 K 不等于 F，则 K 含有一个不属于 F 的元素 γ. 这时 E 是 $F(\gamma)$ 的代数扩张，从而 E 也是 K 的代数扩张. 记 α 在 K 上的极小多项式为 $f(x) = x^n + b_1 x^{n-1} + \cdots + b_n$，其中每一个 b_i 都属于 K，因此可以假定 $b_i = g_i(\alpha)/h_i(\alpha)$，$g_i$，$h_i$ 为 F 上的多项式. 用适当的关于 α 的多项式乘以 $f(x)$ 后便得到一个 $F[\alpha, x]$ 中的多项式：

$$f(\alpha,\ x) = c_0(\alpha)x^n + c_1(\alpha)x^{n-1} + \cdots + c_n(\alpha), \tag{2}$$

我们不妨假定 $f(\alpha, x)$ 是 $F[\alpha][x]$ 中的本原多项式，即 $c_i(\alpha)$ 的最大公因子为 1. 又 $b_i = c_i(\alpha)/c_0(\alpha)$ 是 K 中元素，但因为 α 是 F 上的超越元，它们不全在 F 中，设其中某个 b_i（记之为 β）不在 F 中且 $\beta = g(\alpha)/h(\alpha)$，$g$，$h$ 是 F 上的多项式且无非平凡的公因子，又设 $\max\{\deg h,\ \deg g\} = m$，由上述引理知道 $g(x) - \beta h(x)$ 是 $F(\beta)$ 上不可约多项式且 $[E{:}F(\beta)] = m$. 由于 K 包含 $F(\beta)$，$[E{:}K] = n$，故 $m \geqslant n$. 一旦能够证明 $m = n$，即可得到 $K = F(\beta)$.

由于 α 是 $g(x) - \beta h(x) = 0$ 的根且这个多项式的系数在 K 中，故在 K 上，$g(x) - \beta h(x) = f(x)q(x)$. 将 $\beta = g(\alpha)/h(\alpha)$ 代入后可得

$$g(x)h(\alpha) - g(\alpha)h(x) = f(x)q(x)h(\alpha).$$

注意到 f 与 q 的系数都在 K 上，它们都是 α 的有理函数，于是乘以一个适当的 α 的多项式以后，便可以得到 $F[\alpha, x]$ 中的等式：

$$k(\alpha)[g(x)h(\alpha) - g(\alpha)h(x)] = f(\alpha, x)q(\alpha, x), \tag{3}$$

其中 $f(\alpha, x)$ 如(2)式所示. 由于 $f(\alpha, x)$ 是 x 的本原多项式, 故 $k(\alpha)$ 可以整除 $q(\alpha, x)$. 消去 $k(\alpha)$ 后(3)式变为:

$$g(x)h(\alpha) - g(\alpha)h(x) = f(\alpha, x)p(\alpha, x). \qquad (4)$$

(4)式中右边关于 α 的次数至多为 m. 而 $\beta = g(\alpha)/h(\alpha)$, $g(\alpha)$ 与 $h(\alpha)$ 互素且 $\max\{\deg h, \deg g\} = m$, 因此 $f(\alpha, x)$ 中 α 的次数至少为 m. 这表明 $f(\alpha, x)$ 中 α 的次数恰好为 m, $p(\alpha, x)$ 中 α 的次数为零, 即 $p(\alpha, x) \in F[x]$, 于是在 $F[\alpha, x] = F[\alpha][x]$ 中, $g(x)h(\alpha) - g(\alpha)h(x) = f(\alpha, x)p(x)$, $p(x) \in F[x]$, 所以(4)式右边是一个 x 的本原多项式, 当然左边也是 x 的本原多项式. 另一方面, (4)式左边关于 x, α 对称(差一个负号), 因此它也是一个关于 α 的本原多项式, 这样, (4)式右边是 α 的本原多项式, 因此有 $p(\alpha, x) \in F$, 即 $p(\alpha, x)$ 是一个 F 上的常数多项式. 这说明 $f(\alpha, x)$ 中 α 的次数应该等于 x 的次数, 即 $m = n$. 证毕.

习　题

1. 设 E 是 F 的超越扩张, C 是 E 的有限子集, 若对 E 中任一元 y, $\{y\} \cup C$ 在 F 上代数相关, 求证: C 包含了 E/F 的一组超越基.

2. 设 E 是 F 的扩域, $\{\alpha_1, \alpha_2, \cdots, \alpha_n\}$ 是 E 中元素, 它们在 F 上代数无关, 证明: 若 $\beta \in F(\alpha_1, \alpha_2, \cdots, \alpha_n)$ 且 β 不是 F 中的元素, 则 β 是 F 上的超越元.

3. 设 $E = F(\alpha)$, α 是 F 上的超越元, σ 是 E/F 的自同构, 则必存在 F 中的元素 a, b, c, d, $ad \neq bc$, 使 $\sigma(\alpha) = (a\alpha + b)/(c\alpha + d)$. 反之, 对任意的 F 中元素 a, b, c, d, $ad \neq bc$, 都可由上式决定一个 E/F 的自同构.

4. 设 $E = F(\alpha)$, α 是 F 上的超越元, 试求 $\mathrm{Gal}\, E/F$.

附录 I

自　由　群

设 $X = \{x_i \mid i \in I\}$ 是一个集合(称为字母表). 另有一个和 X 一一对应的集合 $X^{-1} = \{x_i^{-1} \mid i \in I\}$. 定义集合 $X \cup X^{-1}$ 上的一个字为由该集合中元素的一个有限序列,例如 $x_{i_1}^{\varepsilon_1} x_{i_2}^{\varepsilon_2} \cdots x_{i_n}^{\varepsilon_n}$,其中 $\varepsilon_i = \pm 1$. 定义字长为元素的个数,定义空字为 e 或 1. 一个字称为是简化的若在这个字中任意两个相邻的元素都没有 $x_i^{\varepsilon} x_i^{-\varepsilon}$, $\varepsilon = \pm 1$ 的形状.

记 $X \cup X^{-1}$ 上全体字的集合为 W. 在 W 上定义一个等价关系:称字 u 和 v 等价(记为 $u \sim v$)若通过添加或去掉有限多个形如 $x_i^{\varepsilon} x_i^{-\varepsilon}$, $\varepsilon = \pm 1$ 的元素可由 u 得到 v. 不难验证这确实是一个等价关系. 字 u 的等价类记为 $[u]$. 定义 ρ 为 W 上的映射:ρ 将字 u 映为它的简化字. 这可以经过有限次从右到左消去相邻形如 $x_i^{\varepsilon} x_i^{-\varepsilon}$, $\varepsilon = \pm 1$ 的元素得到. 容易验证 ρ 有如下性质:

(1) $\rho(u) \sim u$;

(2) 若 u 是简化字,则 $\rho(u) = u$;

(3) $\rho(uv) = \rho(u\rho(v))$;

(4) $\rho(x_i^{\varepsilon} x_i^{-\varepsilon} u) = \rho(u)$;

(5) $\rho(u x_i^{\varepsilon} x_i^{-\varepsilon} v) = \rho(uv)$;

(6) $\rho(uv) = \rho(\rho(u)\rho(v))$.

假定 u, v 都是简化字且 $u \sim v$,则根据等价的定义,存在一个有限序列 $u = u_1, u_2, \cdots, u_m = v$,相邻的两个元素只相差一个形如 $x^{\varepsilon} x^{-\varepsilon}$ 的字. 因此 $\rho(u_i) = \rho(u_{i+1})$. 故 $\rho(u) = \rho(v)$,而 u, v 是简化字, $\rho(u) = u$, $\rho(v) = v$,故 $u = v$. 这表明每个字的等价类中,只有一个简化字.

定理 I -1　设 $F(X)$ 为集合 $X \cup X^{-1}$ 上字的等价类集,定义 $F(X)$ 上的乘法为

$$[u][v] = [uv],$$

则 $F(X)$ 在此乘法下成为一群,称为定义在集合 X 上的自由群.

证明　若 $u_1 \sim u$, $v_1 \sim v$,则

$$\rho(u_1 v_1) = \rho(\rho(u_1)\rho(v_1)) = \rho(\rho(u)\rho(v)) = \rho(uv).$$

所以 $[u_1][v_1] = [u][v]$,乘法的定义合理.假定 u, v, w 是 3 个字,因为

$$\rho(\rho(uv)\rho(w)) = \rho((uv)w) = \rho(uvw) = \rho(u(vw)) = \rho(\rho(u)\rho(vw)),$$

所以乘法满足结合律.显然 $[e]$ 是单位元.最后若 $u = x_1^{\epsilon_1} x_2^{\epsilon_2} \cdots x_n^{\epsilon_n}$,令 $v = x_n^{-\epsilon_n} x_{n-1}^{-\epsilon_{n-1}} \cdots x_1^{-\epsilon_1}$,则 $[v] = [u]^{-1}$.这就证明了 $F(X)$ 是一个群.证毕.

由一个元生成的自由群就是无限循环群,两个和两个以上元素生成的自由群都是非交换群.在自由群中,除了元素 $[e]$ 以外,所有的元素的周期都是无限的.事实上,若 $u = x_1^{\epsilon_1} x_2^{\epsilon_2} \cdots x_n^{\epsilon_n}$ 是一个简化字,假定 $[u]$ 的阶为 m,则 $[u]^m = [e]$.将 $[u]^m$ 写出来,将有 $x_n^{\epsilon_n} = x_1^{-\epsilon_1}$, $x_{n-1}^{\epsilon_{n-1}} = x_2^{-\epsilon_2}$, $\cdots$.由于 $[u] \neq [e]$,因此导致矛盾.

定理 I -2　设 $F(X)$ 是集合 X 上的自由群, G 是一个群,若 f 是集合 X 到群 G 的映射,则存在唯一的从群 $F(X)$ 到 G 的同态 φ,使图 1 可交换,其中 $j(x_i) = [x_i]$ 是 X 到 $F(X)$ 的嵌入映射.

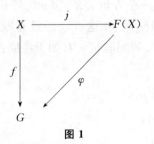

图 1

证明　设 $u = x_1^{\epsilon_1} x_2^{\epsilon_2} \cdots x_n^{\epsilon_n}$ 是简化字,定义

$$\varphi([u]) = f(x_1)^{\epsilon_1} f(x_2)^{\epsilon_2} \cdots f(x_n)^{\epsilon_n}.$$

若 $v = y_1^{\delta_1} y_2^{\delta_2} \cdots y_m^{\delta_m}$ $(\delta_i = \pm 1)$ 也是简化字,则 $\varphi([v]) = f(y_1)^{\delta_1} f(y_2)^{\delta_2} \cdots f(y_m)^{\delta_m}$.如果 $x_n^{\epsilon_n} \neq y_1^{-\delta_1}$,则

$$\varphi([u][v]) = \varphi([uv]) = \varphi([x_1^{\epsilon_1} x_2^{\epsilon_2} \cdots x_n^{\epsilon_n} y_1^{\delta_1} y_2^{\delta_2} \cdots y_m^{\delta_m}])$$

$$= f(x_1)^{\epsilon_1} f(x_2)^{\epsilon_2} \cdots f(x_n)^{\epsilon_n} f(y_1)^{\delta_1} f(y_2)^{\delta_2} \cdots f(y_m)^{\delta_m}$$

$$= \varphi([u])\varphi([v]).$$

如果 $x_n^{\epsilon_n} = y_1^{-\delta_1}$,则 $f(x_n)^{\epsilon_n} = f(y_1)^{-\delta_1}$,故 $f(x_n)^{\epsilon_n} f(y_1)^{\delta_1} = 1$.这时,若 $x_{n-1}^{\epsilon_{n-1}} \neq$

$y_2^{-\delta_2}$ ，则

$$\varphi([u][v]) = \varphi([uv]) = f(x_1)^{\epsilon_1} \cdots f(x_{n-1})^{\epsilon_{n-1}} f(y_2)^{\delta_2} \cdots f(y_m)^{\delta_m}$$

$$= f(x_1)^{\epsilon_1} \cdots f(x_{n-1})^{\epsilon_{n-1}} f(x_n)^{\epsilon_n} f(y_1)^{\delta_1} f(y_2)^{\delta_2} \cdots f(y_m)^{\delta_m}$$

$$= \varphi([u])\varphi([v]).$$

同理，当 $x_{n-i}^{\epsilon} = y_i^{-\delta_i} (i = 1, \cdots, k)$ ， $x_{n-i-1}^{\epsilon_{n-i-1}} \neq y_{i+1}^{-\delta_{i+1}}$ 时，仍有 $\varphi([u][v]) = \varphi([u])\varphi([v])$ ，即 φ 是群同态. 显然 $\varphi j(x) = \varphi([x]) = f(x)$ ，即图交换. 又因为 $[X]$ 生成 $F(X)$ ，故唯一性成立. 证毕.

推论 任意一群 G 都是某个自由群的同态像.

证明 设 $S = \{s_i \mid i \in I\}$ 是群 G 的生成元集合，令 $X = \{x_i \mid i \in I\}$ 是和 S 一一对应的集合. 作集合 X 上的自由群 $F(X)$. 令 $f(x_i) = s_i$ ，则存在定理中的群同态 φ . 因为 S 生成 G ，故 φ 是满同态. 证毕.

在上述推论中，令 $H = \mathrm{Ker}\varphi$ ，设 M 是 $F(X)$ 的子集且 M 生成的正规子群恰为 H . 显然 M 中元素在 φ 下都是 G 的恒等元. 假定简化字 $u = x_1^{\epsilon_1} x_2^{\epsilon_2} \cdots x_n^{\epsilon_n}$ ， $[u] \in M$. 等式 $x_1^{\epsilon_1} x_2^{\epsilon_2} \cdots x_n^{\epsilon_n} = 1$ 称为一个定义关系. 对集合 M 中的每个元素均可得到一个定义关系. 所有这些定义关系组成了群 G 的定义关系，显然群 G 被集合 X 以及上述定义关系唯一确定. 需要注意的是对一个群而言，生成集 X 以及定义关系一般并不唯一. 根据生成集和定义关系来判定两个群是否同构一般来说不是一件容易的事.

附录 II

代 数 闭 域

我们在这里先证明第四章的定理 2-6,这个证明方法属于 E. Artin.

定理 II-1 设 F 是域,则存在代数闭域 E 包含 F.

证明 我们首先要构造 F 的一个代数扩张 F_1,使 F 上的每个次数大于零的多项式在 F_1 中都至少有一个根. 对每个 F 上次数大于零的多项式 $f_a(x)$,令 x_a 是与之对应的未定元. 令所有这些未定元的集合为 X,又设 R 是 F 上变元取自 X 中的多项式环,即每个 R 中元素都是形如 $g(x_{i_1}, x_{i_2}, \cdots, x_{i_m})$ 的多项式 $(x_{i_j} \in X)$. 令 I 是 R 中所有形如 $f_a(x_a)$ 的多项式生成的理想,现要证明 $I \neq R$. 若否,则存在 $f_{a_i}(x_{a_i})(i = 1, 2, \cdots, m)$ 以及 $g_{a_i} \in R$,成立等式

$$f_{a_1}(x_{a_1})g_{a_1} + f_{a_2}(x_{a_2})g_{a_2} + \cdots + f_{a_k}(x_{a_k})g_{a_k} = 1.$$

由 Kronecker 定理知道,存在 F 的一个扩域 F',使每个 $f_{a_i}(x_{a_i})$ 在 F' 中有根 u_{a_i}. 令 $x_{a_i} = u_{a_i}$,代入上述方程的左边,我们将得到 $0 = 1$ 的矛盾. 这就证明了 I 是 R 的真理想,于是由 Zorn 引理知道,I 必包含在某个极大理想 J 之中. 作域 $F_1 = R/J$,则 F_1 是 F 的扩域且每个 F 上的多项式 $f_a(x)$ 在 F_1 中有根 $x_a + J$. 对 F_1 重复上述过程,可以得到扩域 F_2,使 F_1 上的每个非常数多项式在 F_2 中至少有一个根. 不断重复做下去,我们得到一个链:

$$F \subset F_1 \subset F_2 \subset \cdots.$$

令 $E = \bigcup F_i$,设 $h(x)$ 是 E 上任意一个多项式,$h(x) = c_0 + c_1 x + \cdots + c_n x^n$,$c_i \in E = \bigcup F_i$,则存在某个充分大的 j,使所有 $c_i \in F_j$. 于是 $h(x)$ 可以看成是 F_j 上的多项式,它在 F_{j+1} 中有根,当然也就是在 E 中有根. 这就证明了 E 是一个代数闭域. 证毕.

接下来我们证明代数闭包的唯一性.

定理 II-2 设 E_1, E_2 是域 F 的代数闭包,则存在从 E_1 到 E_2 的同构 φ,使 $\varphi(a) = a$ 对一切 $a \in F$ 成立.

证明 令 S 是域 F 上全体首一多项式组成的集合,则 E_1, E_2 都可以看成

是 F 关于 S 的分裂域, 即 S 中每个多项式在 $E_i (i = 1, 2)$ 上都分裂且 E_i 是包含这些多项式根的最小子域. 对每一个多项式 $f(x) \in F[x]$, 存在从 $f(x)$ 的分裂域 $F_1 \subset E_1$ 到 E_2 的单同态. 设 $\{F_a\}$ 为 E_1/F 的中间域集合且存在从 F_1 到 E_2 的单同态为 φ_a. 令 $\Sigma = \{(F_a, \varphi_a)\}$, 则 Σ 非空. 若 $F_a \subseteq F_\beta$ 且 φ_β 是 φ_a 的扩张, 则定义 $(F_a, \varphi_a) \leqslant (F_\beta, \varphi_\beta)$, 则 Σ 成为一个偏序集. 对 Σ 中任一链

$$(F_1, \varphi_1) \leqslant (F_2, \varphi_2) \leqslant \cdots,$$

令 $F' = \bigcup F_i$, φ' 为诸 φ_i 的扩张, 则 F' 是该链的上界. 于是由 Zorn 引理, Σ 有极大元 (E, φ), 现要证明 $E = E_1$. 若否, 则存在 E_1 上元素 u 不属于 E, 其极小多项式记为 $g(x)$. 作 $g(x)$ 在 E_1 中的分裂域 (因为 E_1 是代数闭域, 总可以做到) E_0, 则存在从 E_0 到 E_2 的扩张同态 φ_0, 于是和 (E, φ) 的极大性矛盾. 这就证明了 $E = E_1$. 最后证明 φ 是满同态, 因此是同构. 因为 E_1 是代数闭域, 而 E_1 和 $\varphi(E_1)$ 同构, 故 $\varphi(E_1)$ 也是包含 F 的代数闭域. 而 E_2 包含 $\varphi(E_1)$ 且是 F 的代数闭包, 所以只可能 $E_2 = \varphi(E_1)$. 证毕.

附录 Ⅲ

习 题 简 答

第 一 章

§1.6
1.—8. 略.

第 二 章

§2.1
1. (1) 不是;(2) 不是;(3) 是;(4) 是;(5) 不是;(6) 是. **2.** 用数学归纳法即可证明. **3.** 直接验证. **4.** 直接验证. **5.** 证明:$(ab)^{-1}=ab$,即 $b^{-1}a^{-1}=ab$,故 $ba=ab$. **6.** 证明:$(ab)^2=abab$,又 $(ab)^2=a^2b^2$,由此可得 $ba=ab$. **7.** 证明:由 $(ab)^n=a^nb^n$ 及 $(ab)^{n+1}=a^{n+1}b^{n+1}$ 得 $a^{n+1}b^{n+1}=(ab)^{n+1}=ab(ab)^n=aba^nb^n$,左消去 a 右消去 b^n,得 $a^nb=ba^n$. 同理由 $(ab)^{n+1}=a^{n+1}b^{n+1}$ 及 $(ab)^{n+2}=a^{n+2}b^{n+2}$ 得 $a^{n+1}b=ba^{n+1}$,于是 $ba^{n+1}=a(a^nb)=aba^n$,因此 $ab=ba$. **8.** 证明:将 G 中元配对 $\{a,a^{-1}\}$,因 G 为偶数阶,必有 $g=g^{-1}$. **9.** 证明:先证明 $a'a=e$. 对 a' 设有 a'' 使 $a'a''=e$,则 $a'a=a'ae=a'aa'a''=a'(aa')a''=a'ea''=a'a''=e$. 再证明 $ea=a$,$ea=(aa')a=a(a'a)=ae=a$. **10.** 证明:由上题,只须证明 a 有右逆元,即存在 a' 使 $aa'=e$. 作 $a,a^2,a^3,\cdots$,由于 G 是有限群,总存在 $r>s$ 使 $a^r=a^s$,于是 $aa^{r-s-1}=e$.

§2.2
1. 证明:第一个结论可直接验证. 对第二个结论,令 x 属于 H 但不属于 K,y 属于 K 但不属于 H,则 xy 不属于 $H\cup K$. **2.** $H=He=\{a^2,a^4,a^6,a^8,e\}$,$Ha=\{a,a^3,a^5,a^7,a^9\}$. **3.** 设 $H=\bigcup Kb_i$ 是 H 关于 K 的右伴集分解,$G=\bigcup Ha_j$ 是 G 关于 H 的右伴集分解,则 $G=\bigcup Kb_ia_j$ 是 G 关于 K 的右伴集分解. **4.** 证明:若 $HK=KH$,则 $(h_1k_1)(h_2k_2)^{-1}=h_1k_1k_2^{-1}h_2^{-1}$,$k_1k_2^{-1}h_2^{-1}\in KH=HK$,故 $h_1k_1k_2^{-1}h_2^{-1}\in HK$,$HK$ 是子群. 若 HK 是子群,设 $kh\in KH$,则 $(kh)^{-1}=h^{-1}k^{-1}\in HK$,$kh$ 属子群 HK. 另一方面,若 $b\in HK$,则 $b^{-1}\in HK$,设 $b^{-1}=hk$,则 $b=k^{-1}h^{-1}\in KH$,由此即知 $HK=KH$. **5.** 证明:在积集合 $H\times K$ 上定

义等价关系:$(u, v) \sim (x, y)$当且仅当存在$a \in H \cap K$使$x = ua$，$y = a^{-1}v$．商集$H \times K / \sim$
到HK上的映射$[(u, v)] \to uv$是一个双射． **6.** $(H \cap K)a = Ha \cap Ka$，G关于H的伴集
和关于K的伴集都只有有限个，故关于$H \cap K$的伴集也只有有限个． **7.** 由Lagrange定理
即得． **8.** 证明：(1) 易证．(2) 用$(b^{-1}ab)^k = b^{-1}a^kb$可证．(3) 若$ab$的周期为$n$，则$(ba)^n =$
$a^{-1}a(ba)^n = a^{-1}(ab)^na = e$，故$ba$的周期是$ab$周期的因子．同理$ab$的周期是$ba$周期的因
子． **9.** 证明：设$G = \langle a \rangle$，现证明a^k是G生成元的充要条件是$(k, n) = 1$．若$(k, n) = 1$，
则有s，t使$ks + nt = 1$，$a = a^{ks+nt} = (a^k)^s$，故$G = \langle a^k \rangle$．反之若$(k, n) = m \neq 1$，则
$\langle a^k \rangle = \langle a^m \rangle$是$G$的真子群． **10.** 证明：先证明若$(m, n) = 1$，则$ab$的周期等于$mn$．事实
上，$(ab)^{mn} = e$，ab周期可整除mn，记为k．又$a^{mk} = (ab)^{mk} = e$，故m是nk的因子．同理n
是mk的因子，但$(m, n) = 1$，于是$k = mn$．考虑一般情形，将n，m作素因子分解：$m =$
$p_1^{e_1} p_2^{e_2} \cdots p_t^{e_t}$，$n = p_1^{f_1} p_2^{f_2} \cdots p_t^{f_t}$，其中$e_i \geqslant 0$，$f_i \geqslant 0$．$m$，$n$的最小公倍数$[m, n] =$
$p_1^{u_1} p_2^{u_2} \cdots p_t^{u_t}$，其中$u_i = \max\{e_i, f_i\}$．经过素因子次序的适当调换可设$e_i \geqslant f_i (i = 1, \cdots, l)$，
$e_i < f_i (i = l+1, \cdots, t)$．令$c = a^v$，$d = b^w$，其中$v = p_{l+1}^{e_{l+1}} \cdots p_t^{e_t}$，$w = p_1^{f_1} \cdots p_l^{f_l}$，则$c$的周
期为$p_1^{e_1} \cdots p_l^{e_l}$，$d$的周期为$p_{l+1}^{f_{l+1}} \cdots p_t^{f_t}$．显然它们互素且其积等于$[m, n]$．又$cd = dc$，因此$cd$
的周期等于$[m, n]$． **11.** 证明：用反证法．若$|S| + |T| > |G|$，则对任意的$g \in G$，$|S^{-1}g|$
$= |S|$，故$S^{-1}g \cap T$非空，存在$s^{-1} \in S^{-1}$，$t \in T$使$s^{-1}g = t$，$g = st$，于是$G = ST$．
12. 直接验证$C(S)$是子群，$C(G)$是G的中心． **13.** 证明：设a不是H中元素，作G关于H
的$n+1$个陪集：H，Ha，Ha^2，$\cdots$，Ha^n．因为$[G:H] = n$，必有重复者，不妨设为$Ha^i =$
Ha^j．则显然有$a^{j-i} \in H$． **14.** 证明：设G的陪集分解为$G = Hg_1 \cup Hg_2 \cup \cdots \cup Hg_n$．于
是$K = K \cap G = (K \cap Hg_1) \cup (K \cap Hg_2) \cup \cdots \cup (K \cap Hg_n)$，显然各个$K \cap Hg_i$互不
相交且$K \cap Hg_i = (K \cap H)g_i$，因此若去掉可能出现的若干空集后，上式就是$K$关于
$K \cap H$的一个陪集分解．结论自然成立．

§2.3

1. 由上节题4得证． **2.** 逆命题不一定成立．如Hamilton四元数群，它的子群都是正规
子群，但这是一个非交换群． **3.** 证明：对G中任一元g，gHg^{-1}仍是G中阶为m的子群，由
假定$gHg^{-1} = H$，即$gH = Hg$． **4.** 证明：因为N正规，故$xyx^{-1}y^{-1} = x(yx^{-1}y^{-1}) \in N$．
同理$xyx^{-1}y^{-1} = (xyx^{-1})y^{-1} \in H$，于是$xyx^{-1}y^{-1} \in H \cap N = \{e\}$，即$xyx^{-1}y^{-1} = e$．
5. 证明：设$N = \langle a \rangle$，对任意的$g \in G$，$gag^{-1} \in N$，不妨设$gag^{-1} = a^r$．对H中任一元a^k，
$ga^kg^{-1} = (gag^{-1})^k = a^{rk} = (a^k)^r \in H$，故$H$是$G$的正规子群． **6.** 证明：设$G/C = \langle \bar{a} \rangle$，对
任意的b，$c \in G$，设$\bar{b} = \bar{a}^m$，$\bar{c} = \bar{a}^n$，则$b = a^mx$，$c = a^ny$，x，$y \in C$．于是$bc = a^mxa^ny =$
$a^{m+n}xy$，$cb = a^nya^mx = a^{m+n}xy$． **7.** 证明：$o(\bar{x})$既能整除$[G:N]$又能整除$N$的阶，故等
于1，即$x \in N$． **8.** 证明：设$x \in N$，$a \in G$，则$axa^{-1}x^{-1} \in [G, G]$．又因为$N$是$G$的正规子
群，$axa^{-1} \in N$，$axa^{-1}x^{-1} \in N$，即$axa^{-1}x^{-1} = e$． **9.** 证明：显然G是$2n$阶非交换群，现
求其中心．设$c \in C$，则$cx = xc$，$cy = yc$．反之若c适合$cx = xc$，$cy = yc$，则$c \in C$．不妨
令$c = x^iy^j$，则$x^iy^jx = x^{i+1}y^j$．利用$xy = y^{-1}x$得$x^{i+1}y^{-j} = x^{i+1}y^j$，即$y^{2j} = e$．从$cy = yc$
得$x^iy^{j+1} = yx^iy^j$，从而$yx^i = x^iy$．若$i = 0$，则$yx^i = x^iy$，显然，当$i = 1$时$xy = yx$和假

设不符,因此 n 为奇数时不存在 y^j 使 $y^{2j}=e$,于是 $C=\{e\}$. 若 n 为偶数,则 $j=n/2$,C 包含不止一个元素. **10.** 证明:(1) 对 a,$b\in S$,有 $a^p=e$,$b^p=e$,故 $(ab^{-1})^p=e$,即 $ab^{-1}\in S$. 又若 g 是 G 中任一元,则 $(gag^{-1})^p=ga^pg^{-1}=e$. (2) 若 $(\bar{x})^p=\bar{e}$,则 $(x^p)^{p^m}=e$,即 $x^{p^{m+1}}=e$,故 $x\in S$. **11.** 证明:考虑 H 在 G 中的正规化子 $N(H)$,显然 $N(H)$ 真包含 H,因此其阶大于 24. 而 $120=5\times24$,只可能 $G=N(H)$,即 H 是正规子群. **12.** 证明:假定 K 是 G 的指数有限的子群,设 $|G/K|=n$. 则 G 中任一元素 c 适合 $c^n\in K$. 而任一复数 $c=(c^{\frac{1}{n}})^n$,因此 $c\in K$,即 $G=K$.

§2.4

1. (1) 是,$\operatorname{Ker} f=\{-1,1\}$. (2) 不是. (3) 是,$\operatorname{Ker}\varphi=0$. **2.** 直接验证,$\operatorname{Ker}\varphi$ 为旋转阵全体. **3.** 作 G 到正实数乘法群的映射 $f:f(z)=|z|$,再应用同态基本定理. **4.** 作 G 到绝对值等于 1 的复数乘法群的映射: $b\to e^{2b\pi i}$. **5.** 作 G' 到 G 的映射: $\begin{bmatrix} a & b \\ b & a \end{bmatrix}\longrightarrow a+$

bi. **6.** 证明:(1) $[G:N]=2$,故 N 是 G 的正规子群. (2) 作 G 到 Z_2 的映射 $f:x^iy^j\to i$,则 f 是映上的且 $\operatorname{Ker} f=N$. **7.** 证明:$ab\to(ab)^{-1}=b^{-1}a^{-1}$,又 $ab\to a^{-1}b^{-1}$,即可得 $ab=ba$. **8.** 利用对应定理即得. **9.** 证明:$H/H\cap N=HN/N$,N 含于 H 之中,NH 是 G 的正规子群且 $NH\neq N$(否则 $H=N$),故 $NH=G$. 而 G/N 为单群(上题),因此 $H\cap N$ 是 H 的极大正规子群. **10.** 证明:若 $\varphi(a)a^{-1}=\varphi(b)b^{-1}$,则 $\varphi(b)^{-1}\varphi(a)=b^{-1}a$,或 $\varphi(b^{-1}a)=b^{-1}a$,故 $b^{-1}a=e$,$b=a$,因此 $a\to\varphi(a)a^{-1}$ 是单映射. 当 G 是有限群时也是一个满映射. **11.** 证明:利用上题结论,G 中任一元 $g=\varphi(a)a^{-1}$,于是 $\varphi(g)=a\varphi(a)^{-1}=(\varphi(a)a^{-1})^{-1}=g^{-1}$,于是 G 是 Abel 群,又由 $\varphi(g)=g^{-1}$,$\varphi(e)=e$ 可知 G 为奇数阶群. **12.** 证明:$\varphi(xy)=(xy)^m=x^my^m$,故 φ 是 G 的自同态. 又 $(m,n)=1$,故存在 u,v 使 $mu+nv=1$,G 中任一元 $a=a^{mu+nv}=a^{mu}=(a^u)^m=\varphi(a^u)$,因此 φ 是映上的. 但 G 是有限群,所以 φ 为单映射.

13. 证明:若 G 是 Abel 群,则 $x\to x^{-1}$ 是 G 的自同构且由于存在 $a^2\neq e$,这个自同构不同于恒等映射,故 $\operatorname{Aut}(G)$ 的阶大于 1. 如 G 不是交换群,令 b 不是 G 中心元,则 $x\to bxb^{-1}$ 是 G 的自同构,也有 $\operatorname{Aut}(G)$ 的阶大于 1 的结论. **14.** 证明:若 G 是非交换群,由上题知 $\operatorname{Aut}(G)$ 的阶大于 1,因此 G 是 Abel 群且由上题知 G 中每个元 x 都有 $x^2=e$,于是若 G 的阶大于 2,G 必不是循环群. 设 a_1,a_2,$\cdots$,a_n 是 G 的极小生成元组,则 G 中任一元可唯一地写为 $a_1^{\varepsilon_1}a_2^{\varepsilon_2}\cdots a_n^{\varepsilon_n}$ 的形状($\varepsilon_i=0,1$),作 G 到 G 的映射:$a_1^{\varepsilon_1}a_2^{\varepsilon_2}\cdots a_n^{\varepsilon_n}\to a_2^{\varepsilon_1}a_1^{\varepsilon_2}\cdots a_n^{\varepsilon_n}$,不难验证这是一个自同构,故 G 的自同构群的阶大于 1. **15.** 证明:类似上题,设 a_1,a_2,$\cdots$,a_t 是 G 的极小生成元组,因 G 不是循环群,$t\geq2$,设 a_1 的周期为 m,a_2 的周期为 n,$(m,n)=l$,若 $(m,n)=1$,则 a_1a_2 的周期等于 mn,$a_1\in\langle a_1a_2\rangle$,$a_2\in\langle a_1a_2\rangle$,与 t 极小矛盾,故 $l\neq1$. 作 $\varphi_1:a_1\to a_1a_2^k$,$a_i\to a_i(i\geq2)$,其中 $k=n/l$,则 φ_1 是自同构(逆为 $a_1\to a_1a_2^{-k}$,$a_i\to a_i$). 又令 $s=m/l$,作 $\varphi_2:a_2\to a_1^sa_2$,$a_i\to a_i(i\neq2)$,$\varphi_2$ 也是自同构,而 $\varphi_1\varphi_2\neq\varphi_2\varphi_1$. **16.** 证明:(1) 若 x,$y\in I$,则 $xy\in I$ 的充要条件是 $xy=yx$. 若 I 中的元素都互相可交换,则 I 是子群,但 I 中元素的个数超过 $\frac{3}{4}$,故 $I=G$,G 是 Abel 群. 若否,则存在 x,$y\in I$,$xy\neq yx$,x

的中心化子 $C(x)$ 的元素个数不超过 G 的一半,因此 I 中与 x 不可交换的元素个数大于 $|G|$ 的 1/4,即有 I 中元素 a_1, a_2, $\cdots$, $a_t(t$ 大于 $|G|$ 的 1/4),使 xa_1, xa_2, $\cdots$, xa_t 都不属于 I,从而引出矛盾. (2) 这时 G 不是交换群,I 中存在元素 x, y, $xy \neq yx$, 故 x 的中心化子 $C(x)$ 元素个数不超过 G 的一半.若 $C(x) \cap I$ 中元素的个数严格少于 G 中元素的一半,则 I 中与 x 不可交换的元素将超过 G 的 1/4,与(1)一样引出矛盾,故 $C(x) \cap I$ 的元素个数恰和 G 中元数的一半相等.但 $C(x)$ 中元数不超过 G 的一半,故只能等于 G 的一半,即 $[G:C(x)] = 2$. 又有 $C(x)$ 属于 I,于是若 y, $z \in I$,则由于 $yz \in C(x)$, $yz \in I$, 故 $yz = zy$, 即 $C(x)$ 是 G 的 Abel 子群.

§ 2.5

1. 证明:若 $e \neq a \in G$,则 $G = \langle a \rangle$. 因为无限循环群有非平凡子群,G 不可能是无限群,由定理 5-2 可知 G 为素数阶群. **2.** 证明:设 G 可由有理数 q_1/p, $\cdots$, q_n/p 生成(经通分后不妨设这些有理数的分母都相同),令 d 是诸分子的最大公约数,则 d/p 是 G 的生成元. **3.** 证明:若 G 是 p^n 阶循环群,则同阶的子群必相等,故可设 H, K 是 p^h, p^k 阶子群且 $h < k$,于是 K 有一个 p^h 阶子群它必定为 H, 故 H 属于 K.反之,G 的所有子群排成链:$0 \leqslant H_1 \leqslant H_2 \leqslant \cdots \leqslant H_m \leqslant G$, 设 H_m 为 p^k 阶群,若 g 不属于 H_m,作 g 生成的子群 $\langle g \rangle$,则 $\langle g \rangle$ 属于 H_m 或 $\langle g \rangle = G$. 但前者因 g 不属于 H_m, 故不可能. **4.** 类似引理 5-1. **5.** 证明:必要性显然. 设 $G = Z_m$, $H = Z_n$, 且 $m = nr$, 作 $Z \to Z$ 的恒等映射将 mZ 映入 nZ, 从而导出 G 到 H 的映上同态. **6.** 只须证明核为零. **7.** 直接验证. **8.** 证明:循环群的自同构完全由它在生成元上的作用决定,作 $\sigma \to \sigma(1)$ 即可得到所求结论. **9.** 证明:设 σ 是群同态:$Z_n \to Z$ 且 $\sigma(1) = m$, 则 $\sigma(0) = \sigma(\bar{n}) = nm$, 于是 $nm = 0$, $m = 0$, 即 $\sigma = 0$. **10.** 证明:存在性显然:$H = \langle \frac{1}{n} \rangle$. 现假定 $H = \langle \frac{q}{p} \rangle$ 是阶为 n 的循环群,其中 p, q 为互素的自然数且 $q < p$. 于是 p 整除 nq. 因为 q, p 互素,故 p 整除 n.若 $p < n$, 则 $\langle \frac{q}{p} \rangle$ 最多只有 p 个元素,和 H 的阶为 n 矛盾,因此 $p = n$. 而这时只能 $H = \langle \frac{1}{n} \rangle$.

§ 2.6

1. (1) $(1, 2, 3, 4, 5)(8, 9)$; (2) $(1, 6, 2, 5)(3, 4)$ **2.** (1) $(1, 2, 3, 6, 7, 8, 9, 5, 4)$; (2) $(2, 1, 3)$. **3.** $\alpha^2 = (1, 3, 5, 2, 4)$, $\alpha^3 = (1, 4, 2, 5, 3)$, $\alpha^4 = (1, 5, 4, 3, 2)$. **4.** $\alpha = (2, 3, 5)(4, 6)$(答案不唯一). **5.** $\alpha:i_m \to j_m(m = 1, \cdots, k)$. **6.** 周期为 r_i 的最小公倍数. **7.** (1) 奇; (2) 奇; (3) 偶. **8.** 证明:S_p 中任一 p 阶元都有 $(i_1, i_2, \cdots, i_p)$ 的形状. **9.** 设 α 属于 S_n 的中心,若 $\alpha \neq (1)$, 则存在两个不同的元 i, j 使 $i\alpha = j$, 因为 $n \geqslant 3$, 令 $k \neq i$, j 且 $\beta = (j, k)$, 则 $\alpha\beta \neq \beta\alpha$, 与 α 是中心元矛盾. **10.** 证明:当 $n > 2$ 时,令 $\alpha = (1, 2)$, $\beta = (1, 2, 3)$, 则 $\alpha\beta\alpha^{-1}\beta^{-1} = (1, 2, 3)$, 故 $(1, 2, 3) \in [S_n, S_n]$. 但任一 3 循环均可表示为 $\sigma^{-1}(1, 2, 3)\sigma$ 的形式.又 $[S_n, S_n]$ 正规,故 A_n 属于 $[S_n, S_n]$.另一方面,显然任一换位子都是偶置换. **11.** 证明:设 H 是 A_4 的正规子群,若 $\alpha \in H$, 则 $\alpha^2 \in H$ 且形如 $\sigma^{-1}\alpha\sigma$,

$\sigma^{-1}\alpha^2\sigma$ 的元都属于 H. 若 $|H|=6$, 则 H 至少含一个 3 循环, 不妨设为 $(1,2,3)$, 则 H 含 $(1,3,2)$, 进一步计算表明 H 含所有的 3 循环, 故 $H=A_n$.　**12.** 证明: H 至少含一个奇置换, 奇置换和偶置换的积为奇置换, 奇奇之积为偶, 由此即知奇偶相等.　**13.** 证明: 若 H 是 S_n 的正规子群, 则 $H\cap A_n$ 是 A_n 的正规子群, 故 $H\cap A_n=\{e\}$ 或 $H\cap A_n=A_n$. 若 $H\neq S_n$, 由 $H\cap A_n=A_n$ 知 $H=A_n$. 又从 $H\cap A_n=\{e\}$ 得 $H=\{e\}$.　**14.** 直接验证.　**15.** 证明: 由 Cayley 定理, G 同构于 S_{2k} 的一个子群 H, 且 H 可看成为 G 上的右乘变换全体. 由 §2.1 中的习题 8 可知 H 中必有 2 阶元 α, α 可写成为若干个不相交的对换之积. 又因为右乘变换无不动点, 故 α 可写成 k 个对换之积, 即 α 是奇置换. H 中偶置换全体正好构成 H 的一个 k 阶正规子群.

§2.7

1. 证明: γ 的共轭元形如 $(i_1,i_2,\cdots,i_n)$, 共有 $(n-1)!$ 个, 它的共轭类应有 $[S_n:C(\gamma)]$ 个, 由此可得 $C(\gamma)$ 中有 n 个元素, 即 $C(\gamma)=\langle\gamma\rangle$.　**2.** 证明: 作群的左伴集集 G/H, $|G/H|=n$, G/H 上的置换全体就是对称群 S_n. 作 $G\to S_n$ 的映射 $\varphi:\varphi(g)$ 将 xH 映为 gxH, 则 φ 是群同态. 令 K 是 φ 的核, 则 K 是 G 的正规子群且 G/K 同构于 $\operatorname{Im}\varphi\leqslant S_n$, 因此 $[G:K]$ 是 $n!$ 的因子.　**3.** 参见例 8 中 (6) 式的证明.　**4.** 证明: (1) $G=C\cup(\bigcup C_y)$ ($y\in G$, 并为无交并), C_y 是 y 所在的共轭类, 则 $N=N\cap G=(C\cap N)\cup(\bigcup C_y\cap N)$, 故 $|N|=|C\cap N|+\sum|C_y\cap N|$. 若 $y\in N$, 则 C_y 属于 N, 否则 $C_y\cap N$ 为空集. 但 $|C_y|=[G:C(y)]$, 因此 $|C_y|$ 是 p 的幂且不等于 1, 于是在等式 $|N|=|C\cap N|+\sum|C_y\cap N|$ 中左边是 p 的幂, $|C_y\cap N|$ 或为零或为 p 的非零幂, 故 $|C\cap N|\neq 1$.　(2) 对 n 用归纳法. 设 H 包含 C, 作 G/C, 则存在不在 $\overline{H}$ 中的元 $\overline{x}$, 使 $\overline{xHx^{-1}}=\overline{H}$. 显然 x 不属于 H. 这时 C 属于 xHx^{-1}, 由对应定理有 $xHx^{-1}=H$. 若 H 不包含 C, 则结论显然.　(3) 由 (2), p^{n-1} 阶群 H 的正规化子 $N(H)$ 包含 H 但不等于 H, 故 $N(H)$ 等于 G.　**5.** 证明: 显然 $|G|$ 不能整除 $p!$, 由第 2 题可知 H 含 G 的一个正规子群 $K\neq\{e\}$. 由 $[G:K]$ 整除 $p!$ 但 p 是 $|G|$ 的最小素因子得 $H=K$.　**6.** 证明: 由例 6 可以知道 H 的共轭子群有 $[G:N(H)]$ 个, H 属于 $N(H)$, 因此若任两个共轭子群不相交, 共有元不超过 $[G:N(H)]\,|H|\leqslant|G|$ 个. 但事实上 e 属于每个共轭子群, 因此 G 中必有元不属于每个共轭子群.　**7.** 由习题 2 即得.　**8.** 证明: 若 a,b 只有有限个共轭元, 则 $gabg^{-1}=gag^{-1}gbg^{-1}$ 也只有有限多个, $ga^{-1}g^{-1}$ 也只有有限个.　**9.** 证明: 若 b 与 a 共轭, 则 $b=gag^{-1}=(gag^{-1}a^{-1})a\in[G,G]a$.　**10.** 证明: 对 n 个元素中任两个 i,j, $(1,i,j)$ 将 $i\to j$.　**11.** 证明: 假定 G 可迁, $\operatorname{Stab}1=G_1$, 若记 S 为 n 个文字集, 则 $|S|=[G:G_1]$ (这时只有一个轨道), 即 $n=[G:G_1]$. 反之从 $n=[G:G_1]$ 知 $S=G\cdot 1$, 即只有一个轨道.　**12.** 由题 11 即得.　**13.** 证明: 考虑 G 对其子群集合的共轭作用, H 所在的轨道即为 H 的所有共轭子群. 这个轨道共有 $[G:N(H)]$ 个元素, 即 H 的共轭子群有 $[G:N(H)]$ 个, 其中 $N(H)$ 是 H 在 G 中的正规化子. 注意每个 H 的共轭子群和 H 含有相同个数的元素, 因此若 $G=\bigcup gHg^{-1}$, 则 $|G|\leqslant[G:N(H)](|H|-1)+1=[G:N(H)]\,|H|-[G:N(H)]+1$. 若 H 是 G 的正规子群, 结论已成立, 若 H 不是正规子群, 则 $[G:N(H)]>1$, 因此 $[G:$

$N(H)]\mid H\mid-[G:N(H)]+1<[G:N(H)]\mid H\mid\leqslant[G:H]\mid H\mid=\mid G\mid$. 这将导致 $\mid G\mid<$ $\mid G\mid$, 矛盾. **14.** 证明:若 G 的阶为 n, 则 G 的恒等元 e 组成一个共轭类, 因此另外 $n-1$ 个元素组成另一个共轭类. 这个共轭类含有 $[G:C(y)]$ 个元素, 而 $[G:C(y)]\mid\mid G\mid$. 这将导致 $[G:C(y)]\mid\mid G\mid-1$, 只可能 $\mid G\mid=2$, $[G:C(y)]=1$. **15.** 证明:设 H 是 G 的指数为 3 的子群, 由习题 2, 存在 G 的含于 H 中的正规子群 K, 使 G/K 同构于 S_3 的子群. 若 $G/K\cong S_3$, 因为 S_3 有一个指数为 2 的子群, 由对应定理, G 也应该有一个指数为 2 的子群, 与已知矛盾. 又若 G/K 同构于 S_2 的 2 阶子群, 则 $[G:K]=2$, 又将出现矛盾. 故 G/K 只可能同构于 S_3 的一个 3 阶子群, 于是 K 在 G 中指数等于 3, $K=H$, 所以 H 是 G 的正规子群.

§2.8

1. S_4 有 3 个 8 阶子群, 4 个 3 阶子群. **2.** 可证明 7-Sylow 子群只有一个, 故必正规. **3.** 可证明 37-Sylow 子群只有一个, 故必正规. **4.** 由例 4 或直接验证. **5.** 利用 §2.2 中的习题 10. **6.** 证明:若 $p>q$, 则 p-Sylow 子群有 $1+kp$ 个且 $1+kp\mid q$, 只可能 $k=0$, 故 p-Sylow 子群正规. 若 $p<q$, q-Sylow 子群有 $1+kq$ 个且 $1+kq\mid p^2$. 但 $p<q$, 故 $1+kq\neq p$, 因此只可能 1 个或 p^2 个. 若有 p^2 个, 则 $q\mid p^2-1$, 即 $q\mid(p+1)(p-1)$. 由于 q 不能整除 $p-1$, 故 $q\mid p+1$. 但 p, q 是奇素数, 不可能, 于是 q-Sylow 子群也只有一个(注:奇素数的条件可改为素数, 只须再讨论一下 $p=2$, $q=3$ 的情形). **7.** 可证明 5-Sylow 子群只有一个. **8.** 证明:$231=11\times3\times7$, 可证明 11-Sylow 子群只有一个, 设为 A, 7-Sylow 子群也只有一个, 设为 B. A, B 均为正规子群且自身为 Abel 群, 故 AB 是 G 的交换子群. 设 C 是 G 的 3-Sylow 子群, 则 $\mid AC\mid=33$. 而 AC 是 G 的子群, 再用 Sylow 定理于 AC 可知 C 是 AC 的正规子群, 故 AC 也是交换群. 这样 A 中元和 B 中元、C 中元都可交换, A 必属于 G 的中心. **9.** 证明:设 G 的 3-Sylow 子群为 H, 则 $[G:H]=4$. 由 §2.7 中的习题 2 可知 G 有一个正规子群 K 且 $[G:K]\mid4!$, 故 $K\neq\{e\}$. **10.** 证明:先证明 15 阶群是循环群. 事实上 15 阶群只有一个 5 阶子群和一个 3 阶子群, 因此这两个群都是正规子群且交为 $\{e\}$, 由此即可证明 15 阶群为交换群从而必是循环群. 设 G 是 30 阶群, 若 G 有 10 个 3-Sylow 子群, 则只能有一个 5-Sylow 子群, 记为 B, 则 B 是 G 的正规子群. 设 A 是 G 的某个 3-Sylow 子群, 则 AB 是 G 的 15 阶子群, 故为循环群. AB 中只有一个 3-Sylow 子群, 故还有 9 个在 AB 外, 这是不可能的. 另外, G 有 6 个 5-Sylow 子群的情况也可类似排除. **11.** 证明:G 的阶为 $2^3\cdot3^2$, G 有 $1+3k$ 个 3-Sylow 子群, 又 $1+3k\mid8$, $k=0$ 或 $k=1$. 若 G 有一个 3-Sylow 子群, 则必正规. 若 G 有 4 个 3-Sylow子群, 记 N 是某个 3-Sylow 子群的正规化子, 则 $[G:N]=4$. 由 §2.7 中的习题 2 可知 G 必有一个正规子群. **12.** 证明:易证 77 阶群是交换群从而是循环群, 必有一个元的周期为 77. 若 G 是非交换群且 G/C 为 77 阶群, 则由 §2.3 中的习题 6 知道这是不可能的. **13.** 证明:若 H 包含 N, H 是 G 的子群, 令 $x\in N(H)$, 则 P 及 $x^{-1}Px$ 都是 G 的 p-Sylow 子群且属于 H, 于是存在 $y\in H$ 使 $P=y^{-1}x^{-1}Pxy$, 这表明 $xy\in N$, 故 $x\in H$. **14.** 证明:$H\bigcap P$ 显然含于 $H\bigcap N(P)$ 内. 又 $(H\bigcap N(P))P$ 是 G 的子群, 但 P 是 G 的 p-Sylow 子群, 故 $(H\bigcap N(P))P=P$, 于是 $\{e\}=(H\bigcap N(P))P/P\cong H\bigcap N(P)/H\bigcap P$, 即 $H\bigcap N(P)=H\bigcap P$.

§2.9

1. 只需证明映射 $(a, b) \to (b, a)$ 是同构即可.　**2.** 只需证明映射 $((g_1, g_2), g_3) \to (g_1, g_2, g_3)$ 是同构即可.　**3.** 用§2.4 第二同构定理.　**4.** 例如: $G = Z_2 \oplus Z_2$, $G_1 = \langle (1, 0) \rangle$, $G_2 = \langle (0, 1) \rangle$, $G_3 = \langle (1, 1) \rangle$.　**5.** 证明: $G \to H_1 \times H_2 \times \cdots \times H_n$ 的映射: $g \to (gN_1, gN_2, \cdots, gN_n)$, 容易证明它是单同态.　**6.** 类似例 3 并注意到 p^2 阶群是 Abel 群. **7.** $\mathrm{Aut}(G)$ 的阶为 $(p^2 - 1)(p^2 - p)$.　**8.** 只需证明 $N_i \bigcap N_1 \cdots N_{i-1} N_{i+1} \cdots N_n = \{e\}$, 由 §2.2 中的习题 5 即得.　**9.** 证明: 只需证明表示唯一. 设 $g = g_1 g_2 \cdots g_n = h_1 h_2 \cdots h_n$, g_i, $h_i \in N_i$, 则 $g_n h_{n-1} = g_{n-1}^{-1} \cdots g_2^{-1} g_1^{-1} h_1 h_2 \cdots h_{n-1} = g_1^{-1} h_1 g_2^{-1} h_2 \cdots g_{n-1}^{-1} h_{n-1} \in N_n \bigcap N_1 N_2 \cdots N_{n-1} = \{e\}$, 从而 $g_n = h_n$. 消去 g_n, h_n 再用同样方法即得.　**10.** 类似例 3 并用习题 9.　**11.** 易证.　**12.** 例如: S_3 有一个 3 阶正规子群, 一个 2 阶子群且两者之交为 $\{e\}$, 但 S_3 不是它们的直积.　**13.** 证明: 若 Z_8 表示为 H 与 K 的直积, 则其中一个子群为 2 阶, 另一个为 4 阶. 4 阶群或为 Z_4 或为 $Z_2 \oplus Z_2$. 若为前者, 则 Z_8 可分解为 3 个 Z_2 的直和, 每个元的周期不超过 2, 此与 Z_8 有 8 阶元矛盾. 如为后者, Z_8 元的周期最多为 4, 也引出矛盾.　**14.** 类似有限个群直积的证明.

§2.10

1. 有 2 个: $Z_2 \oplus Z_2 \oplus Z_3 \cong Z_2 \oplus Z_6$; $Z_4 \oplus Z_3 \cong Z_{12}$.　**2.** 有 6 个: $Z_2 \oplus Z_2 \oplus Z_2 \oplus Z_3 \oplus Z_3 \cong Z_2 \oplus Z_6 \oplus Z_6$; $Z_2 \oplus Z_2 \oplus Z_2 \oplus Z_9 \cong Z_2 \oplus Z_2 \oplus Z_{18}$; $Z_2 \oplus Z_4 \oplus Z_3 \oplus Z_3 \cong Z_6 \oplus Z_{12}$; $Z_2 \oplus Z_4 \oplus Z_9 \cong Z_2 \oplus Z_{36}$; $Z_8 \oplus Z_3 \oplus Z_3 \cong Z_3 \oplus Z_{24}$; $Z_8 \oplus Z_9 \cong Z_{72}$.　**3.** 这时 G 为 Abel 群, 故必为循环群.　**4.** 用定理 10-4 只有一个同构类, 故必为循环群.　**5.** 注意 c 的周期为 8, d 为 4, 不难证明 $\langle d \rangle \bigcap \langle c \rangle = \{e\}$.　**6.** 证明: 显然这结论对 p 群为真, 用引理 10-2 即得.　**7.** 易证.　**8.** 注意到若 k 是小于 24 且与 24 互素的自然数, 则 k^2 被 24 除后余数为 1.　**9.** $\mathrm{Aut}(Z_{12}) \cong Z_2 \oplus Z_2$.　**10.** 直接验证.

§2.11

1. 证明: 若 Abel 群 G 有合成列, 则其商因子都是单 Abel 群, 即素数阶循环群, 因此 G 是有限群, 反之显然.　**2.** 显然.　**3.** 注意 Hamilton 四元数群的任一子群都是正规的, 故不难求出有 3 个合成列.　**4.** 只有一个合成列.　**5.** 注意 S_3, S_4 的中心为 $\{e\}$.　**6.** D_n 有正规群列 $\{e\} \lhd \langle e, y, \cdots, y^{n-1} \rangle \lhd D_n$.　**7.** 证明: 设 H 是幂零群 G 的子群, 则 $H \bigcap C_1$ 含于 $C_1(H)$. 又不难验证 $H \bigcap C_2$ 含于 $C_2(H)$, $\cdots$, $H = H \bigcap G = H \bigcap C_m$ 含于 $C_m(H)$, 由此可知 H 是幂零群. 又若 η 是 G 到 G/H 的自然同态, 则 η 将 C_1 映入 $C_1(G/H)$, 类似可证明 $\eta(C_m)$ 属于 $C_m(G/H)$.　**8.** $S_3 : A_3$ 是 S_3 的正规子群且幂零, 又 S_3/A_3 也幂零, 但由题 3 知道 S_3 不是幂零群.　**9.** 只需证明直积的 n 次中心等于 n 次中心的直积即可.　**10.** 证明: 只需证明 G 的 p-Sylow 子群或 q-Sylow 子群中至少有一个是正规子群即可. 因为这时可得一正规群列其商因子为素数阶或素数平方阶群, 它们都是交换群. 可分两种情况. 若 $p > q$, 由 Sylow 定理可知只有一个 p-Sylow 子群, 因此必正规. 若 $p < q$, 这时若有 p^2 个 q-Sylow 子群, 则 G 中 q 阶元共有 $p^2(q-1)$ 个, 剩下的 p^2 个元素正好构成 G 的 p-Sylow 子群, 这个 p-Sylow 子群必是

正规子群.

第 三 章

§3.1

1. 易证. **2.** 证明:先证明 R 有恒等元.对 R 中任一非零元 a,由于 R 有限,总有自然数 $r > 1$ 使 $a^r = a$.令 $b = a^{r-1}$,则 $ba = ab = a$.若 c 是 R 中任一非零元,从 $cba = ca$ 消去 a 可得 $cb = b$,同理 $bc = c$.这表明 b 是 R 的恒等元.再由 §2.1 中的习题 10 可知 R^* 是群,故 R 是除环. **3.** 证明:若 $a \neq 0$,$a^2 = a$,则 $a^2 = a \cdot 1$,消去 a 得 $a = 1$. **4.** $(1 - ba)^{-1} = 1 + b(1 - ab)^{-1} a$. **5.** 证明:充分性显然,只证明必要性.设 $f(x)g(x) = 0$,$f(x)$ 的零点不包含某个开区间.若 $a \in [0, 1]$,如 $f(a) \neq 0$,则 $g(a) = 0$.如 $f(a) = 0$,则在 a 的任意小邻域内总有点 b 使 $f(b) \neq 0$,这时 $g(b) = 0$,于是可找到序列 $\{b_n\}$,$b_n \to a$,$g(b_n) = 0$ 得 $g(a) = 0$.由此知 $g(x) = 0$. **6.** 证明:设(1)成立.若 u 是单位,则只有唯一一个逆元,它也是 u 的右逆元.若(2)成立,设 $ua = 1$,则 $uau = u$,$u(au - 1) = 0$.因 u 不是单位,$au \neq 1$,u 是左零因子.设(3)成立,若 $b \neq 0$,$ub = 0$,a 是 u 的右逆元,则 $u(a + b) = 1$,$a + b$ 也是 u 的右逆元.
7. 证明:设 $u_1, \cdots, u_n$ 是 a 的不同的右逆元,则 $u_1 + 1 - u_i a$ 也是 a 的右逆元.若 $u_1 + 1 - u_i a = u_1$,u_i 将是 a 的左逆元,从而 a 是单位,引出矛盾.又若 $u_1 + 1 - u_i a = u_1 + 1 - u_j a$,则 $u_i a = u_j a$,两边右乘 u_1 得 $u_i = u_j$,矛盾,故 $\{u_1, u_1 + 1 - u_i a, i = 1, \cdots, n\}$ 是 a 的 $n + 1$ 个右逆元. **8.** 解:$\overline{m} \in Z_n$ 是单位的充要条件是 $(m, n) = 1$,故该环中单位元组成的群的阶为 $\varphi(n)$,φ 是 Euler φ-函数. **9.** 利用矩阵知识即可证得第一个结论.若 R 是交换环,结论不一定对.如 $R = Z$,$n = 2$,$\mathrm{diag}\{2, 2\}$ 不是可逆元但也不是零因子. **10.11.** 易证. **12.** 解:只要证明 a 是右逆元.设 $ab = 1$,则 $au = auab = ab = 1$.而 u 是可逆元,故 $ua = 1$,a 是可逆元且 $a^{-1} = u$.

§3.2

1.~4. 易证. **5.** 成立. **6.** 不能.因为若 $a + L = c + L$,$b + L = d + L$,则 $ab - cd$ 不一定属于 L. **7.** 前面的结论易证,当 R 无恒等元时,由 $\{a_1, \cdots, a_n\}$ 生成的左理想为 $L = \left\{ \sum r_i a_i + \sum n_i a_i \mid r_i \in \mathbf{R}, n_i \in \mathbf{Z} \right\}$. **8.** 证明:只需证明 R 中任一非零元 a 有逆.Ra 是 R 的左理想,故 $Ra = R$,于是存在 b 使 $ba = 1$.$b \neq 0$,$Rb = R$,故有 c 使 $cb = 1$,于是 $c = a$,a 的逆元就是 b. **9.** 证明:若 $p^2 \mid m$,则 $m = p^2 q$,$\overline{pq} \neq 0$,但 $(\overline{pq})^2 = 0$.反过来,设 Z_m 中有幂零元,不难证明存在非零元 $\overline{k}$,$(\overline{k})^2 = 0$,于是 $m \mid k^2$.若 $m = p_1 \cdots p_s$,p_i 是互不相同的素数,则 $p_i \mid k^2$ 导致 $p_i \mid k$,从而 $m \mid k$,引出矛盾,故 m 必含有某个素数的平方的因子. **10.** 若 A 属于中心,由 $E_{ii} A = A E_{ii}$ 可证明 A 为对角阵,再由 $E_{ij} A = A E_{ij}$ 可证明 A 对角线上的元素相同. **11.** 答:有,恒等元是 $\overline{6}$. **12.** 证明:假定 $a \in I$ 且 a 是可逆元.设 $b = a^{-1}$,则 $1 = ab \in I$.对 R 中任意元素 r,$r = 1 \cdot r \in I$.于是 $I = R$. **13.** 证明:设 R 是局部环.假定 a 是不可逆元,J 是由所有不可逆元素组成的理想.如果 $1 - a$ 不是可逆元,则 $1 - a \in J$.于是

$1 = a + (1-a) \in J$, 这将导致 $J = R$, 矛盾. 反之, 设 R 是满足条件的环, J 是所有不可逆元素的集合, 要证明 J 是一个理想. 设 $a, b \in J$, $r \in R$. 注意 ar 肯定不是可逆元, 因为若存在 $s \in R$, 使 $ars = 1$, 则将导致 a 是可逆元, 矛盾. 于是 $ar \in J$. 再证明 $a + b$ 不是可逆元, 故必属于 J. 假定 $c = a + b$ 可逆, 则存在 $d \in R$, 使 $ad + bd = cd = 1$. 注意由前面的证明, ad, bd 都不是可逆元, 但是 $ad = 1 - bd$ 将是可逆元, 矛盾. **14.** 容易验证, 略. **15.** 证明:(1) 因为 $I + J_1 = R$, 故存在 $a_1 \in I$, $b_1 \in J_1$, 使 $1 = a_1 + b_1$. 同理, 存在 $a_2 \in I$, $b_2 \in J_2$, 使 $1 = a_2 + b_2$. 于是 $1 = (a_1 + b_1)(a_2 + b_2) = a_1 a_2 + a_1 b_2 + a_2 b_1 + b_1 b_2$. 显然 $a_1 a_2 + a_1 b_2 + a_2 b_1 \in I$, $b_1 b_2 \in J_1 J_2$, 所以 $I + J_1 J_2 = R$. (2) 由(1)用归纳法可得. (3) 先证 $I_1 I_2 = I_1 \cap I_2$. 显然 $I_1 I_2 \subseteq I_1 \cap I_2$. 另一方面, 若 $x \in I_1 \cap I_2$. 假定 $1 = a + b$, $a \in I_1$, $b \in I_2$, 则 $x = x \cdot 1 = x(a + b) = xa + xb$, $xa \in I_1 I_2$, $xb \in I_1 I_2$. 于是 $x \in I_1 I_2$, $I_1 \cap I_2 \subseteq I_1 I_2$. 再利用归纳法和(1)即可得. **16.** 证明:设 I 是 R 中幂零元和零的集合. 若 $a, b \in I$, 则存在自然数 k, m, 使 $a^k = 0$, $b^m = 0$. 于是 $(a+b)^{m+k} = 0$, 因此 $a + b \in I$. 又对任意的 $r \in R$, $(ar)^k = 0$, 所以 $ar \in I$. 于是 I 是理想. **17.** 证明:类似上题验证.

§3.3

1. 易证. **2.** 证明:作 $M_n(R) \to M_n(R/I)$ 的映射 $f: A = (a_{ij}) \to (a_{ij} + I)$, 不难验证这是一个映上的环同态且其核为 $M_n(I)$. **3.** 利用除环无非平凡理想可证明同态核为零. **4.** 证明:(1) 假定 $\bar{b}^m = \bar{0}$, 则 $b^m \in N$. N 是由幂零元组成的理想, 故存在自然数 n 使 $b^{mn} = 0$, 故 $b \in N$, 即 $\bar{b} = \bar{0}$. 设 R 是实数域上二阶矩阵环, R 是单环, 无非平凡理想. 而主对角元都是零的非零上三角矩阵是幂零元. (2) 设 $a \in R$ 是幂零元, 即存在 k 使 $a^k = 0$. 显然 $(f(a))^k = f(a^k) = 0$, 而 S 中无幂零元, 因此 $f(a) = 0$, $a \in \mathrm{Ker} f$. **5.** 证明:(1) 设 f 是有理数域 Q 的自同构. 因为 $f(a) = f(1 \cdot a) = f(1)f(a)$, $f(1) = 1$. 对自然数 n, $f(n) = f(1 + \cdots + 1) = nf(1) = n$. 又 $1 = f(1) = f(n \cdot n^{-1}) = f(n)f(n^{-1})$ 得 $f(n^{-1}) = n^{-1}$. 于是 $f(n/m) = n/m$. (2) 用(1)的方法知道对有理数 $f(n/m) = n/m$. 由极限即可得到结论. **6.** 证明:若 $m | n$, 作 $f: k + nZ \to k + mZ$. 若 $k_1 - k_2 \in nZ$, 即 $k_1 = k_2 + nt$. 因为 $m | n$, 故 $k_1 = k_2 + ms$, 即 $k_1 + mZ = k_2 + mZ$, f 是映射. 容易证明 f 是环同态, 显然 f 映上. 反之, 若存在 Z_n 到 Z_m 的满同态, 则 f 是加法群同态, 而商群的阶可以整除原群的阶, 即 $m | n$. **7.** 证明:设 f 是 Z_n 到 Z_m 的同态且 $f(1) = k$. 因为 n, m 互素, 所以存在整数 s, t, 使 $ms + nt = 1$. 注意 $f(n) = f(0) = 0$, $f(m) = f(1 + \cdots + 1) = mf(1) = mk = 0$, 于是 $f(1) = 0$, 即可推出 $f = 0$. **8.** 证明:假定 f 是 $M_n(F)$ 到 $M_m(F)$ 的满同态. 因为 $M_n(F)$ 是单环, 而 $\mathrm{Ker} f$ 是 $M_n(F)$ 的理想, 故 $\mathrm{Ker} f = 0$, 即 f 是同构. 容易验证, 这时 f 也是 $M_n(F)$ 到 $M_m(F)$ 作为向量空间的同构, 而这是不可能的(维数不同). **9.** 证明:先证明 R 中存在元素 $y_1, \cdots, y_n$, 使对每个 i, $y_i \equiv 1 (\mathrm{mod}\ I_i)$, $y_i \equiv 0 (\mathrm{mod}\ I_j)$ $(j \neq i)$. 一旦得证, 令 $a = a_1 y_1 + \cdots + a_n y_n$ 即可. 先来求 y_1. 因为 $I_1 + I_j = R$, 存在 $b_j \in I_1$, $c_j \in I_j$, 满足 $b_j + c_j = 1$. 令 $y_1 = c_2 \cdots c_n = (1 - b_2) \cdots (1 - b_n)$ $\in I_2 \cdots I_n$, 因此 $y_1 \in I_2 \cap \cdots \cap I_n \cdot y_1 \equiv 1 (\mathrm{mod}\ I_1)$, $y_1 \equiv 0 (\mathrm{mod}\ I_j)$ $(j \neq 1)$. 同理可求得其他的 y_i. **10.** 证明:作 $f: R \to R/I_1 \times \cdots \times R/I_n$, $f(r) = (r + I_1, \cdots, r + I_n)$. 容易验证 f 是环同态. 由上题知道 f 是满同态. 又 $\mathrm{Ker} f = \{r \in R \mid r \in I_1 \cap \cdots \cap I_n\}$. 由上一节习题,

$I_1 \cap \cdots \cap I_n = I_1 \cdots I_n$. 即得结论. **11.** 用上一题的结论即可证明. **12.** 证明:(1) 映射为

$$\begin{bmatrix} a & -b \\ b & a \end{bmatrix} \to a+bi.$$ (2) 用交换性(复数域可交换)可作子环 T, T 由下列形状的实 2×2 矩

阵组成: $\begin{bmatrix} x & -3(x-y) \\ 4(x-y) & y \end{bmatrix}$. 不难验证这是个子环且 A 属于该子环 ($x=0$, $y=1$).

又不难验证 S 和 T 同构,同构映射为 $\begin{bmatrix} a & -b \\ b & a \end{bmatrix} \to \begin{bmatrix} a+bt & -6bt \\ 8bt & a-bt \end{bmatrix}$, $t = \dfrac{1}{\sqrt{47}}$. 上述映射

先对 I_2 和 $\begin{bmatrix} 0 & -1 \\ 1 & 0 \end{bmatrix}$ 作出(注意后一个矩阵的平方等于 $-I_2$). (3) 在复数中,方程总有解,

由(2)即得.

§3.4

1. $\text{Ker } \varphi = \{r \in R \mid$ 存在某个 $s \in S$,使 $sr = 0\}$,其余不难验证. **2.** 证明:只需证明 φ 是同构. 因为 $\text{Ker } \varphi = \{r \in R \mid rs = 0\} = 0$,所以 φ 是单映射. 又对 R_s 中元素 (r, s),$\varphi(rs^{-1})$ $= (r, s)$,φ 为满同态. **3.** 分式域为 $\{a+bi \mid a, b \in Q\}$. **4.** $R_S \cong Z_4$. **5.** $R_S = \{(\bar{0}, \bar{1})$, $(\bar{1}, \bar{1})$, $(\bar{2}, \bar{1})\}$. **6.** 证明:因为 $(m, n) = 1$,存在整数 s, t 使 $ms + nt = 1$. 不妨设 $s > 0$, $t < 0$. 则 $a^{ms} = b^{ms} = b^{1-nt} = b \cdot b^{-nt} = b \cdot a^{-nt}$,又 $a^{ms} = a^{1-nt} = a \cdot a^{-nt}$,消去 a^{-nt} 即得 $a = b$. **7.** 证明:令 f 是 R_1 到 R_2 的同构,令 $\varphi(a/b) = f(a)/f(b)$. 不难验证 φ 是同构. **8.** 证明:(1) 由 $e^2 = e$ 得 $e(e-1) = 0$,故 $e = 0$ 或 $e = 1$. (2) 若可以,取 I_1 中非零元 a 和 I_2 中非零元 b,则 $ab \in I_1 \cap I_2 = 0$,将有 $ab = 0$,和 R 是整环矛盾. **9.** 证明:先证明 R 有恒等元. 设 a 是 R 的非零元,则 $\{a, a^2, a^3, \cdots\}$ 只能是有限集,故存在 $m < n$,使 $a^m = a^n$. 令 $e = a^{n-m}$. 显然 $ae = ea = a$. 对任意的元素 b,$aeb = ab$,$a(eb - b) = 0$,故 $eb = b$,同理 $be = b$. 即 e 是 R 的恒等元. 对非零元 c,必有某个自然数 k,使 $c^k = 1$,则 $c^{k-1} = c^{-1}$. 所以 c 可逆. 注:读者今后会知道,有限除环一定是域. **10.** 证明:先证明 R 无零因子. 设 $a \neq 0$ 且 $ac = 0$,则 $a(b+c)a = aba + ac = aba = a$. 由唯一性,$b + c = b$,$c = 0$. 因此 R 是无零因子环. 令 $e = ab$,则 $ea = a$. 又 $aea = aa$,因为 R 无零因子,故 $ae = a$. 对任意的 $r \in R$,$rea = ra$,可得 $re = r$,同理 $er = r$. 这说明 e 是 R 的恒等元. 最后若 $r \neq 0$,则存在 s,使 $rsr = r$,故 $rs = sr = 1$,$s = r^{-1}$. 由此 R 是除环. **11.** 不难验证.

§3.5

1. 在 $Z[x]$ 中:$2 \cdot 2 \cdot (x^2 - x + 2)$;在 $Q[x]$ 中:$4x^2 - 4x + 8$;在 $Z_{11}[x]$ 中:$(4x+2)(x+4)$. **2.** 在 $Q[x]$ 中:$2x^2 + 4x + 5$;在 $Z_7[x]$ 中:$(2x+1)(x+5)$. **3.** $(x+1)(x^2+2x+2)$. **4.** 证明:将 a, b, c 作不可约分解,利用素性条件知 a 的素因子均可整除 c. **5.** 证明:注意 R 中单位是 ± 1, $\pm\sqrt{-1}$. 用范数即可证明. **6.** 由最大公因子和最小公倍子的定义可证. **7.** 利用范数即可证明. **8.** 证明:令 $N(a + b\sqrt{10}) = a^2 - 10b^2$,则 $N(\alpha\beta) = $

$N(\alpha)N(\beta)$. 由此知道 α 是单位当且仅当 $N(\alpha)=1$. 注意到 $-9=(-3)\cdot3=(1+\sqrt{10})$ $(1-\sqrt{10})$. 若 $a+b\sqrt{10}$ 是 3 的真因子,则 $N(a+b\sqrt{10})=\pm3$,即 $a^2-10b^2=\pm3$, $a^2=10b^2$ ±3. 一个整数的平方末位数不可能是 3 或 7,因此 3,-3 是不可约元. 但 3 不能整除 $1+$ $\sqrt{10}$ 和 $1-\sqrt{10}$. 而 3 是 -9 的因子,所以素性条件不成立.   **9.** 由素元的定义可证.

10. 证明:若 $f(x)$, $g(x)\in Z[x]$, $g(x)\mid f(x)$,则 $f(x)=g(x)h(x)$. 有两种可能,或 $\deg g(x)<\deg f(x)$,或 $h(x)=a\in Z$. 因为 $f(x)$ 的次数有限而 Z 是 Gauss 整区,所以 $Z[x]$ 必适合因子链条件.

§3.6

1. 证明:(c) 属于 (a),故 $c=as$,同理 $c=bt$,即 c 是 a,b 的公倍元. 又若 u 是 a,b 的公倍元,则 (u) 既属于 (a) 又属于 (b),故属于 (c),即 $u=cw$. 此即证明了 c 是 a,b 的公倍元. **2.** 证明:由 $(a,b)=(a)+(b)=(d)$ 即得. **3.** 证明:若 a 不属于 (p),则 a,p 的最大公因子为 1.再由上题即可证明 $\bar{a}$ 可逆.反之,若 $a=bc$,则 $\bar{b}\bar{c}=0$. **4.** 证明:设理想 $I=(a)$. 作 a 的不可约分解 $a=up_1\cdots p_n$,其中 u 是可逆元,p_i 是不可约元. 容易验证 $(a)=$ $(p_1)\cdots(p_n)$. 唯一性由 R 是唯一分解环即得. **5.** 证明:(1) 因为 $a=1\cdot a$,即得. (2) 设 $a=bu$,则 $\delta(b)\leqslant\delta(a)$.同理 $\delta(a)\leqslant\delta(b)$. (3) 设 $a=bq+r$,若 $r=0$,已证.若 $r\neq0$, $\delta(r)<\delta(b)=\delta(a)$. 又 $b=ua$,代入得 $a=auq+r$. 所以 $r=(1-uq)a$, $\delta(a)\leqslant\delta(r)$ 矛盾. (4) 由(3)知若 $\delta(a)=\delta(ab)$,则 a, ab 相伴,b 可逆. (5) 若 a 是单位,$a\cdot a^{-1}=1$,于是 $\delta(a)\leqslant\delta(1)$,所以 $\delta(a)=\delta(1)$. 反之由(3)得. **6.** 证明:容易验证. **7.** 解:不一定,如 $R=F[x]$, 数域 F 上的多项式环. 次数大于 1 的多项式不组成理想. **8.** 证明:定义 $\varphi(a)=\min\{\delta(as)\mid$ $s\in R^*\}$. 若 b 不能整除 a,设 $\varphi(b)=\delta(bs)$. 因为 bs 不能整除 as,故 $as=bsq+t$, $\delta(t)<\delta(bs)$ $=\varphi(b)$. 由 $as=bsq+t$ 知道 $s\mid t$,故可设 $t=sr$,于是 $a=bq+r$. 注意到 $\varphi(r)=\min\{\delta(rc)$ $\mid c\in R^*\}\leqslant\delta(rs)=\delta(t)<\varphi(b)$. 又 $\varphi(a)=\min\{\delta(ar)\mid r\in R^*\}$, $\varphi(ab)=\min\{\delta(abr)$ $\mid r\in R^*\}$. 显然 $\varphi(a)\leqslant\varphi(ab)$. **9.** 模仿例 1 的证明. **10.** 和多项式环类似证明.

§3.7

1. 证明:只须证明若 $b_0+b_1u+\cdots+b_{n-1}u^{n-1}=0$ 当且仅当 $b_i=0$,$b_0+b_1u+\cdots+b_{n-1}u^{n-1}$ $=0$ 等价于 $b_0+b_1x+\cdots+b_{n-1}x^{n-1}\in(f(x))$,或 $b_0+b_1x+\cdots+b_{n-1}x^{n-1}=f(x)g(x)$. $f(x)$ 是次数为 n 的多项式,要使上式成立只有 $g(x)=0$,于是 $b_i=0$. **2.** $(2u^2+u-3)(3u^2-4u$ $+1)=-29u^2+40u-13$; $(u^2-u+4)^{-1}=(u+1)/6$. **3.** 解:$f(x)=x^3+x^2+1$ 为三 次多项式且在 F 中无根,因此是一个不可约多项式,$F[x]/(f(x))$ 就是所要求的域. **4.** 解: 令 $F=Z_5$, $f(x)=x^2+x+1$ 是 F 上的不可约多项式,$F[x]/(f(x))$ 就是要求的域. **5.** 证 明:令 $f(x)=x^{q-1}-1$,则由于 F^* 是 $q-1$ 阶循环群,a_i 都是 $f(x)$ 的根,即 $f(x)$ 在 F 中有 $q-1$ 个不同的根,因此有分解式 $f(x)=(x-a_1)\cdots(x-a_{q-1})$. 由韦达定理得 $a_1\cdots a_{q-1}=$ $(-1)^q$. 若 $chF\neq2$,结论显然. 若 $chF=2$,这时 $1=-1$,结论也成立. **6.** Z_p 上的不超过 n 次的多项式恰有 p^n 个. **7.** 用 $\deg fg=\deg f+\deg g$ 不难验证. **8.** 证明:设 $\varphi(x)=$

$g(x)$, $g(x)$ 的次数等于 k. 若 $f(x)$ 是 n 次多项式,则 $\varphi(f(x))$ 的次数等于 nk. 注意到 φ 是满的,所以 $g(x)$ 的次数只能等于 1. **9.** 证明:$a^p = a$,因此 $x^p + a = (x+a)^p$. **10.** 证明:令 F 是 R 的分式域,φ 是标准嵌入. 则 $\varphi(G)$ 是 F^* 的有限子群故是循环群. 而 $\varphi(G)$ 和 G 同构,所以 G 是循环群. **11.** (1)(2)(3) 易证. (4) 取 $m = 5$ 证明多项式在 $Z_5[x]$ 中为 $x^3 + 2x + 1$ 没有根,故不可约. **12.** 证明:(1) 因为 F^* 是 $q-1$ 阶循环群,故 $a^q = a$. 因此多项式 x 和 x^q 在 F 上取值相同; (2) 若 $f(a) = 0$ 对一切 $a \in F$ 成立且 f 的次数 n 小于 q. 因为 f 在 F 中最多有 n 个根,所以 $f = 0$; (3) 因为 x^q 和 x 在 F 上值相同,所以可以将 $f(x)$ 的次数降到小于 q 但仍取值相同. **13.** 证明:$f(x) = (x-a)^{q-1}$. **14.** 证明:充分性是显然的,只要证明必要性即可. 假定 p_1, p_2, $\cdots$, p_n 互素,则由多项式矩阵的初等变换知道 $1 \times n$ 矩阵$(p_1$, p_2, $\cdots$, $p_n)$经过若干次第三类和第一类列初等变换后可以化为$(1, 0, \cdots, 0)$(参见 λ-矩阵的理论),即存在 n 阶可逆矩阵 Q,使 $(p_1$, p_2, $\cdots$, $p_n)Q = (1, 0, \cdots, 0)$. 令 $P = Q^{-1}$,则 $(p_1$, p_2, $\cdots$, $p_n) = (1, 0, \cdots, 0)P$,即 P 的第一行就是$(p_1$, p_2, $\cdots$, $p_n)$. 又 Q 是若干个第一类、第三类初等矩阵之积,行列式值为 ± 1,故如果需要可对换 Q 的两列仍不影响问题的讨论,即可假定 $|Q| = 1$,于是 $|P| = 1$.

§3.8

1. 证明:先证明 $\varphi(x) = \varphi(1 \cdot x) = \varphi(1)\varphi(x)$,因此 $\varphi(1) = 1$. 于是 φ 保持 Z 中元素不动. 再用类似域上多项式环的方法证明. **2.** 证明:$R/I \cong R/(2)/I/(x^2 + x + 1) \cong Z_2[x]/(x^2 + x + 1)$. 因为 $x^2 + x + 1$ 作为 $Z_2[x]$ 中多项式不可约,所以 R/I 是域. **3.** 证明:作 R 的自同构,使 $\varphi(g(x)) = g(x+7)$,则 $\varphi(x-7) = x$,$\varphi(15) = 15$. 于是 $\varphi(I)$ 是由 15 和 x 生成的理想,用上题方法即可证明. **4.** 证明:充分性易证,现证必要性. 设 $g(x) = b_0 + b_1x + \cdots + b_mx^m$ 是 $f(x)$ 的逆元,先证明 a_n 是幂零元. 因为 $fg = 1$,故 $a_nb_m = 0$,$a_nb_{m-1} + a_{n-1}b_m = 0$. 于是 $a_n^2b_{m-1} = 0$. 不断作下去得 $a_n^mb_0 = 0$. 但是 $a_0b_0 = 1$,b_0 是 R 中可逆元,故 $a_n^m = 0$. 注意 $f(x)$ 是 $R[x]$ 的可逆元,而 a_nx^n 是幂零元,因此 $f(x) - a_nx^n = a_0 + a_1x + \cdots + a_{n-1}x^{n-1}$ 也是可逆元. 用同样方法可证明 $a_i(i = n-1, \cdots, 1)$ 是幂零元. **5.** 证明:(1),(2) 容易验证. (3) 显然 $I(S_1) \cap I(S_2) \subseteq I(S_1 \cup S_2)$,再由(2)知道,$I(S_1 \cup S_2) \subseteq I(S_1) \cap I(S_2)$. **6.** 证明:作 $R[x_1, \cdots, x_n] \to (R/I)[y_1, \cdots, y_n]$ 的映射 φ:将 $R[x_1, \cdots, x_n]$ 中的多项式 f 的系数变为它们在 R/I 中的等价类,x_i 变为 y_i,则 φ 是映上同态且核为 $I[x_1, \cdots, x_n]$. **7.** 证明:作 $h(x_1, \cdots, x_n) = f(x_1, \cdots, x_n)g(x_1, \cdots, x_n)$,由定理 8-2 知道 $h = 0$,再由 $F[x_1, \cdots, x_n]$ 是整区知道 $f = 0$. **8.** 证明:设 $f(x) = g(x)h(x)$,$g, h \in F[x]$ 且 g 首一,则存在 $r, s \in R$,使 $rg(x), sh(x) \in R[x]$ 且都是 $R[x]$ 中本原多项式. 于是 $rsf(x) = (rg(x))(sh(x))$ 是 $R[x]$ 中本原多项式. 因此 rs 是 R 中单位,即存在 R 中元素 u,使 $urs = 1$,所以 $g(x) = ursg(x) = us(rg(x))$ 属于 $R[x]$. **9.** 证明:设 a 是 D 的非零元但不是可逆元. 作 $D[x]$ 的理想 (a, x),现证明它不是主理想. 若 $(f(x)) = (a, x)$,则 $a = f(x)g(x)$,比较次数,$f(x)$ 只能为零次多项式. 设 $f(x) = b$,则 $x = b(h(x))$,$h(x)$ 为一次多项式,设为 $cx + d$. 比较系数得 $bc = 1$,故 b 是可逆元,于是 $(a, x) = D[x] \cdot 1 = au(x) + xv(x)$. 设 $u(x)$ 的常数项为 k,则 $ak = 1$,即 a 是可逆元,和假设矛盾. **10.** 证明:设 $f = a_0 + a_1x + a_2x^2 + \cdots$ 中

$a_0 \neq 0$，可用待定系数法找 $g = b_0 + b_1 x + b_2 x^2 + \cdots$ 使 $fg = 1$. 显然 $b_0 = a_0^{-1}$，若已经找到 $b_i (i = 0, 1, \cdots, n-1)$，则由 $a_0 b_n + a_1 b_{n-1} + \cdots + a_n b_0 = 0$ 求出 b_n. 反之，若 $fg = 1$，显然 a_0 可逆.

§3.9

1. 证明：$Z[x]/(x, m) \cong Z_m$，而 Z_m 是域的充要条件是 m 是素数. **2.** 证明：假定 P 适合题设条件，$ab \in P$，则 $(a)(b) \subseteq P$，于是 (a) 或 (b) 属于 P. 反之，若 P 是交换环 R 的素理想（按课文条件）且 $IJ \subseteq P$. 假定 I 不属于 P，即存在元素 $a \in I$，但是 a 不属于 P. 对任意 J 中元素 b，因为 $ab \in P$ 而 a 不属于 P，故 b 属于 P，即 $J \subseteq P$. **3.** 证明：设 P 是 R 的素理想，则 R/P 是整区. 现要证明它是域. 设 $\bar{a} \neq \bar{0}$. 因为存在 n，使 $a^n = a$，故 $\bar{a}^n = \bar{a}$，于是 $\bar{a}^{n-1} = \bar{1}$，$\bar{a}$ 可逆. **4.** 证明：若 $M = \{f(x) \mid f(a) = 0\}$，作 R 到实数域的映射 $f(x) \to f(a)$，这是一个环满同态且其核就是 M. 故 R/M 和实数域同构，M 是极大理想. 反之，假定不存在这样的数 a 使 $M = \{f(x) \mid f(a) = 0\}$，即对任意的 $c \in [0, 1]$，总存在一个函数 $f_c(x) \in M$，但是 $f_c(c) \neq 0$. 因为 f 连续，故存在 c 的一个邻域 $O(c)$，f_c 在这个邻域中取值都不为零. 取遍 $[0, 1]$ 中所有数，得到 $[0, 1]$ 的一个开覆盖，由 Borel 覆盖定理知道，存在 M 中有限个函数 $f_1, \cdots, f_n$，相应的开邻域覆盖了 $[0, 1]$. 令 $f(x) = f_1^2(x) + \cdots + f_n^2(x)$，则 $f(x) \in M$. 显然 f 在 $[0, 1]$ 上处处大于零，故 f 是一个可逆元，这和 M 是极大理想的假设矛盾. **5.** 证明：由 $R/P \cong R/I/P/I$ 和定理 9-1 即得. **6.** 证明：作 $\bar{R} = R/I$，则 $\bar{R}$ 的诣零根等于其素理想之交. 由此可证明 $\mathrm{Rad}(I)$ 是包含 I 的素理想之交. **7.** 证明：设 $f(x) = a_0 + a_1 x + \cdots + a_n x^n$ 是大根中元素，则 $f(x)x - 1 = -1 + a_0 x + a_1 x^2 + \cdots + a_n x^{n+1}$ 是可逆元. 由上一节习题 4 知道，$a_i (i = 0, 1, \cdots, n)$ 是幂零元，所以 f 是幂零元. **8.** 证明：设 J 是大根且真包含小根 N，则存在非零幂等元 $e \in J$. 于是 $1-e$ 是可逆元，但是 $(1-e)e = 0$，矛盾. **9.** 证明：(1) 容易验证；(2) 注意 P_s 包含了 R_s 所有的不可逆元. **10.** 证明：设 $f = (a_0, a_1, a_2, \cdots)$，不难证明 f 可逆当且仅当 $a_0 \neq 0$，所以 $J = \{(0, b_1, b_2, \cdots) \mid b_i \in F\}$ 是 $F[[x]]$ 的最大理想. **11.** 证明：设 p 是素数，要证理想 (p^e) 是准素理想. 假定 $ab \in (p^e)$，则 $ab = p^e s$，故 p 整除 ab. 若 p 不能整除 a，则 p 必可整除 b，即 b^e 属于 (p^e). 反之，设 (m) 准素. 假定 m 是素数，则已证. 设 p, q 是不同的素数且 $pq \mid m$. 不妨设 $m = p^s q^t k$，其中 k 不能被 p 或 q 整除. 令 $a = p^s k$，$b = q^t$，则 $ab \in (m)$. 显然 a 不属于 (m)，b 的任意幂也不属于 (m). 即 m 不能有不同的素因子. **12.** 证明：设 $P = \{a \in R \mid a^n \in Q\}$ 是 Q 的根理想. 若 $bc \in P$，则 $(bc)^n \in Q$，即 $b^n c^n \in Q$. 若 b 不属于 P，则 b 的任意次幂不属于 Q，于是 c^n 的某个幂属于 Q，即 c 属于 P.

§3.10

1. 证明：显然 $M_1 \subseteq M_1 + M_2$，$M_2 \subseteq M_1 + M_2$，因此 $(M_1 \cup M_2) \subseteq M_1 + M_2$. 另一方面，若 $x \in M_1$，$y \in M_2$，则 $x + y \in (M_1 \cup M_2)$，所以 $M_1 + M_2 \subseteq (M_1 \cup M_2)$. **2.** 证明：容易验证 V 是一个左 R-模. 假定 V_0 是其非零子模，$0 \neq x \in V_0$，则由线性代数知道，对任意的 V 中向量 v，均存在线性变换 f，使 $f(x) = v$，于是 $V_0 = V$. **3.** 证明：仿照 Schur 定理的证明. **4.** 证明：L 的子模也是 R 的左理想，因为 L 极小，故无真包含的非零子模，故为不可约. 又，

L^2 是属于 L 的 R 左理想,因为 L 极小,故若 $L^2 \neq 0$,必有 $L^2 = L$. **5.** 证明:设 L 是一个极小左理想,$r \in R$,则 Lr 仍是左理想且可作 $L \to Lr$ 的同态:$f : x \to xr$. 这是一个模同态且映上,故 $L/\mathrm{Ker}\, f \cong Lr$,但 L 不可约,$\mathrm{Ker}\, f$ 或者为零或者为 L,所以或者 $Lr = 0$,或者 $Lr \cong L$ 也是个极小左理想. 无论怎样,$Lr \subseteq I$. 因此 I 是理想. **6.** 证明:因为 M 不可约,可设 $M = Rx$. 作 $R \to M$ 的映射:$f(r) = rx$,则 f 是一个映上的模同态,故 $R/\mathrm{Ker}\, f \cong M$. $\mathrm{Ker}\, f$ 是左 R-模,即 R 的左理想. 因为 M 不可约,$\mathrm{Ker}\, f$ 是极大左理想. **7.** 证明:容易验证 $\mathrm{Hom}_R(R, M)$ 是左 R-模. 设 $f \in \mathrm{Hom}_R(R, M)$,作映射 φ,使 $\varphi(f) = f(1)$,则不难验证 φ 是 $\mathrm{Hom}_R(R, M)$ 到 M 的同构. **8. 9.** 常规验证. **10.** 证明:设 S 是模 M 的生成元集合,I 是和 S 中元素一一对应的指标集,对应记为 $i \to s_i$. 令 $F = \oplus_{i \in I} R_i$,其中 $R_i = R$. 作 F 到 M 的映射 f:$\sum r_i \to \sum r_i s_i$,则容易验证这是一个模满同态. **11.** 证明:用和定理 9-2 完全相同的方法可以证明环 R 的任意一个左理想必含于某个极大左理想中. 作 $R \to M = Rx$ 的映射:$f(r) = rx$,则 f 是映上的模同态. $\mathrm{Ker}\, f$ 是 R 的左理想,必含于某个极大左理想 L 中. 由模同态基本定理中的对应知 $f(L)$ 是 M 的极大子模. **12.** 证明:只需证明充分性. 先证明 M 的任一非零循环子模都含有不可约子模. 设 x 是 M 的非零元,Rx 是 M 的循环子模. 由上题知道,Rx 含有一个极大子模 N. 由假设 $M = N \oplus K$. 因为 $N \subseteq Rx$,不难验证 $Rx = Rx \cap M = Rx \cap (N \oplus K) = N \oplus (Rx \cap K)$. 注意到 $(Rx \cap K) \cong Rx/N$,所以 $Rx \cap K$ 是 M 的不可约子模. 现令 M' 是 M 的所有不可约子模的和,M' 是 M 的子模,故存在子模 K',使 $M = M' \oplus K'$. 若 $K' \neq 0$,则含有非零元 y,而 Ry 根据上述证明可知必含有不可约子模,这和 M' 是所有不可约子模之和的假定相矛盾.

第 四 章

§4.1

1. $(u^2 + 1)(u^3 + 2u + 1) = 3u^2 + 2u + 7$;$(u+1)^{-1} = (u^2 - u + 1)/3$. **2.** 极小多项式为 $x^8 + 1$,$[Q(u):Q] = 8$. **3.** 用带余除法即可证明. **4.** 证明:$[E:F] = [E:F(u^2)][F(u^2):F]$ 是奇数,$[E:F(u^2)] = [F(u):F(u^2)] \leqslant 2$. 故 $[E:F(u^2)] = 1$,即 $E = F(u^2)$. **5.** 证明:设 E_1/F 的基为 $u_1, \cdots, u_m$,E_2/F 的基为 $v_1, \cdots, v_n$,由维数公式可得 $[E:F] = m[E:E_1]$. 只要证明 $[E:E_1] \leqslant [E_2:F]$,即得 $[E_1(v_1, \cdots, v_n):E_1] \leqslant [F(v_1, \cdots, v_n):F]$. 对 n 用归纳法. v_1 是 F 上的代数元也是 E_1 上的代数元且它在 E_1 上的极小多项式是它在 F 上极小多项式的因子,故 $[E(v_1):E_1] \leqslant [F(v_1):F]$. 假设结论对 $n-1$ 成立,则 $[E_1(v_1, \cdots, v_n):E_1] = [E_1(v_1, \cdots, v_n):E_1(v_1, \cdots, v_{n-1})][E_1(v_1, \cdots, v_{n-1}):E_1] \leqslant [E_1(v_1, \cdots, v_{n-1})(v_n):E_1(v_1, \cdots, v_{n-1})][F(v_1, \cdots, v_{n-1}):F] \leqslant [F(v_1, \cdots, v_{n-1})(v_n):F(v_1, \cdots, v_{n-1})][F(v_1, \cdots, v_{n-1}):F] = [E_2:F]$. **6.** 证明:易证 T_a 是线性变换,取基 $1, \alpha, \cdots, \alpha^{r-1}$ $(n = [F(\alpha):F])$,在这组基下 T_a 的矩阵记为 A,则 $\det(xI - A)$ 就是 α 的极小多项式. **7.** 证明:设 $v \in K$ 但不在 F 中,则 $v = f(x)/g(x)$,f, g 是 F 上的多项式且 $g \neq 0$,于是 $f(u) - vg(u) = 0$. 若 $f(x) - vg(x)$ 是一个零多项式,则 $v = f(x)/g(x) \in F$,矛盾. 故 u 是 K

上的代数元. **8.** 证明:由第5题, $[F(a, b):F] \leqslant [F(a):F][F(b):F] = mn$. 又 $[F(a, b):F] = [F(a, b):F(a)][F(a):F]$, 故 m 整除 $[F(a, b):F]$. 同理 n 可整除 $[F(a, b):F]$, 而 $(m, n) = 1$, 故必有 $[F(a, b):F] = mn$. **9.** 证明:若 β 是 F 上代数元,则 $[F(\beta):F] < \infty$, 而由题7, $[F(\alpha):F(\beta)] < \infty$. 因为 $F(\beta) \subseteq F(\alpha)$, 故 $[F(\alpha):F] = [F(\alpha):F(\beta)][F[\beta):F] < \infty$, 矛盾. **10.** 证明:由维数公式不难证明 β 是 F 上超越元. 又 α 适合一个 $F(\beta)$ 上的多项式 $x^n + a_{n-1}(\beta)x^{n-1} + \cdots + a_0(\beta)$. $a_i(\beta)$ 属于 $F(\beta)$, 可表示为 β 的分式. 去分母以后我们将得到一个 F 上的多项式 $f(x, y)$, 满足 $f(\alpha, \beta) = 0$. 将它写成 β 的多项式(因为 α 超越总可做到),于是 β 适合一个 $F(\alpha)$ 上的多项式.

§4.2

1. $E = \mathbf{R}$ 为实数域, $F = \mathbf{Q}$ 为有理数域. 实代数数全体是 F 在 E 中的代数闭包,但显然不是代数闭域. **2.** 证明:显然 $\mathbf{Q}(\sqrt{2}+\sqrt{3}) \subseteq \mathbf{Q}(\sqrt{2}, \sqrt{3})$. 又 $[\mathbf{Q}(\sqrt{2}, \sqrt{3}):\mathbf{Q}] = 4$, 而 $[\mathbf{Q}(\sqrt{2}+\sqrt{3})]:\mathbf{Q}] \neq 2$, 故 $[\mathbf{Q}(\sqrt{2}+\sqrt{3}):\mathbf{Q}] = 4$, 所以 $\mathbf{Q}(\sqrt{2}+\sqrt{3}) = \mathbf{Q}(\sqrt{2}, \sqrt{3})$. **3.** 证明:若有 $\alpha \in E$ 使 $g(\alpha) = 0$. 因为 g 不可约,故 g 是 α 的极小多项式. 又 $F(\alpha)$ 属于 E 且 $[F(\alpha):F] = \deg g = k$, 则由维数公式得到 k 可以整除 $[E:F]$, 矛盾. **4.** 当 $n = 1$ 时,因为 u_1 是代数元, $F(u_1) = F[u_1]$, 用归纳法即可证明. **5.** 证明:设 K 是 E 的子环且包含 F, 若 $u \in K$ 且 $u \neq 0$, 由于 u 是 F 上的代数元, $F(u) = F[u]$, 即 $u^{-1} \in F[u]$ 落在 K 中,故 K 是域. **6.** 证明:记 $F[S] = \{f(u_1, \cdots, u_m) \mid u_i \in S, m$ 为自然数, f 为 F 上多项式$\}$, 则 $F[S]$ 是 $F(S)$ 的子环. 由题1知道任一 $f(u_1, \cdots, u_m) \in F[u_1, \cdots, u_m] = F(u_1, \cdots, u_m)$, 故若 f 非零, f 的逆在 $F[S]$ 中,即 $F[S] = F(S)$, 于是 $F(S)$ 中任一元 v 都具有 $f(u_1, \cdots, u_m)$ (f 是多项式)的形状, $v \in F(u_1, \cdots, u_m)$ 是 F 上的代数元,这就证明了 $F(S)$ 是 F 的代数扩张. **7.** 复数域是代数闭域且是实数域的代数扩张,故复数域是实数域的代数闭包. (1) 代数闭域必为无限域可这样证明:若 E 是有限域且 E 有 q 个元素,则 $f(x) = x^q - x + 1$ 在域 E 上没有根. 由定理 2-4 可知 E 不是代数闭域. (2) 有可能,如复数域是实数域的代数闭包而维数等于2.

8. 证明:用归纳法证明下列结论:若 p 是不同于 $p_1, \cdots, p_k$ 的素数,则 $\sqrt{p}$ 不属于 $\mathbf{Q}(\sqrt{p_1}, \cdots, \sqrt{p_k})$. $k = 1$ 时易证,设结论对不超过 $k-1$ 的自然数成立, p 是不同于 $p_1, \cdots, p_k$ 的素数. 由归纳假定, $\sqrt{p}$ 和 $\sqrt{p_k}$ 不在 $\mathbf{Q}(\sqrt{p_1}, \cdots, \sqrt{p_{k-1}})$ 中. 若 $\sqrt{p}$ 属于 $\mathbf{Q}(\sqrt{p_1}, \cdots, \sqrt{p_k})$, 则 $\sqrt{p} = a_0 + a_1\sqrt{p_k}$, 其中 a_0, a_1 属于 $\mathbf{Q}(\sqrt{p_1}, \cdots, \sqrt{p_{k-1}})$. 若 $a_0 a_1 \neq 0$, 两边平方后可推得 $\sqrt{p_k} \in \mathbf{Q}(\sqrt{p_1}, \cdots, \sqrt{p_{k-1}})$, 矛盾. 若 $a_1 = 0$, 则 $\sqrt{p} \in \mathbf{Q}(\sqrt{p_1}, \cdots, \sqrt{p_{k-1}})$ 也不可能. 若 $a_0 = 0$, 则 $\sqrt{p} = a_1\sqrt{p_k}$. 又设 $a_1 = b_0 + b_1\sqrt{p_{k-1}}$, $b_0, b_1 \in \mathbf{Q}(\sqrt{p_1}, \cdots, \sqrt{p_{k-2}})$. 类似上面的证明可证明 $b_1 = 0$ 及 $b_0 b_1 \neq 0$, 不可能,于是 $a_1 = b_1\sqrt{p_{k-1}}$, $\sqrt{p} = b_1\sqrt{p_{k-1}}\sqrt{p_k}$. 重复这一过程可得 $\sqrt{p} = c\sqrt{p_1 \cdots p_k}$, $c \in \mathbf{Q}$. 两边平方又引出矛盾. E 的代数闭包是代数数域. **9.** 证明:设 $\deg g = n$, 则 E_1 中元素可以唯一地表示为 $c_0 + c_1\alpha + \cdots + c_{n-1}\alpha^{n-1}$ ($c_i \in F$) 的形状. 作 E_1 到 E_2 的映射: $c_0 + c_1\alpha + \cdots + c_{n-1}\alpha^{n-1} \rightarrow c_0 + c_1\beta + \cdots + c_{n-1}\beta^{n-1}$. 容易验证这是一个同态. 因为 E_1 是域,所以上述同态是单同态. **10.** 证明:设 Σ 是这样一些元素 (E_i, φ_i) 的集合,其中

E_i 是 E 的包含 F 的子域，φ_i 是从 E_i 到 L 单同态，且 $\varphi_i(a) = a$ 对一切 $a \in F$ 成立. 因为 (F, Id) 属于 Σ，故 Σ 非空. 定义 Σ 中的偏序为 $(E_i, \varphi_i) \leqslant (E_j, \varphi_j)$ 当且仅当 $E_i \subseteq E_j$ 且 φ_j 在 E_i 上的限制等于 φ_i. 容易证明 Σ 是一个偏序集. 又若 $\{(E_i, \varphi_i)\}$ 是其中的一条链，则令 $E' = \bigcup E_i$，定义 E' 到 L 的映射 $\varphi : \varphi(c) = \varphi_i(c)$，若 $c \in E_i$. 容易验证 φ 是单同态且 φ 在 E_i 上的限制就是 φ_i，于是 (E', φ) 是该链的上界，由 Zorn 引理知道 Σ 有极大元 (K, φ'). 现要证明 $K = E$. 若否，则存在 $\alpha \in E$ 但 α 不属于 $K.\alpha$ 也是 K 上代数元，其极小多项式记为 $g(x)$. 因为 L 是 F 的代数闭包，故在 L 中存在元素 β，它在 $\varphi'(K)$ 上的极小多项式也是 $g(x)$. 于是由上题知道存在 $K(\alpha)$ 到 L 的单同态，和 K 的极大性相矛盾. **11.** 证明：R 的代数闭包是复数域 $\mathbf{C}$. 因为 E 是 R 的有限扩域，故必是代数扩域，于是用上题知道，存在 E 到 C 的嵌入. 而 $[\mathbf{C}:R] = 2$，即可得到结论.

§4.3

1.～4. 略.

§4.4

1. 分裂域为 $\mathbf{Q}(\omega)$，ω 是 1 的三次本原根. **2.** 分裂域是 $\mathbf{Q}(\sqrt[4]{2}\varepsilon, i)$，$\varepsilon$ 是 -1 的四次本原根. **3.** 分裂域为 $\mathbf{Q}(\sqrt{2}, \sqrt[3]{3}, \omega)$，$\omega$ 是 1 的 3 次本原根， **4.** 分裂域就是复数域. **5.** 证明：显然同构保持 $\mathbf{Q}$ 中元素不变. $\sqrt{2}$ 的极小多项式是 $x^2 - 2$，它在 $\mathbf{Q}(\sqrt{3})$ 中无根，所以这两个域不同构. **6.** 证明：设 $E = F(\alpha)$，α 适合一个二次多项式 $g(x) = x^2 + ax + b$，显然另一个根也在 E 中，因此 E 是 $g(x)$ 的分裂域. **7.** 证明：分裂域易证. 适合条件的自同构不存在. 若存在，则 σ 保持 $\mathbf{Q}$ 中元素不变且 $-3 = \sigma((\sqrt{-3})^2) = (1 + \sqrt{-3})^2 = -2 + 2\sqrt{-3}$. 矛盾.
8. 分裂为 $Z_2[x]/(f(x))$. **9.** 这是个 Z_3 上的不可约多项式. 作 $E = Z_3[x]/(f(x))$. 令 $u = \bar{x}$，容易验证 u, $u+2$ 是多项式 $f(x)$ 的根，于是 $f(x)$ 在 E 中分裂，E 就是 f 的分裂域.
10. 显然 $f(x)$ 必须不可约且其根均在域 $E = \mathbf{Q}[x]/(f(x))$ 中. 设在 E 中 $f(x) = (x - u_1)(x - u_2)(x - u_3)$，则 $u_1 + u_2 + u_3 = 0$，$u_1 u_2 + u_1 u_3 + u_2 u_3 = a$，$u_1 u_2 u_3 = -b$. 计算出 f 的判别式为 $\Delta = [(u_1 - u_2)(u_1 - u_3)(u_2 - u_3)]^2 = -4a^3 - 27b^2$. 现假定 $\sqrt{\Delta} \in \mathbf{Q}$. 因为至少有一个根在 E 中，不妨设 $u_1 \in E$，则由 $u_1 = -(u_2 + u_3)$ 知道 $u_2 + u_3 \in E$. 同理，$u_2 u_3 \in E$. 又 $(u_2 - u_3)(u_1 - u_2)(u_1 - u_3) = (u_2 - u_3)[u_1^2 - (u_2 + u_3)u_1 + u_2 u_3] \in \mathbf{Q}$. 而 $[u_1^2 - (u_2 + u_3)u_1 + u_2 u_3] \in E$，于是 $u_2 - u_3 \in E$，可得 u_2, $u_3 \in E$，所以 E 是 f 的分裂域且 $[E:F] = 3$. 假定 $\sqrt{\Delta}$ 不属于 $\mathbf{Q}$，则 f 的分裂域 $E = \mathbf{Q}(u_1, \sqrt{\Delta})$，显然 $[E:F] = 6$. **11.** 用归纳法即可证明.

§4.5

1. 证明：显然 K 是 F 的可分扩域. 又若 u 是 K 上的代数元，其极小多项式为 $g(x)$，u 在 F 上的极小多项式是 $f(x)$，则在 $K[x]$ 中，$g(x)$ 是 $f(x)$ 的因子，$g(x)$ 也是可分的，即 u 是 K 上的可分元. **2.** 这时因为有重根，故单同态个数少于 n. **3.** 证明：设 $\beta \in F(\alpha)$，我们要证

β 是 F 上可分元. 注意有 $F \subseteq F(\beta) \subseteq F(\alpha)$. 令 L 是 F 的代数闭包. 设 $g_1(x)$ 是 β 在 F 上的极小多项式且有 m 个不同的根, 则 F 到 L 的包含同态可以有 m 个扩张, 设为 $\sigma_1, \cdots, \sigma_m$. 又设 $g_2(x)$ 是 α 在 $F(\beta)$ 上的极小多项式且有 n 个不同的根. 由习题 1 知道, α 是 $F(\beta)$ 上可分元, 因此 $g_2(x)$ 的次数就是 n 且 $[F(\alpha):F(\beta)] = n$. 对每个 σ_i 均有 n 个从 $F(\beta)$ 到 L 的扩张, 于是有 mn 个单同态是 F 到 L 的包含同态的扩张. 又设 $g_3(x)$ 是 α 在 F 上的极小多项式次数为 s, 则因为 α 可分, 所以 F 到 L 的包含同态有 s 个扩张, 于是 $s = mn$. 但是 $s = [F(\alpha):F] = [F(\alpha):F(\beta)][F(\beta):F]$, 所以 $[F(\beta):F] = m$. 而 $[F(\beta):F]$ 等于多项式 $g_1(x)$ 的次数, 这表明 $g_1(x)$ 无重根, g_1 是可分多项式.   **4.** 证明: 设 α 在 F 上的极小多项式为 $f(x)$ 且次数等于 m, 则 $[F(\alpha):F] = m$ 且正好有 m 个从 $F(\alpha)$ 到 L 的单同态是 F 到 L 的包含同态的扩张, 记为 $\sigma_1, \cdots, \sigma_m$. 又设 β 在 $F(\alpha)$ 上的极小多项式为 $g(x)$, 次数等于 k, 则对每个 σ_i, 均有 k 个从 $F(\alpha, \beta)$ 到 L 的扩张, 因此一共有 mk 个扩张, 而 $[E:F] = mk$.   **5.** 证明: 若 E 是 F 的有限可分扩域, 设 $E = F(u_1, \cdots, u_n)$, 每个 u_i 都是 F 上可分元. 令 $F_1 = F(u_1)$, $F_2 = F_1(u_2)$, $\cdots$, 则 u_i 是 F_{i-1} 上的可分元. 用归纳法和上题结论即可证明 F 到 L 的包含同态有 $[E:F]$ 个扩张. 反之, 若 $E = F(u_1, \cdots, u_n)$ 中有某个 u_i 不是 F 上可分元, 则从 $F(u_i)/F$ 到 L/F 的单同态个数少于 $[F(u_i):F]$, 所以从 E/F 到 L/F 的单同态个数少于 $[E:F]$.   **6.** 证明: 从上面两题知道, 从 $F(\alpha, \beta)/F$ 到 L/F 的单同态个数等于 $[F(\alpha, \beta):F]$, 因此 $F(\alpha, \beta)$ 是 F 的可分扩域.

7. 证明: 只要证明 E 中任意一个元素 α 是 F 上可分元即可. 设 α 在 K 上的极小多项式为 $f(x) = x^n + a_{n-1}x^{n-1} + \cdots + a_0$, 每个 $a_i \in K$ 是 F 上的可分元. 令 $K_0 = F(a_0, \cdots, a_{n-1})$, 则 K_0 是 F 的可分扩域. 显然 f 也是 α 在 K_0 上的极小多项式, 故 α 是 K_0 上可分元. 由上题和归纳法即知 α 是 F 上可分元.   **8.** 类似线性代数中的证明.   **9.** 证明: 由于 $\varphi(1) = 1$, 因此 $\varphi(m) = m$ 对一切 $m \in Z_p$ 成立. 反之, 若 $\varphi(a) = a$, 则 $a^p - a = 0$, a 适合方程 $x^p - x = 0$. 但它最多有 p 个根, 而 Z_p 中 p 个元都适合, 故 $a \in Z_p$.   **10.** 证明: 必要性由定义得. 若 F 不是完全域, 则 $F \neq F^p$, 存在 $u \in F$ 但 u 不在 F^p 中. 由引理 5-1, $x^p - u$ 是 F 上的不可分多项式, 因此它的分裂域不是 F 的可分扩域.   **11.** 证明: 由推论 5-3 知 $f(x) = h(x^p)$, 这时若 $h(x)$ 仍不是可分多项式, 则 $h(x) = t(x^p)$, $\cdots$, 不断做下去便可得到结论.   **12.** 由上题即知.

§4.6

1. 证明: 我们要证明 $F(\alpha)$ 是 $f(x)$ 的分裂域, 从而必正规. 设 F 的素子域为 Z_p, 则对任意的 $\alpha \in Z_p$, $(\alpha + a)^p - (\alpha + a) - c = a^p + a^p - a - a - c = 0$, 因此 f 在 F 中有 p 个根, 而 f 是 p 次多项式, 所以它的根都在 $F(\alpha)$ 中, 即 $F(\alpha)$ 是分裂域.   **2.** 证明: E/F 的一组基设为 $\{1, \alpha\}$, 其中 α 不在 F 中, 则 α 的极小多项式必是 2 次的, 设为 $g(x) = x^2 + ax + b$. 由于 $\alpha \in E$, $g(x)$ 在 E 上分裂, 因此 E 是 $g(x)$ 在 F 上的分裂域, E/F 正规.   **3.** $Q(-\sqrt{2})$, $Q(\sqrt{-1})$ 是 Q 的正规扩张, $Q(5\sqrt[3]{7})$ 不是.   **4.** 证明: 设 $u \in E$, u 在 K 上的极小多项式为 $g(x)$, u 在 F 上的极小多项式为 $f(x)$, 则 $g(x) \mid f(x)$, $g(x)$ 的根全在 E 中, 即 E/K 正规. 例如: $E = Q(\sqrt[3]{2}, \omega)$, $K = Q(\sqrt[3]{2})$, $F = Q$.   **5.** 证明: E 是 F 上某个多项式 $f(x)$ 的分裂域, $f(x)$ 也可看成是 K 及 K 的同态像上的极小多项式, 故此单同态可扩张为 E/F 的自同构.   **6.** 证明: $g(x)$ 的分裂域 K 含于 E 中, 存在 K/F 的自同构 σ 使 $\sigma(u) = v$. 再由上题, σ 可扩张为 E/F

的自同构. **7.** 证明:α 的极小多项式记为 $g(x)$,$g(x)$ 可分,因此其分裂域 K 是 F 的可分扩张. 而 $F(\alpha)$ 含于 K 中,因此 $F(\alpha)/F$ 可分. **8.** 证明:设 E 是有限域且特征为 p,元素个数为 $q = p^m$,则 E 中元适合方程 $x^q - x$,E 是该多项式的分裂域. **9.** 证明:设 u,v 是 F 上的可分元,极小多项式为 $f(x)$,$g(x)$,则 $f(x)g(x)$ 可分,其分裂域记为 K,K/F 可分. 又 $F(u, v)$ 含于 K 中,因此 $u+v$,$u-v$,uv,u^{-1} 都是 F 上的可分元. **10.** 证明:记 K 为包含诸 E_i' 的最小子域,$K = F(E_1' \bigcup \cdots \bigcup E_n')$,$K$ 显然是 F 的有限扩域. 假定 K' 是包含 K 的 F 的有限维正规扩域. 要证明 K 中元素在 K'/F 的自同构 τ 下仍落在 K 中,只需证明 E_1' 中元素在 τ 下仍在 K 中即可. 注意 $\sigma_i^{-1}\sigma_1$ ($i = 1, \cdots, n$) 是 E_1'/F 到 L/F 的全部单同态,显然 E_1' 中元素在这些同态下仍落在 K 中. 当 τ 限制在 E_1' 上时必是某个 $\sigma_i^{-1}\sigma_1$,因此 E_1' 中元素在 τ 下都落在 K 中. 对其他 E_i' 也有同样结论,所以 K 正规. 另一方面,任意一个 E_1'/F 的正规扩域都必须包含每个 E_i',故 K 是 E_1'/F 的正规闭包.

§4.7

1. $\mathbf{Q}$;$\mathbf{Q}(\sqrt{2})$;$\mathbf{Q}(\sqrt{3})$;$\mathbf{Q}(\sqrt{6})$;$\mathbf{Q}(\sqrt{2}+\sqrt{3})$. **2.** 同构于 Klein 四元群. **3.** 分裂域很容易证明. 多项式 $x^4 + x^3 + x^2 + x + 1$ 不可约,因此 $G = \mathrm{Gal}\, \mathbf{Q}(\omega)/\mathbf{Q}$ 的阶为 4. 又若 $\sigma \in G$ 且 $\sigma(\omega) = \omega^2$,则易证 σ^2 不是恒等变换,因此 G 是 4 阶循环群. **4.** $x^5 - 2$ 在 $\mathbf{Q}(\omega)$ 上的分裂域是 $\mathbf{Q}(\sqrt[5]{2}, \omega)$,而 $[\mathbf{Q}(\sqrt[5]{2}, \omega) : \mathbf{Q}(\omega)] = 5$,因此所求之 Galois 群为 5 阶循环群. **5.** 注意到 $x^4 + 2 = (x^2+1)(x+1)(x+2)$,$\mathrm{Gal}\, E/F$ 是 2 阶群. **6.** 注意:若 c 是 $x^p - x - a$ 的一个根,则 $c+1$,$\cdots$,$c+(p-1)$ 都是它的根. 又不难证明 $x^p - x - a$ 不可约,故 $\mathrm{Gal}\, E/F$ 为 p 阶循环群. **7.** 证明:若 E 是 $F_1 \bigcap F_2$ 的 Galois 扩域,显然 H 是有限群. 反之若 H 是有限群,$a \in F_1 \bigcap F_2$,则对任意的 $\eta \in H$,η 可由 G_1,G_2 的元素之积得到. 而 $F_1 = \mathrm{Inv}\, G_1$,$F_2 = \mathrm{Inv}\, G_2$,故 $\eta(a) = a$. 另一方面,若 $a \in \mathrm{Inv}\, H$,则 $a \in \mathrm{Inv}\, G_1 \bigcap \mathrm{Inv}\, G_2 = F_1 \bigcap F_2$,故 $F_1 \bigcap F_2 = \mathrm{Inv}\, H$. 由此可知 E 是 $F_1 \bigcap F_2$ 的 Galois 扩域,显然 $G = H$. **8.** 证明:设 K 是 E/F 的正规闭包,则 K 是 F 的 Galois 扩域,$G = \mathrm{Gal}\, K/F$ 是一个有限群. G 只有有限个子群,故 K/F 只有有限个中间域,从而 E/F 也只有有限个中间域,故 E 是 F 的单扩域. **9.** 证明:因为 E_1/F 是 Galois 扩域,故存在 E_1 上可分代数元 u,使 $E_1 = F(u)$,于是 $E_1 E_2 = E_2(u)$. 可设 u 在 F 上的极小多项式为 $g(x)$,则它也是 E_2 上的多项式,显然 $E_1 E_2$ 是 $g(x)$ 在 E_2 上的分裂域,故 $E_1 E_2/E_2$ 是 Galois 扩域. 再作 $E_1 E_2/E_2$ 的 Galois 群 G 到 $\mathrm{Gal}\, E_1/F$ 的映射:$\sigma \to \sigma|_{E_1}$. 因为 σ 保持 E_2 中元素不动,故 σ 在 E_1 上的限制是 E_1/F 的自同构. 容易验证这是一个群同态. 若 σ 在 E_1 上的限制是恒等映射,因为它保持 E_2 中元素不动,故 σ 是 $E_1 E_2$ 上恒等映射. 这就说明上述同态是单同态. **10.** 证明:设 $E_1 = F(u)$,令 $G = \mathrm{Gal}\, E_1 E_2/E_2$,作多项式 $f(x) = \prod_{\sigma \in G} (x - \sigma(u))$,则由上题,$E_1 E_2$ 是 E_2 的 Galois 扩域. 而 $f(x)$ 在 G 的作用下不变,因此 $f(x)$ 是 E_2 中多项式. 又因为 E_1 是 F 的正规扩张,故 $\sigma(u)$ 都在 E_1 中,因此 $f(x)$ 是 $E_1 \bigcap E_2$ 中多项式. 若记 $K = E_1 \bigcap E_2$,则 $E_1 = K(u)$,$[E_1 : K] \leqslant \deg f$. 注意到 $E_1 E_2 = E_2(u)$,设 u 在 K 上的极小多项式为 $g(x)$,则 $[E_1 E_2 : E_2] \leqslant \deg g = [E_1 : K]$. 但是 $\deg f = [E_1 E_2 : E_2] \leqslant [E_1 : K]$,故有 $[E_1 E_2 : E_2] = [E_1 : K]$. 而 $[E_1 : K][K : F] = [E_1 : F]$,所以

$[E_1 E_2 : F_2]$ 是 $[E_1 : F]$ 的因子. 其余结论显然.

§4.8

1. 证明:因为 $F^p = F$, 即得. **2.** 证明:作 $K = F[x]/(f(x))$, 则 K 含有 q^n 个元素. K 中非零元都是 $x^{q^n-1} - 1$ 的根, 于是 $x^{q^n-1} - 1 \in (f(x))$, 所以结论成立. **3.** 证明:设 F 是无限域, 假定 F 的特征为 0, 则 F 的素子域同构于有理数域, 不妨就设为 Q. 于是 $Q^* \subseteq F^*$. 若 F^* 是循环群, 则 Q^* 也将是循环群, 矛盾. 若 F 的特征是 p, F 的素子域, 可设为 Z_p. 同理 $Z_p^* \subseteq F^*$, 而 Z_p^* 中元素阶有限, F^* 是无限循环群, 没有非平凡有限阶元素. **4.** F^* 含有 7 个元素, 故任意一个不等于 1 的元素都是生成元. **5.** 证明:因为 F^* 是循环群, 可设 F 含有 $q = p^n$ 个元素, 则 $F = \{0, a, a^2, \cdots, a^{q-1}\}$. 若 $p = 2$, 则因为 $F^2 = F$, 结论成立. 故设 p 是一个奇素数. 令 $F^2 = \{0, a^2, a^4, \cdots\}$, 则 F^2 共有 $\frac{1}{2}(q+1)$ 个元素. 再令 $c - F^2 = \{c, c - a^2, c - a^4, \cdots\}$, 则也有 $\frac{1}{2}(q+1)$ 个元素. 显然这两个集合的交不空. 即得结论. **6.** 证明:显然 f 保持 F 素子域中元素不动. 不妨设 Z_p 是其素子域, 则 F/Z_p 的自同构群是一个阶为 n 的循环群, 生成元为 $\eta : \eta(a) = a^p$. 设 $f = \eta^k (0 < k < n)$, 则 $f(a) = a^{p^k} = a^{-1}$ 对一切 $a \neq 0$ 成立. 所以 $a^{p^k+1} = 1$, 而 F^* 是阶为 $p^n - 1$ 的循环群, 故 $p^k + 1 = p^n - 1$. 于是 $p^n - p^k = 2$, 这只有在 $p = 2$, $n = 2$, $k = 1$ 时成立. 若允许 $k = 0$, 则 $p = 2$, $n = 1$. **7.** 证明:记 $q = p^n$, $p = \mathrm{ch}\, F$, 设 E 是 $f(x) = x^q - x$ 的分裂域, 由于 E^* 是循环群, 故 $E = F(u)$. 因为 $[E : F] = n$, 故 u 的极小多项式 $g(x)$ 为 n 次多项式. **8.** $Q(\sqrt{2})$ 和 $Q(\sqrt{3})$ 都是 Q 上的二维扩域但不同构. **9.** 证明:设 K 是 E 的扩域, $[K : E] = p$, 这样的 K 本质上只有一个. K 中不属于 E 的元恰有 $q^p - q$ 个, 每个元的极小多项式都是 p 次的, 每个多项式有 p 个根. **10.** 证明:设 η 限制在根集上可分解为不相交循环之积: $(r_1, \cdots, r_m)(\cdots)$, $m < n$, 令 $g(x) = (x - r_1)(x - r_2)\cdots(x - r_m)$, 则 $\eta(g(x)) = g(x)$. 因为 $G = <\eta>$, 故 $g(x)$ 是 F 上的多项式且是 $f(x)$ 的因子, 此与 $f(x)$ 不可约矛盾.

§4.9

1. 证明:设 ω 是 1 的 n 次本原根, 则 F 含有所有 1 的根 $1, \omega, \omega^2, \cdots, \omega^{n-1}$. 因此多项式 $f(x) = x^n - 1$ 没有重根, 故 $f'(x) = nx^{n-1} \neq 0$. 因此若 F 的特征为 p, 则 p 不能整除 n.
2. 证明:因为 Abel 群的子群都是 Abel 群且正规, 因此 K 是 F 的正规扩域, 故是 F 的 Abel 扩域. 又因为 Abel 群的商群也是 Abel 群, 得另一结论. **3.** 类似上题可证. **4.** 证明:设 $z = \cos\dfrac{2k\pi}{n} + i\sin\dfrac{2k\pi}{n}$ 是 1 的 n 次本原根, 则 $(k, n) = 1$, $-z = \cos\left(\dfrac{2k\pi}{n} + \pi\right) + i\sin\left(\dfrac{2k\pi}{n} + \pi\right)$ $= \cos\dfrac{2(2k+n)\pi}{2n} + i\sin\dfrac{2(2k+n)\pi}{2n}$. 现证明 $-z$ 是 1 的 $2n$ 次本原根, 这只要证明 $2k + n$ 与 $2n$ 互素即可. 因为 n 是奇数, $(2k, n) = 1$, 故存在整数 s, t 使得 $ks + nt = 1$, 于是 $(2k+n)s + n(t-s) = 1$, 即 $(2k+n, n) = 1$. 又 $2k+n$ 是奇数, 故 $(2k+n, 2n) = 1$. **5.** 证明:$\varphi(p^e) = (p-1)p^{e-1}$, 又 $x^{p^e} - 1 = (x^p - 1)(1 + x^{p^{e-1}} + \cdots)$, 故 $\varphi(x)$ 是 $1 + x^{p^{e-1}} + \cdots$ 的因子, 即有

$\varphi(x) = 1 + x^{p^{e-1}} + \cdots$. **6.** 解:$G$ 同构于 Aut Z_{12},即 Klein 四元群. **7.** 证明:设 $n = mp^e$,其中 m 不能被 p 整除,则 $x^n - 1 = (x^m - 1)^{p^e}$,由此即得结论. **8.** 证明:若 $x^n - a$ 或 $x^m - a$ 可约,由 $x^{mn} - a = (x^m)^n - a$ 或 $x^{mn} - a = (x^n)^m - a$,$x^{mn} - a$ 可约. 反之,设 $x^m - a$ 和 $x^n - a$ 都不可约,r 是 $x^{mn} - a$ 在其分裂域中的根,则 r^m 是 $x^n - a$ 的根,故 $[F(r^m):F] = n$. 同理 $[F(r^n):F] = m$. 因为 $(m, n) = 1$,从 $m \mid [F(r):F]$ 及 $n \mid [F(r):F]$ 可知 mn 是 $[F(r):F]$ 的因子. 但 r 适合 $x^{mn} - a$,故 $[F(r):F] = mn$,于是 $x^{mn} - a$ 不可约. **9.** 证明:必要性显然. 设 a 不属于 F^p,假定 $f(x)$ 是 $x^p - a$ 的一个不可约因子且其次数为 k,$f(x)$ 的常数项为 c,u 是 $x^p - a$ 的某个根(在其分裂域中),则 $x^p - a$ 的任一根具有 $u\varepsilon$ 的形状,其中 ε 是 1 的 p 次本原根. 由 Vieta 定理,c 或 $-c$ 可表示为 $x^p - a$ 的 k 个根之积,即 $c = \pm \delta u^k$,其中 δ 适合 $\delta^p = 1$. 因为 $(k, p) = 1$,存在 s, t 使 $sk + pt = 1$,所以 $u = u^{sk} u^{pt} = \pm (c\delta^{-1})^s a^t$,即 $u\delta^s = \pm c^s a^t \in F$. 但 $a = u^p = (u\delta^s)^p \in F^p$,引出矛盾. **10.** 证明:(1) 显然 E_1,E_2 是 E 的子域. 设 $\omega = \cos \dfrac{2\pi}{mn} + \mathrm{i} \sin \dfrac{2\pi}{mn}$,$\omega_1 = \cos \dfrac{2\pi}{n} + \mathrm{i} \sin \dfrac{2\pi}{n}$,$\omega_2 = \cos \dfrac{2\pi}{m} + \mathrm{i} \sin \dfrac{2\pi}{m}$. 因为 $(m, n) = 1$,存在整数 s, t,使 $ms + nt = 1$,则 $\omega = \omega_1^s \omega_2^t$,从而 E 属于 $(x^n - 1)(x^m - 1)$ 的分裂域. (2) 作从 G 到 $G_1 \times G_2$ 的映射 $f: f(\sigma) = (\sigma_1, \sigma_2)$,其中 $\sigma_i (i = 1, 2)$ 是 σ 在 E_i 上的限制. 因为 $E = Q(E_1 \cup E_2)$,容易证明这是一个群的单同态. 又因为 $(m, n) = 1$,故 $\varphi(nm) = \varphi(n)\varphi(m)$($\varphi$ 是 Euler 函数),即 $|G| = |G_1||G_2|$,所以 f 是同构.

§4.10

1. 这 4 个方程都只有两个非实根且不可约. **2.** $x^7 - 10x^5 + 15x + 5 = 0$. **3.** 证明:设 $F_0 = Q(t_1, \cdots, t_n)$,则已知存在 F_0 上的多项式 $f(x)$ 使 $f(x)$ 的 Galois 群恰为 S_n. 设 G 为 S_n 的子群,由 Galois 对应知道存在 F_0 和 $f(x)$ 的分裂域 E 之间的中间域 F,使 Gal $E/F = G$. **4.** 证明:设 $f(x)$ 不可约,G 是其 Galois 群,对 $f(x)$ 的任意两个根 x_i,x_j,总存在 $\eta \in G$ 使 $\eta(x_i) = x_j$. 反之,若 x_i,x_j 属于两个不同的不可约因子 $f_1(x)$,$f_2(x)$,则必不存在 $\eta \in G$ 使 $\eta(x_i) = x_j$,如所有根属于同一个不可约因子将出现重根. **5.** 证明:设 $F = Q(t_1, \cdots, t_n)$,$\eta \in$ Gal E/F 且不是恒等映射,则 $\eta(\theta) = c_1 \eta(x_1) + \cdots + c_n \eta(x_n)$. 若 $\eta(\theta) = \theta$,则 $\eta(\theta) - \theta = 0$. 注意到 $\eta(x_i)$ 是某个 x_j,故 $\eta(\theta) - \theta = 0$ 表明 x_1,$\cdots$,x_n 代数相关,引出矛盾,因此 $\eta(\theta) \neq \theta$,E 是 F 的正规扩域,也是 $F(\theta)$ 的正规扩域. Gal $E/F(\theta)$ 可看成是 Gal E/F 的子群,但由上面的论证知 Gal $E/F(\theta)$ 为平凡,即 $E = F(\theta)$.

*§4.11

1. 证明:若 u_1,$\cdots$,u_n 线性相关,则在 F 中有不全为零的元 $a_j (j = 1, \cdots, n)$ 使 $a_1 u_1 + \cdots + a_n u_n = 0$. 将 η_i 依次作用于该方程得到一个由 n 个方程式组成的以 a_i 为未知数的齐次线性方程组,显然这时 $\det(\eta_i(u_j)) = 0$. 反之,若 u_1,$\cdots$,u_n 线性无关,则构成 E 的基,E 中任一元 $u = \sum b_i u_i$,$b_i \in F$. 若 $\det(\eta_i(u_j)) = 0$,则方程组 $\sum \eta_i(u_j) x_i = 0$ 有非零解 a_1,$\cdots$,$a_n \in E$,于是 $\sum a_i \eta_i(u) = \sum \sum a_i b_j \eta_i(u_j) = \sum b_j (\sum a_i \eta_i(u_j)) = 0$,此与定理 11-1 矛盾. **2.** 解:

$e_1 = 1+\sqrt{2}+\sqrt{3}+\sqrt{6}$, $e_2 = 1-\sqrt{2}+\sqrt{3}-\sqrt{6}$, $e_3 = 1+\sqrt{2}-\sqrt{3}-\sqrt{6}$, $e_4 = 1-\sqrt{2}-\sqrt{3}+\sqrt{6}$.

*§ 4.12

1. 证明：C 中至少有一个 F 上超越元，记为 x_1，作 $F(x_1)$，若 $F(C)$ 是 $F(x_1)$ 的代数扩张，则 E 是 $F(x_1)$ 的代数扩域，于是 x_1 是 E/F 的超越基. 若否，则 C 中又有 x_2 是 $F(x_1)$ 上的超越元，如此不断作下去即可得到结论. **2.** 证明：用归纳法. 当 $n = 1$ 时由 Lüroth 定理即得. 设 $n-1$ 时成立，记 $K = F(\alpha_1, \cdots, \alpha_{n-1})$. 若 $\beta \in K$，由归纳假设即得结论. 若 β 不属于 K，则因为 $K(\alpha_n)$ 是 K 的超越扩张，再用 Lüroth 即得. **3.** 证明：σ 由 $\sigma(\alpha)$ 完全决定. 设 $\sigma(\alpha) = f(\alpha)/g(\alpha)$，$f$ 与 g 是 F 上的多项式且互素，记 $\beta = \sigma(\alpha)$，则 $[F(\alpha):F(\beta)] = \max\{\deg f, \deg g\}$. 但 σ 是自同构，故 $F(\alpha) = F(\beta)$，于是 f 与 g 是一次或零次多项式，但至少有一个是一次的，记 $f(\alpha) = a\alpha + b$，$g(\alpha) = c\alpha + d$，由于 $f(\alpha)$ 与 $g(\alpha)$ 无公因子，故 $ad \neq bc$. 反过来的结论也易证明. **4.** 解：由上题，$ad \neq bc$ 等价于下列矩阵非异：$A = \begin{bmatrix} a & b \\ c & d \end{bmatrix}$. 不难验证：$A \to \sigma$ 是 $GL(F, 2) \to \mathrm{Gal}\, E/F$ 的映上群同态，这个同态的核为下列形状的矩阵全体：$\begin{bmatrix} a & 0 \\ 0 & a \end{bmatrix}$ $(a \neq 0)$，因此 $\mathrm{Gal}\, E/F$ 同构于 $GL(F, 2)$ 关于上述正规子群的商群，即 $PL(F, 2)$，域 F 上的 2 阶射影群.

参 考 文 献

1. E. Artin. *Galois Theory*. Notre Dame Press, 1959

2. M. Atyiah, I. MacDonald. *Introduction to Commutative Algebra*. Addison-Wesley, 1969

3. N. Jacobson. *Basic Algebra*（Ⅰ）（Ⅱ）. Freeman, 1989

4. N. Jacobson. *Lectures in Abstract Algebra*（Ⅰ）（Ⅲ）. Springer-Verlag, 1975

5. S. Roman. *Field Theory*. Springer-Verlag, 1995

6. M. Hall. *The Theory of Groups*. Macmillan, 1959

7. 聂灵沼,丁石孙.代数学引论.高等教育出版社,1988

8. 刘绍学.近世代数基础.高等教育出版社,1999

图书在版编目(CIP)数据

抽象代数学/姚慕生编著. —2 版. —上海：复旦大学出版社，1998. 11(2024. 11 重印)
ISBN 978-7-309-02096-0

Ⅰ. 抽…　Ⅱ. 姚…　Ⅲ. 抽象代数-高等学校-教材　Ⅳ. O153

中国版本图书馆 CIP 数据核字(2001)第 043126 号

抽象代数学（第二版）
姚慕生　编著
责任编辑/范仁梅

复旦大学出版社有限公司出版发行
上海市国权路 579 号　邮编：200433
网址：fupnet@fudanpress.com　http://www.fudanpress.com
门市零售：86-21-65102580　团体订购：86-21-65104505
出版部电话：86-21-65642845
常熟市华顺印刷有限公司

开本 787 毫米×960 毫米　1/16　印张 13.25　字数 238 千字
2024 年 11 月第 2 版第 17 次印刷
印数 31 701—34 300

ISBN 978-7-309-02096-0/O · 183
定价：32.00 元